“十三五”应用型人才培养规划教材

高电压技术

◎ 高长伟 韩刚 姚颖 编著

清华大学出版社
北京

内 容 简 介

本书介绍了各种电介质的放电过程、发展机理与绝缘特性；交、直流高电压以及冲击高电压的产生原理、基本装置及其测量方法，相关绝缘的试验技术；电力系统过电压产生的物理过程及其防护措施；电力系统绝缘配合的基本概念。本书内容是经过精选的，既突出基本概念，适当反映高电压技术的新成就，又兼顾不同水平读者的需求，易于阅读，具有实用性。

本书既可以作为普通高等院校电气类专业课教材，也可以作为大专、成人教育和电力部门职工培训教学用书，还可以作为从事电力系统设计、安装、调试及运行的工程技术人员的参考用书。

图书在版编目(CIP)数据

高电压技术/高长伟，韩刚，姚颖编著. —北京：清华大学出版社，2018(2025.1 重印)
(“十三五”应用型人才培养规划教材)
ISBN 978-7-302-50250-0

Ⅰ. ①高… Ⅱ. ①高… ②韩… ③姚… Ⅲ. ①高电压－技术－高等学校－教材 Ⅳ. ①TM8

中国版本图书馆 CIP 数据核字(2018)第 114723 号

责任编辑：王剑乔
封面设计：刘 键
责任校对：刘 静
责任印制：宋 林

出版发行：清华大学出版社
网 址：https://www.tup.com.cn，https://www.wqxuetang.com
地 址：北京清华大学学研大厦 A 座 **邮 编**：100084
社 总 机：010-83470000 **邮 购**：010-62786544
投稿与读者服务：010-62776969，c-service@tup.tsinghua.edu.cn
质量反馈：010-62772015，zhiliang@tup.tsinghua.edu.cn
课件下载：https://www.tup.com.cn，010-83470236
印 装 者：涿州市般润文化传播有限公司
经 销：全国新华书店
开 本：185mm×260mm **印 张**：14 **字 数**：320 千字
版 次：2018 年 6 月第 1 版 **印 次**：2025 年 1 月第 8 次印刷
定 价：49.00 元

产品编号：079698-01

前言

FOREWORD

高电压技术是电气技术领域通用性较强的学科，主要研究在高电压作用下各种绝缘介质的性能和不同类型的放电现象，高电压设备的绝缘结构设计，高电压试验和测量的设备及方法，电力系统的过电压、高电压或大电流产生的强电场、强磁场或电磁波对环境的影响和防护措施，以及高电压、大电流的应用等。展望高电压技术的发展，它和其他学科之间的相互融合、相互渗透将会使其自身发展的同时不断吸收其他学科的新成果、新技术。另外，高电压技术将会在材料、环保、新能源、电力工程等诸多领域发挥重要的作用。

作为从事电力系统设计、安装、调试及运行与维护的工程技术人员，在实际工作中都会遇到高电压技术领域的相关问题。本书针对电气工程及其自动化专业、农业电气化与自动化专业应用型人才培养方案编写，全书从基本物理概念及物理过程入手，介绍电力系统中实用高电压技术的内容，使读者对高电压技术有更加全面的认识，有利于其实践能力的提高。

全书共 10 章，第 1～3 章介绍各类电介质在电场作用下的基本电气特性；第 4～5 章介绍电气设备绝缘试验及状态检测；第 6 章介绍波过程；第 7～8 章介绍雷电过电压及其防护；第 9 章介绍电力系统内部过电压；第 10 章介绍电力系统绝缘配合。本书文字简练、通俗易懂，每章后均附有习题。

参加本书编写工作的有辽宁科技学院高长伟（第 1～5 章）、沈阳工程学院韩刚（第 7～10 章）及辽宁科技学院姚颖（第 6 章及附录）。全书由高长伟统稿。

由于编者水平有限，疏漏之处在所难免，敬请读者批评指正。

编　者

2018 年 3 月

目录

CONTENTS

第1章

气体放电的基本物理过程

电气设备通常由导体和绝缘体共同组成，设备的导电回路由各种金属材料构成，而设备不同电位的导电体之间及与大地可靠地隔离则由各种绝缘材料来实现。事实表明，绝缘体是各类电气设备中的关键部分，也是比较薄弱的部分，其性能的优劣直接决定着设备及系统能否安全可靠地运行。大多数电力系统故障都是由于绝缘遭到破坏而引起的，因此研究各类电介质在高电压作用下的电气特性具有重大的现实意义。

电介质在电气设备中是作为绝缘材料使用的，就其形态而言可分为气体电介质、液体电介质和固体电介质。在实际的电气设备绝缘结构中采用的通常是由多种电介质构成的组合绝缘。比如电气设备的外绝缘通常由气体介质和固体介质共同构成，内绝缘往往由固体介质和液体介质共同组成。所有电介质的电气强度都是有一定限度的，超过这个限度，电介质就会逐渐失去其原有的绝缘性能，甚至会成为导体。在电场的作用下，电介质中出现的电气现象主要有以下两类。

(1) 弱电场下(当电场强度比击穿场强小得多时)，主要是极化、电导、介质损耗等。

(2) 强电场下(当电场强度等于或大于放电起始场强或击穿场强时)，主要是放电、闪络、击穿等。

气体放电理论也是液体介质、固体介质放电理论的基础。所以，本书首先介绍气体电介质的放电理论。

1.1 带电质点的产生与消失

1.1.1 带电质点的产生

纯净的、中性状态的气体是不导电的，只有气体中出现带电质点(电子、负离子或者正离子)以后才有可能导电，并在电场力作用下发展成各种形式的气体放电现象。带电质点的来源主要有两个：一是气体中性质点(原子)本身发生游离；二是位于气体中的金属表面发生游离。气体质点的游离所需要的能量称为游离能，随着气体种类的不同，游离能一般为10～15eV($1\text{eV}=1.6021892\times10^{-19}\text{J}$)。金属表面游离所需要的能量称为逸出功，因金属不同，游离能一般为1～5eV。按照外界能量来源的不同，通常把游离分为以下几种形式。

1. 碰撞游离

带电质点在电场力的作用下沿电场方向不断加速并积累动能，当动能积累到一定数值后，该带电质点与气体中的原子或分子发生碰撞并将自己的动能传递给后者使其产生游离，这种由碰撞而引起的游离称为碰撞游离。在气体放电过程中，碰撞游离主要由自由电子与气体原子或分子碰撞而引起（离子体积和质量较大，在碰撞前难以积累起足够的能量，产生碰撞游离的可能性很小），电子在碰撞游离中起主导作用。电子在电场力作用下加速所获得的动能与电子电荷量、电场强度以及碰撞前的行程有关，即：

$$\frac{1}{2}mv^2 = eEx \tag{1-1}$$

式中：m 为电子的质量；v 为电子的运动速度；e 为电子电荷量；E 为电场强度；x 为碰撞前电子的自由行程。

高速运动的质点与中性原子或分子碰撞时，若原子或分子获得的能量大于或等于其游离能，则会发生游离。因此产生碰撞游离的条件如下：

$$eEx \geqslant W_i \quad 或 \quad x \geqslant \frac{U_i}{E} \tag{1-2}$$

式中：W_i 为气体分子或原子的游离能。

质点两次碰撞之间的距离称为自由行程，每两次碰撞间的自由行程长度不同，具有统计性，我们将单位行程中碰撞次数的倒数称为该质点的平均自由行程长度。显然，质点的平均自由行程长度与气压成反比，与绝对温度成正比。一般情况下，平均自由行程长度越长，则越容易发生碰撞游离。

2. 光游离

由光辐射引起的气体原子或分子的游离过程称为光游离。短波射线的光子具有很大的能量，与电子碰撞一样，如果光子的能量大于或等于原子或分子的游离能，碰撞后则会产生光游离。光子在碰撞后把能量传给原子或分子，而其自身不再存在。产生光游离的条件如下：

$$hf \geqslant W_i \quad 或 \quad \lambda \leqslant \frac{hc}{W_i} \tag{1-3}$$

式中：h 为普朗克常数（$h=6.63\times10^{-34}\mathrm{J\cdot s}$）；$f$ 为光的频率；λ 为光的波长；c 为光速（$c=3\times10^8\mathrm{m/s}$）。

由式(1-3)可知，光的波长越短，光子的能量越大，游离能力就越强。因此，通常情况下可见光是不能直接产生光游离的，只有各种短波长的高能辐射线（例如 γ 射线、X 射线以及短波长的紫外线等）才能使气体产生光游离。在气体放电过程中，异号带电质点复合时会以光子的形式放出多余的能量，这甚至会使气体间隙中电离区以外的空间发生光游离，促使电离区进一步拓展。因此光游离是气体放电过程中一种重要的游离方式。

3. 热游离

常温下气体原子或分子的热运动所具有的平均动能远低于其游离能，不具备产生热游离的条件。当温度升高时，气体质点的热运动也会有所增强。在高温下（例如发生电弧放电时，弧柱的温度高达数千摄氏度以上），质点热运动时相互碰撞而产生的游离称为热游离。热游离往往并不是一种独立的游离形式，通常是在热状态下所发生的碰撞游离和光游离的综合。产生热游离的条件如下：

$$\frac{3}{2}KT \geqslant W_i \tag{1-4}$$

式中：K 为玻尔兹曼常数；T 为热力学温度。

热游离有以下三种形式。

(1) 高温时，高速运动的气体分子相互碰撞而产生的游离。

(2) 气体分子因碰撞失去动能而释放出光子，温度升高导致光子的频率及能量增加，因而在高温时光子与气体分子相遇而产生游离。

(3) 上述两种游离产生的电子与中性质点碰撞而产生的游离。

4. 电极表面游离

以上讨论的是气体在气隙空间里带电质点的产生过程，实际上，在气体放电中还存在着金属电极阴极表面发射电子的过程，称为金属电极表面游离。使阴极表面发射电子所需要的能，称为逸出功，逸出功与电极的微观结构及其表面状态有关，而与金属的温度基本无关。一般电极表面发射电子要比在空间使气体分子游离容易得多。

电极表面游离有以下四种形式。

(1) 光电子发射：用短波长的光照射金属电极阴极表面，当光子能量大于逸出功时，阴极表面将释放出电子。

(2) 热电子发射：金属电极表面受热，电子热运动速度增大，其能量超过逸出功，电子逸出电极表面。

(3) 强电场发射：当电极附近的电场特别强时，金属表面的电子被强行拉出。这种发射所需外电场极高(一般在 10^6 V/cm 数量级)。通常情况下气隙的击穿场强远低于此值，一般气隙的击穿过程中不会出现强电场发射。强场发射只在某些高压强或高真空下气隙的击穿时才有重要意义。

(4) 二次发射：具有足够能量的质点(例如正离子)撞击金属电极阴极表面，使其释放出电子。

5. 负离子的形成

电子与气体原子或分子碰撞时，不但有可能发生碰撞电离产生正离子和电子，也有可能发生电子附着过程而形成负离子。某些气体分子对电子具有亲和性，当它们与电子结合成负离子时会释放出能量(电子亲和能)，也有一些气体分子在与电子结合成负离子时却要吸收能量。前者的亲和能为正值，这些容易产生负离子的气体称为电负性气体。容易吸附电子形成负离子的电负性气体如氧、氯、氟、水蒸气和六氟化硫气体等。

负离子的形成并没有使气体中的带电粒子数量发生变化，然而却能使自由电子的数量减少，对气体放电的发展有一定抑制作用，因此也将其看作是一种去游离的因素。

1.1.2　带电质点的消失

当气体中发生放电时，除了有不断产生带电质点的游离过程外，还存在一个相反的过程，即带电质点的消失过程，它将使带电质点从游离区消失。气体中的放电是不断发展以致击穿，还是气体尚能保持其电气强度而起绝缘作用，主要就取决于上述两种过程的发展情况。气体中带电质点的消失有如下几种基本形式。

1．带电质点的漂移

带电质点在与气体原子或分子碰撞后会发生散射，但是从宏观角度看是向电极方向作定向运动的。带电质点在外电场驱动下作定向运动，最终消失于电极面形成回路电流，从而气体中的带电质点的数量有所减少，这种现象称为带电质点的漂移。电子的漂移速度远远大于离子，因此放电电流主要由电子的漂移运动产生。

2．带电质点的扩散

带电质点的扩散是指带电质点从浓度较大的区域移动到浓度较小的区域，从而使带电质点在空间各处的浓度趋于均匀的过程。带电质点的扩散同气体分子的扩散一样，都是由热运动造成的，故它与气体的状态有关，气体的压力越高或温度越低，扩散过程也就越弱。电子的质量远小于离子，所以电子的热运动速度很高，它在热运动中受到的碰撞也较少，因此电子的扩散过程比离子要强得多。

3．带电质点的复合

带异号电荷的质点相遇时，发生电荷的传递和中和而还原为中性质点的过程称为带电质点的复合。复合的速度与异号电荷浓度、相对速度等因素有关。异号电荷的浓度越大，复合过程也越快、越强烈，因此，强烈的游离区同时也是强烈的复合区。异号电荷之间的相对速度越小，相互作用的时间就越长，复合的可能性也越大。电子的运动速度比离子要大得多，所以正、负离子之间的复合远比正离子、电子之间的复合容易得多。需要注意的是，带电粒子的复合并不一定意味着游离减弱。因为某些情况下，在带电质点的复合过程中因发光而引起的光电离会促进放电在整个间隙的发展。

1.2 均匀电场小气隙的放电过程

1.2.1 汤逊理论

20 世纪初，英国物理学家汤逊根据大量的实验提出了气体放电的理论，阐述了放电过程，并在一系列假设的前提下，提出了放电电流和击穿电压的计算公式，计算公式在一定范围内与实验吻合较好。尽管汤逊理论有很多不足，并且适用范围也有很大的局限性，但它所描述的放电过程是很基本的，具有普遍意义。

1．气隙的伏安特性曲线

采用如图 1-1 所示的平行板电极装置，对均匀电场空间气隙的伏安特性进行测试。在外界光源(天然辐射或人工紫外线)的照射下，对极间介质为空气的两平行平板电极施加电压，当电压从零逐渐升高时，得到气隙间电流与所加电压之间的变化关系如图 1-2 所示，即气隙放电的伏安特性曲线。

由图 1-2 可以看出，当电压很低时也有电流流过气隙，即气隙中有电荷的定向移动。那么这些移动的电荷是如何产生的呢？汤逊理论认为，空气中由于宇宙射线和地球放射性物质射线的作用，总是存在中性质点光游离和带电质点复合的过程。同时，阴极受电极表面游离的作用，也要向气隙发射电子。因此通常情况下空气中总是存在少量带电质点，这些带电质点在外电场作用下作定向移动形成了电流。具体过程如下。

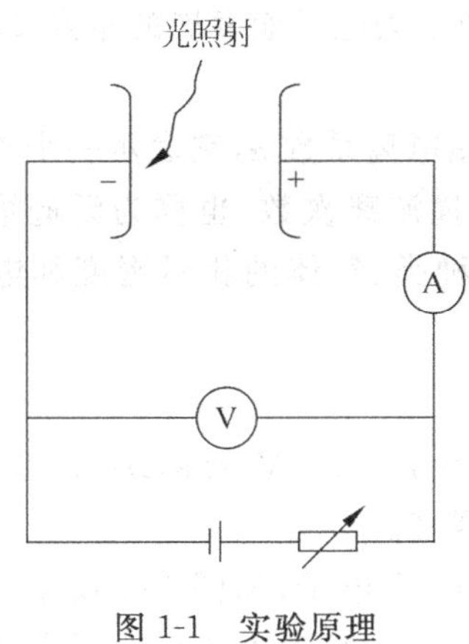

图 1-1　实验原理

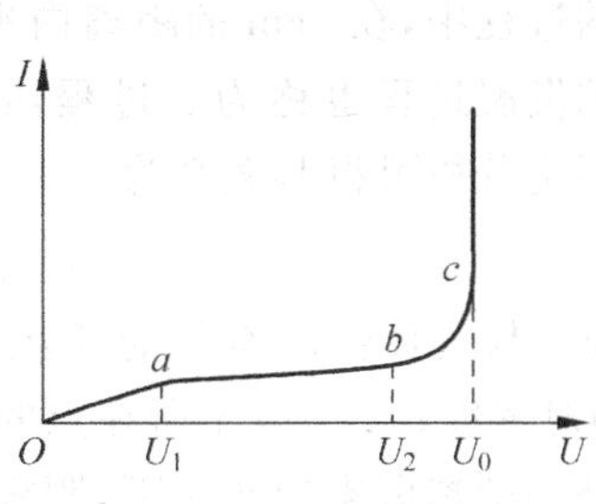

图 1-2　气隙伏安特性曲线

(1) 线性段：初始时，随着外加电压的升高，越来越多的带电质点参与了定向移动，并且运动速度也逐渐加大，这导致了间隙中的电流也随之近似成比例增大，如图中的 Oa 段所示。

(2) 饱和段：到达 a 点后，电流几乎不再随电压的增大而增大，因为这时在单位时间内所有由外界游离因素产生的有限带电质点已经全部参与了导电，故电流趋于饱和，如图中 ab 段所示。饱和段 ab 的电流密度很小(一般只有 $10^{-19}\,\mathrm{A/cm^2}$ 的数量级)，因此气隙的绝缘状态仍然良好。

(3) 碰撞游离段：当到达 b 点以后，间隙中的电流又继续随外加电压的升高而增大。因为此时电子在足够强的电场作用下积累起足以引起碰撞游离的动能，使间隙中带电质点的数量骤增，如图中 bc 段所示。

(4) 自持放电段：当电压继续升高至某临界值 U_0 以后，电流急剧突增，同时伴随着产生明显的外部特征，如发光、发声等现象，此时气体间隙突然变为良好的导电状态，即气体发生了击穿。

实验表明，当外加电压小于 U_0 时，气体间隙中电流极小，气体本身的绝缘性能尚未被破坏。此时若去掉外界游离因素，电流也将消失，我们把这类放电称为非自持放电。当外加电压达到 U_0 以后，即使去掉外界游离因素，气体中的游离过程仅仅依靠外电场的作用也可以自行维持，我们把这类放电称为自持放电。气隙伏安特性曲线上的 c 点就是非自持放电和自持放电的临界点，由非自持放电转变为自持放电的临界电压 U_0 被称为起始放电电压，其对应的电场强度为起始放电场强。在均匀电场中，由于各处的场强相等，只要任意一处开始出现自持放电，就意味着整个间隙将被完全击穿，故均匀电场中的起始放电电压就等于间隙的击穿电压。在标准大气条件下，均匀电场中空气间隙的击穿场强(也称为气体的电气强度)约为 30kV/cm(峰值)。

2. 电子崩与汤逊第一游离系数 α

如图 1-3 所示，假设由于外电离因素的作用，在阴极附近出现一个初始电子，这一电子在向阳极运动时，如果电场强度足够大，则会发生碰撞游离，产生一个新电子。新电子与初始电子在向阳极的行进过程中还会发生碰撞游离，产生两个新电子，电子总数增加到 4 个。第 3 次碰撞游离后电子数将增加至 8 个，即按几何级数不断增加。由于电子数如雪崩式地增长，所以将这一剧增的电子流称作电子崩。图 1-3 所示为电子崩发展的示意图，但此时的放电仍属非自持放电。

为了分析电子碰撞电离产生的电流，引入电子碰撞电离系数 α，它表示一个电子沿着电场方向行进的过程中，在 1cm 的距离内平均发生的碰撞游离次数，也称为汤逊第一游离系数。电子崩的发展过程也称为 α 过程，α 值与气体的种类、气体的相对密度和电场强度有关。实验和理论分析可得其关系为

$$\alpha = A\delta e^{\frac{-B\delta}{E}} \tag{1-5}$$

式中：A、B 均为与气体性质有关的常数，对于空气，$A=109.61\text{kV/kPa}$，$B=2738.4\text{kV/kPa}$；δ 为气体的相对密度；E 为电子所在点的气体的电场强度。

假设在外界游离因素的作用下，阴极表面释放出 n_0 个电子，如图 1-4 所示。在外电场作用下，这 n_0 个电子向阳极运动，并不断产生碰撞游离，行经距离 x 时电子数量增加到 n 个。这 n 个电子再行经距离 $\mathrm{d}x$，电子的增量为 $\mathrm{d}n$，则：

$$\mathrm{d}n = n\alpha\,\mathrm{d}x \tag{1-6}$$

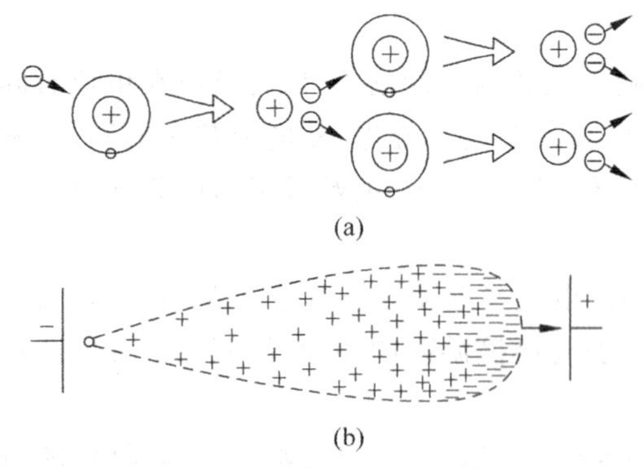

图 1-3 电子崩发展的示意图

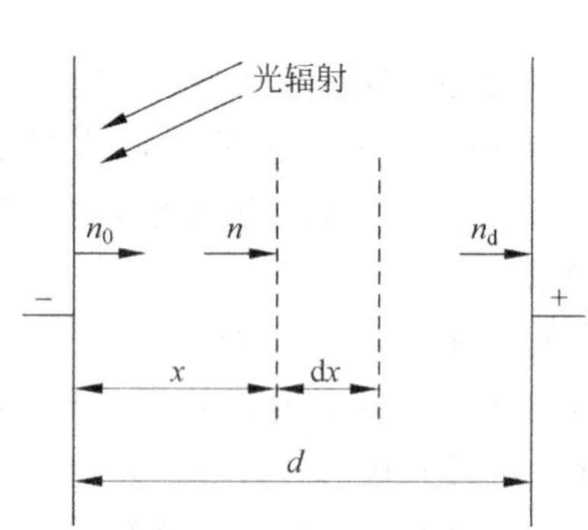

图 1-4 均匀电场中电子崩电子数的计算

对上式两端进行积分有：

$$\int_{n_0}^{n}\frac{\mathrm{d}n}{n} = \int_0^x \alpha\,\mathrm{d}x \tag{1-7}$$

因此可得：

$$n = n_0 e^{\int_0^x \alpha \mathrm{d}x} \tag{1-8}$$

对于均匀电场，α 不随 x 变化，所以可以写出：

$$n = n_0 e^{\alpha x} \tag{1-9}$$

n_0 个电子在电场作用下不断产生碰撞游离，发展电子崩，经距离 d 后的所产生的电子数为

$$n_d = n_0 e^{\alpha d} \tag{1-10}$$

式(1-10)反映的是气隙中电子数量的变化规律。

3. 汤逊第二游离系数 β

一个正离子沿电场方向行进的过程中，在单位距离内平均发生碰撞游离的次数称为正离子碰撞游离系数，记为 β，也称为汤逊第二游离系数。由于正离子质量大，在外电场作用下不易加速，并且体积大，平均自由行程短，所以在运动中不易积累起引起碰撞游离的能量，

所以 β 值极小，在分析时可不予考虑。

4. 汤逊第三游离系数 γ 与自持放电的条件

除了上述讨论的两电极间气隙中的碰撞游离之外，正离子在外电场作用下向阴极移动，当与阴极表面撞击时，如果能量大于阴极材料的逸出功，则可使阴极表面游离而发射电子。一个正离子在电场作用下由阳极向阴极运动，撞击阴极表面产生表面游离的电子数被称为汤逊第三游离系数，记为 γ。γ 的大小与阴极材料和气体种类有关，在空气中，$\gamma_{铜}=0.025$，$\gamma_{铝}=0.035$。

假设初始时外界光电离因素在阴极表面产生了 n_0 个自由电子，由上述分析可知，此 n_0 个电子到达阳极表面时由于发生 α 过程，电子总数增长至 $n_0 e^{\alpha d}$ 个。因在对 α 过程进行讨论时已假设每次碰撞电离撞出一个正离子，故电极空间中共有 $n_0(e^{\alpha d}-1)$ 个正离子。按照系数 γ 的定义，此 $n_0(e^{\alpha d}-1)$ 个正离子在到达阴极表面时可以撞出 $\gamma n_0(e^{\alpha d}-1)$ 个新电子，如果这 $\gamma n_0(e^{\alpha d}-1)$ 个新电子与初始时外界光电离因素在阴极表面产生的 n_0 个自由电子个数相等，那么即使去掉外界的光电离因素放电也能维持下去。由此可见自持放电的条件为

$$\gamma(e^{\alpha d}-1)=1 \tag{1-11}$$

上述过程可用图 1-5 加以概括，当自持放电条件得到满足时，就会形成图中闭环部分所示的循环不息的状态，放电就能自己维持下去，而不再依赖外界电离因素的作用。

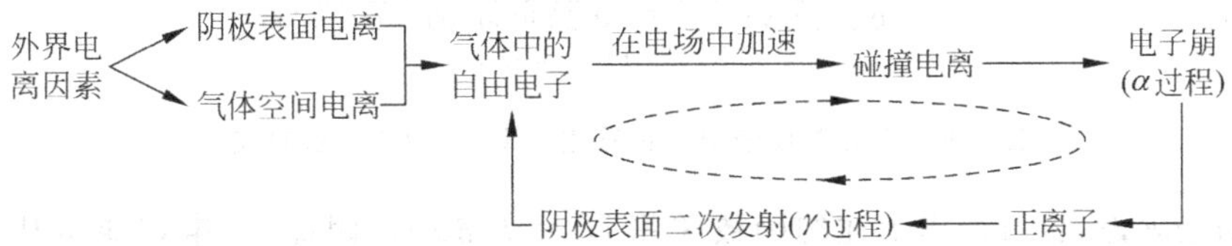

图 1-5　低气压、短气隙情况下的气体放电过程

5. 击穿电压 U_b 的计算

根据自持放电条件，即式(1-11)可以推导出自持放电时的放电电压。对于均匀电场，自持放电电压就是气隙的击穿电压，即：

$$U_b = E_b d \tag{1-12}$$

式中：E_b 为空气的击穿场强，$E_b=30\text{kV/cm}$；d 为极板之间的距离，cm。

由自持放电条件可得：

$$\alpha d = \ln\left(1+\frac{1}{\gamma}\right)$$

因为 $\alpha = A\delta e^{\frac{-B\delta}{E_b}} = A\delta e^{\frac{-B\delta d}{U_b}}$，所以可得

$$A\delta d\, e^{\frac{-B\delta d}{U_b}} = \ln\left(1+\frac{1}{\gamma}\right)$$

经整理可得气隙击穿电压为

$$U_b = \frac{B\delta d}{\ln\dfrac{A\delta d}{\ln\left(1+\dfrac{1}{\gamma}\right)}} \tag{1-13}$$

由式(1-13)可以得出以下两个结论。

(1) 气隙击穿电压与阴极材料和气体性质有关。

(2) 均匀电场气隙的击穿电压不仅与气隙宽度有关,还与气体分子相对密度有关,是二者乘积的函数,只要二者乘积不变,U_b 也不变。

1.2.2 巴申定律

其实早在汤逊理论出现之前,科学家巴申就于19世纪末对气体放电进行了大量的实验研究,并对均匀电场中的气体放电做出了放电电压与气压 p 和放电距离 d 的乘积的关系曲线,即 $U_b=f(pd)$,如图1-6所示。从图中可以看出,曲线呈 U 形,分为左右两半支,并在某 pd 值时曲线有极小值。

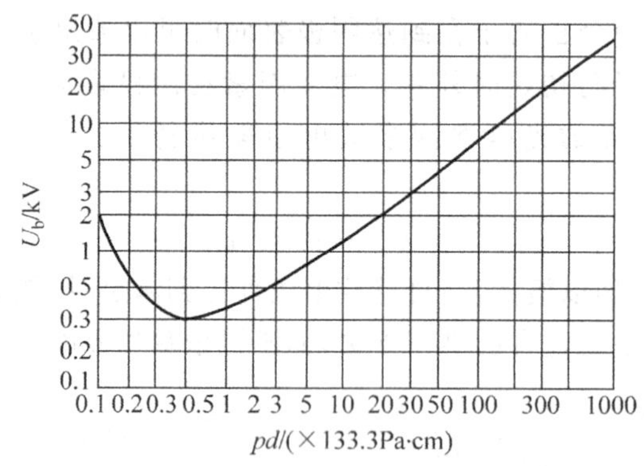

图1-6 均匀电场中空气击穿电压 U_b 与 pd 关系曲线

根据汤逊理论,也可得出上述的函数关系 $U_b=f(\delta d)$。因此,巴申定律可从理论上由汤逊理论得到佐证,同时也给汤逊理论以实验结果的支持。以上分析是在假定气体温度不变的情况下做出的。为了考虑温度变化的影响,巴申定律更普遍的形式是以气体的密度代替压力。对空气而言,可用 $U_b=f(\delta d)$表示,其中 δ 为空气的相对密度,即实际的空气密度与标准大气条件下的密度之比。

1.3 均匀电场大气隙的放电过程

汤逊放电理论可较好地解释低气压、短间隙、均匀电场中的放电现象,δd 过大或过小时,放电机理将出现变化,汤逊理论就不适用了。通常认为 $\delta d>0.26$cm($pd>200$mmHg·cm)时,击穿过程将发生变化,汤逊理论的计算结果不再适用。于是在汤逊理论的基础上,由洛伊布(Leob)和米克(Meek)等通过大量的实验研究及对雷电的观测,提出了流注放电理论。流注理论认为电子的碰撞游离和空间光游离是形成自持放电的主要因素,并且考虑了空间电荷畸变电场的作用。但流注理论还很粗糙,目前只能做定性描述。

1.3.1 空间电荷对气隙电场的畸变

当外电场足够强时,一个由外界游离因素产生的初始电子,在从阴极向阳极运动的过程中产生碰撞游离而发展成为电子崩,这种电子崩称为初始电子崩,简称为初崩或主崩。由于电子的质量小,因此在外电场的作用下很容易获得加速,以很高的速度移动在电子崩的头部。而正离子质量大，体积也比电子大得多，所以缓慢地移动在电子崩的后部(向阴极移动)。由于电子的扩散作用，电子崩在发展过程中半径逐渐增大，其外形如一个头部为球形的圆锥体，如图 1-7(a)所示。

当电子崩发展到一定程度后，电子崩形成的空间电荷的电场将大为增强，使总的合成电场明显发生畸变。其结果是增强了崩头及崩尾的电场，而削弱了电子崩内正负电荷区域之间的电场，如图 1-7(b)所示。崩头前面电场被加强得最大，有利于初崩向前发展或产生新电子崩。崩内正负空间电荷混杂处的电场被大大减弱，这有利于电荷的复合和强烈的反激励(由激励状态恢复到正常状态的过程称为反激励)。复合与反激励会以光能的形式释放出游离与激励时质点所吸收的能量。当光子能量大于中性质点的游离能时，可能形成光游离。初崩尾部电场的加强有利于光游离出的光电子(由光子撞击中性质点而产生的自由电子称作光电子)形成新的电子崩，这个由初崩中释放出的光电子形成的电子崩称为二次电子崩。

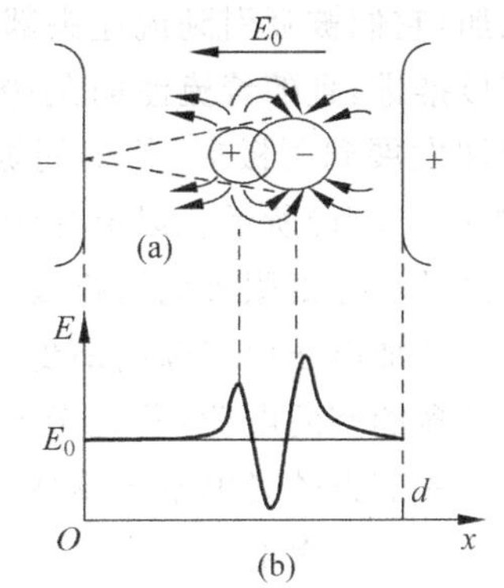

图 1-7　电子崩中空间电荷对均匀电场的畸变

1.3.2　流注的形成

如果外施电压等于气隙的最低击穿电压，当初崩发展到阳极时，如图 1-8(a)所示，初崩过程中所产生的电子消失于阳极中，并向周围放射出大量的光子，留下来的大量正离子(在初崩头部密度最大)使尾部的电场大大增强。这些光子在附近的气体中引起了光游离，于是在空间产生光电子，如图 1-8(b)所示。新形成的光电子被主崩头部的正空间电荷吸引，在受到畸变而加强了的电场中，又激烈地造成了新的电子崩(二次电子崩)，如图 1-8(c)所示。二次崩头部的电子被主崩头部的正空间电荷吸引进入主崩头部区域，由于这里电场强度很小，所以电子大多形成负离子。大量的正负离子汇合后形成的混合通道，称为流注。如

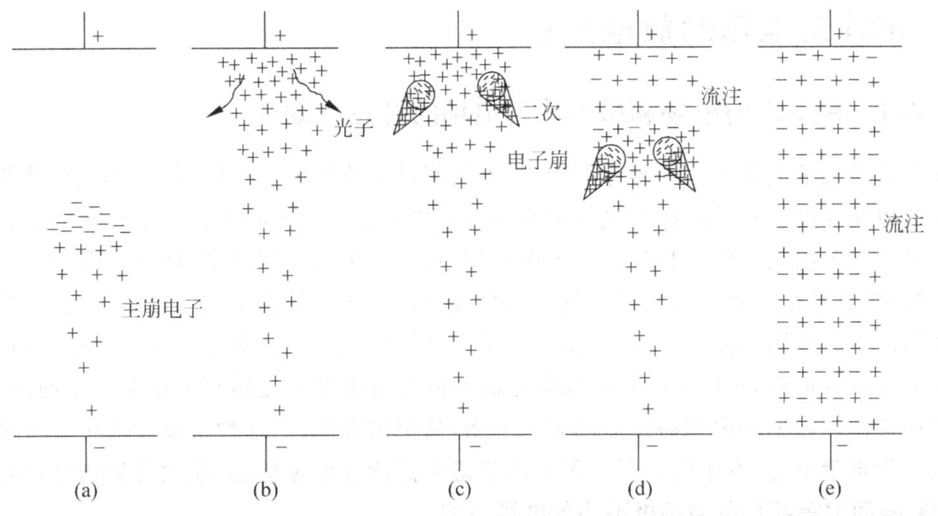

图 1-8　正流注的产生及发展

图 1-8(d)、(e)所示。流注通道导电性良好,其头部聚集着大量的由二次崩所形成的正电荷,这使流注头部前方出现更强的电场。同时,由于很多二次崩汇集的结果,流注头部游离过程继续发展,向周围发射出大量光子,继续引起空间光游离。于是在流注前方出现了新的二次崩,它们被吸引到流注头部,从而延长了流注通道。如图 1-8(d)所示。这样,流注不断向阴极推进,且随着流注向阴极的接近,其头部电场越来越强,因而其发展速度越来越快。当流注发展到阴极后,整个间隙被导电性能良好的等离子通道所贯通,导致整个间隙的击穿,如图 1-8(e)所示。以上介绍的是电压较低,电子崩经过整个间隙才能形成流注的情况,由于这种流注由阳极向阴极发展,故称为正流注。

若外加电压比气隙的最低击穿电压高得多时,则初崩不需走完整个间隙,其头部已积累到足够多的空间电荷,发的光足以使主崩前方以及尾部的部分中性质点光游离而产生光电子。崩头前方的光电子在畸变后的电场作用下,向阳极高速移动,形成二次电子崩。初崩头部负电荷与二次电子崩尾部正电荷汇合形成由阴极向阳极发展的流注,称为负流注。同时初崩尾部的光电子形成的二次电子崩崩头与初崩正电荷区汇合成向阴极发展的正流注,当正、负流注贯通两极时,气隙击穿,负流注的发展过程如图 1-9 所示。需要注意的是,在负流注的发展过程中,电子的运动受到了电子崩留下的正电荷的吸引,故其发展速度要小于正流注。

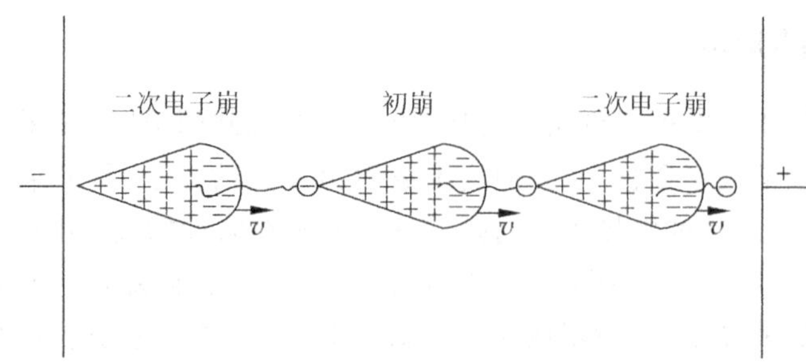

图 1-9 负流注的产生及发展

1.4 不均匀电场的放电过程

1.4.1 稍不均匀电场和极不均匀电场的特点与划分

在电力工程的大多数实际绝缘结构中,电场都是不均匀的。所谓不均匀电场,就是电场内各处的电场强度不相等。按照电场的不均匀程度,又可以分为稍不均匀电场和极不均匀电场。稍不均匀电场的放电特性与均匀电场相似,一旦出现自持放电,将会立即导致整个气隙的击穿(球隙和全封闭组合电器中的分相母线筒都是典型的稍不均匀电场实例)。极不均匀电场的放电特性则与此大不相同,由于电场强度沿着气隙的分布极不均匀,因此当所加电压达到某个临界值时,小曲率半径电极附近的空间电场强度首先达到了放电起始场强,因而在这个局部空间内率先出现碰撞电离和电子崩,甚至出现流注,这种仅仅发生在强场区的局部放电称为电晕放电,发生电晕时气隙总的来说仍保持着绝缘状态,还没有被击穿(如棒-棒间隙、棒-板间隙等都是典型的极不均匀电场实例)。

为了表示各种结构的电场的不均匀程度,引入电场不均匀系数 f,它等于最大电场强度与平均电场强度的比值：

$$f = \frac{E_{\text{max}}}{E_{\text{av}}} \tag{1-14}$$

式中：E_{max}为最大场强，V/m；E_{av}为平均场强，V/m。

$$E_{\text{av}} = \frac{U}{d} \tag{1-15}$$

式中：U 为间隙上外加的电压，V；d 为间隙的最小距离，mm。

$f=1$ 为均匀电场，$1<f<2$ 为稍不均匀电场，$f>4$ 为极不均匀电场。均匀电场在工程实际中是无法见到的。稍不均匀电场中放电的特点与均匀电场中相似，在间隙击穿前没有明显的放电迹象。而极不均匀电场间隙的放电具有一系列的特点，因此研究其放电的基本规律具有更大的实际意义。

1.4.2 极不均匀电场的电晕放电

在极不均匀电场中，间隙中的最大场强与平均场强相差很大，当外加电压较低时，曲率半径较小的电极附近空间的局部电场强度很大，该区域内的空气会首先发生自持放电，称为电晕放电。发生电晕放电时，较小曲率半径的电极附近会出现淡蓝色微光，同时伴随轻微的"咝咝"响声，甚至还能闻到臭氧的气味。开始出现电晕放电时的电压称为电晕起始电压，此时电极表面的场强称为电晕起始场强。对于同直径的两根平行输电线，其电晕起始场强 E_{c}（交流电压下用峰值表示）的经验表达式为

$$E_{\text{c}} = 30m_1 m_2 \delta\left(1 + \frac{0.3}{\sqrt{r\delta}}\right) \tag{1-16}$$

式中：r 为起晕导线的半径；δ 为空气的相对密度；m_1 为导线表面粗糙系数，根据不同情况，为 0.8～1.0，光滑导线取 1；m_2 为气象系数，根据不同气象情况，约为 0.8～1.0，好天气时取 1。

已知 E_{c} 后就可以根据电极布置求电晕起始电压 U_{c}，对于离地高度为 h 的单相导线有：

$$U_{\text{c}} = E_{\text{c}} r \ln \frac{2h}{r} \tag{1-17}$$

对于距离为 D 的两根平行导线（D 远大于 r），则有：

$$U_{\text{c}} = 2E_{\text{c}} r \ln \frac{D}{r} \tag{1-18}$$

对于三相输电线路，式(1-18)中，U_{c} 为相电压，D 为导线几何均距（$D=\sqrt[3]{D_{12}D_{23}D_{31}}$）。

电晕放电会带来很多不利影响。首先，电晕放电时发光并发出"咝咝"声和引起化学反应（如大气中氧变臭氧），这些都需要能量，因此输电线路发生电晕放电时会引起功率损耗。其次，电晕放电过程中由于流注的不断消失和重新产生会出现放电脉冲，从而形成高频电磁波，对周围无线电通信、广播信号和电气测量装置的正常工作造成干扰。再次，电晕放电发出的噪声有可能会超过环保标准。因此在建设输电线路时必须考虑输电线路的电晕问题，并采取措施以减小电晕放电的危害。限制电晕放电最有效的措施就是增大电极曲率半径、改进电极形状（例如，超、特高压线路采用分裂导线，高压电器采用扩大尺寸的球面或旋转椭圆面等形状的电极，发电站、变电所采用管型空心硬母线等）。

电晕放电也有有利的一面。比如，在输电线路上传播的过电压波会因电晕而衰减其

幅值和降低其波前陡度；电晕放电还在臭氧发生器、静电除尘器、静电喷涂装置等工业设施中获得广泛应用；特殊情况下，还可利用电晕来改善电场分布，从而提高间隙的绝缘强度。

1.4.3 极不均匀电场的放电过程

极不均匀电场中，因为曲率半径较小的电极附近电场强度最大，所以放电必然首先从具有较小曲率半径的电极表面开始发生，这与该电极的极性无关。但是，后续的放电发展过程却与该电极的极性有密切关系，即通常所说的极不均匀电场中的放电存在明显的极性效应。

极性的判断要参考表面电场强度较高的那个电极所具有的电位符号，所以在两个电极几何形状不同的场合，极性取决于曲率半径较小的那个电极的电位符号（例如棒-板气隙的棒极电位），而在两个电极几何形状相同的场合（例如棒-棒气隙），则极性取决于不接地的那个电极的电位，如图 1-10、图 1-11 所示。下面以常用的棒-板电极作为典型的极不均匀电场，从流注理论相关概念的角度来讨论放电过程和极性效应。在图 1-10 与图 1-11 中，E_0 为两电极间的原始电场强度，E_q 为空间电荷附加电场，E_{com} 为合成电场。

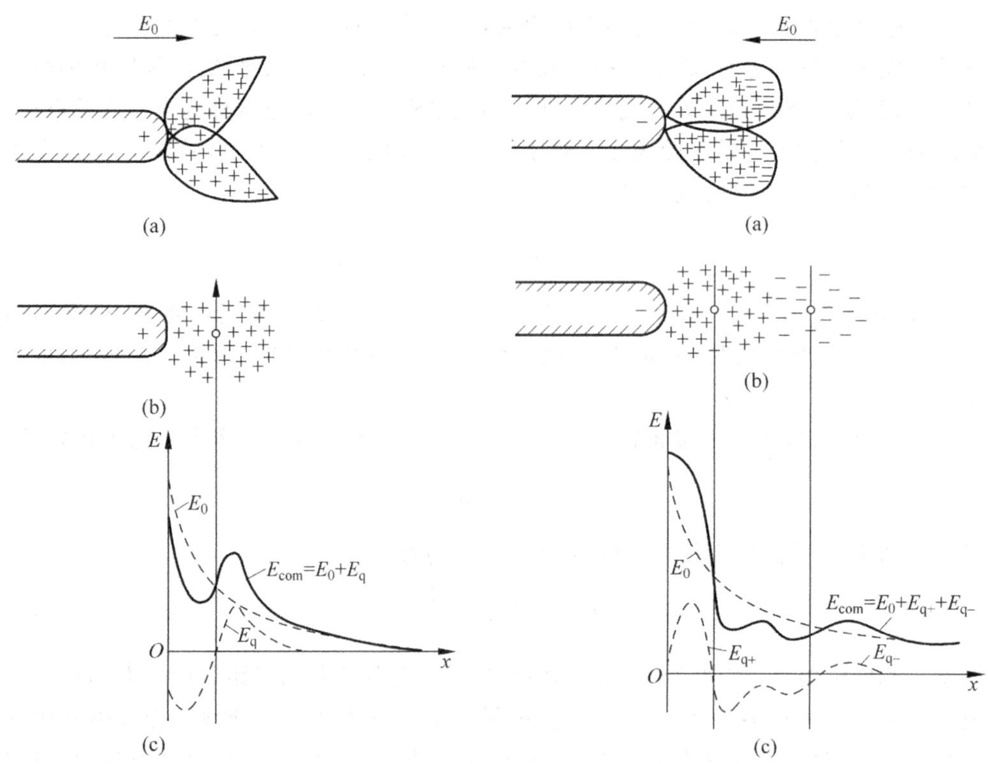

图 1-10 正极性棒-板间隙中电场的畸变

图 1-11 负极性棒-板间隙中电场的畸变

1. 正极性

当棒极具有正极性时，棒极附近强场区内的电晕放电将在棒极附近空间留下许多正离子（电子崩头部的电子到达棒极后被中和），如图 1-10(a)所示。这些正离子继续向板极移动，但是速度很慢，因此暂时滞留在棒极附近，如图 1-10(b)所示。这些正空间电荷削弱了棒极附近的电场强度，同时加强了正粒子群外部空间的电场，如图 1-10(c)所示。因此，当电压进一步升高，随着电晕放电区域的扩张，强场区将逐渐向板极方向推进，因而放电的发展是顺利的，直至间隙被击穿。

2. 负极性

当棒极具有负极性时，如图 1-11(a)所示。这时，电子崩将由棒极表面产生并向板极方向发展，崩头的电子在离开强场区后虽然不能引起新的电子崩，但仍继续向板极移动，而留在棒极附近的是大量的正离子，如图 1-11(b)所示。此时它们将加强棒极表面附近的电场而削弱外围空间的电场，如图 1-11(c)所示。所以当电压进一步升高时，电晕区域不易向外扩张，整个间隙的击穿将是不顺利的，因此间隙的击穿电压要比正极性时高得多，完成击穿所需的时间也比正极性时长得多。

综上所述，所谓的极性效应就是在相同极间距下，负棒-正板的起始电晕电压较正棒-负板下低，但由于其流注通道向板极的发展比较困难，所以其击穿电压反而比正棒-负板时高。输电线路和电气设备外绝缘的空气间隙大都属于极不均匀电场的情况，所以在功频高电压的作用下，击穿总是发生在外加电压为正极性的那半周期内。在进行外绝缘的冲击高压试验时，也往往施加正极性冲击电压，因为这时的电气强度较低。

1.5　放电时间和冲击电压下的气隙击穿

气隙的击穿电压与电场均匀程度、电极形状、极间距、气体的状态以及气体种类等因素有关。除此以外，气隙的击穿电压还与外加的电压形式（直流电压、交流电压、雷电冲击电压、操作冲击电压等）有非常大的关系。本节主要介绍不同电压形式下空气间隙的击穿特性。按作用时间的长短，外加电压形式可分为两类：一类称为持续作用电压（这类电压持续时间较长、变化速度较小，如直流电压和工频电压）；另一类称为冲击电压（这类电压持续时间极短，以 μs 计，变化速度很快，如雷电冲击电压和操作冲击电压）。在持续作用电压下，间隙放电发展所需的时间可以忽略不计，此时仅需考虑其电压大小即可。但是在冲击电压下，电压作用时间短到可以与放电需要的时间相比拟，这时放电发展所需的时间就不能忽略不计了。

1.5.1　放电时间

每个间隙都有其最低静态击穿电压，即长时间作用在间隙上能使间隙击穿的最低电压值，通常用 U_0 表示。要使间隙击穿，外加电压必须不小于 U_0。如图 1-12 所示，当对静态击穿电压为 U_0 的间隙施加冲击电压时，在经 t_0 时间后，电压上升到 U_0，此时间隙并不立刻被击穿，而需经过 t_l 时间后才被击穿，这一现象说明间隙的击穿不仅需要具有足够的电压，还需要经历足够的电压作用时间。因此，全部放电时间可表示为

$$t_b = t_0 + t_s + t_f = t_0 + t_l \qquad (1\text{-}19)$$

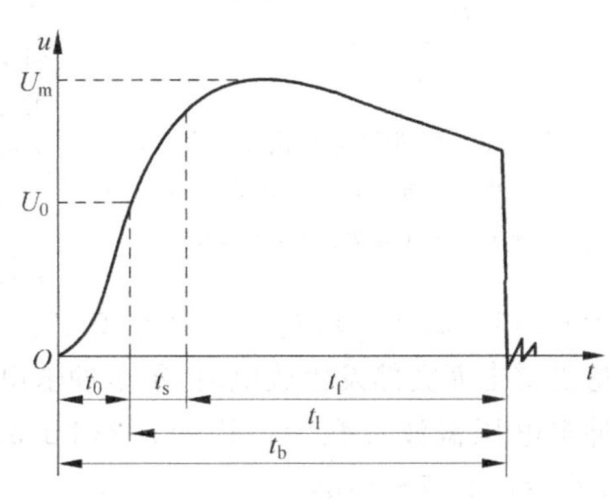

图 1-12　冲击电压下气隙的击穿

式中：t_b 为放电时间；t_0 为升压时间(电压从零升高到 U_0 所需的时间)；t_s 为统计时延(从电压升到 U_0 的时刻起到气隙中形成第一个有效电子的时间)；t_f 为放电形成时延(从形成第一个有效电子的时刻起到气隙完全被击穿的时间)；t_l为放电时延($t_l = t_s + t_f$)。

放电时延 t_l与电场均匀程度有紧密关系。当空间电场比较均匀时，平均电场强度很高，放电的发展速度非常快，因此放电形成时延较短(此时的放电时延约等于统计时延)。在极不均匀电场中，局部电场强度很高，而平均场强较低，因此间隙上出现有效电子的概率增大，统计时延较短，放电形成时延较长，放电时延主要决定于放电形成时延。

放电时延还与外加电压大小、外界照射等因素有关。随着间隙上外施电压的增加，t_s将减小，因为此时间隙中出现的自由电子转变为有效电子的概率增加。若用紫外线等高能射线照射间隙，使阴极释放出更多的电子，就能减少 t_s。这一措施对避雷器火花间隙在冲击电压作用下缩短放电时延十分有效，利用球隙测量冲击电压时，有时也需要采用该措施。增加间隙上的电压，电子的运动速度及游离能力也会增大，从而使 t_l减小。

1.5.2 冲击电压波形的标准化

作用时间短暂的电压称为冲击电压，在冲击电压作用下，空气间隙的击穿具有新的特性。气隙在冲击电压下的击穿电压和放电时间都与冲击电压的波形有关，因此在研究气隙的冲击击穿特性时要将冲击电压波形加以标准化，这才能使各种试验结果具有可比性和实际应用价值。

1. 标准雷电冲击电压波与标准雷电截波

雷电在电力系统中造成的过电压是一种冲击电压，雷击设备能造成极高的电压，这是电力系统发生事故的重要因素。为了对绝缘耐受雷电冲击电压的能力进行检验，在实验室中可以利用冲击电压发生器来模拟由雷电放电而引起的过电压。

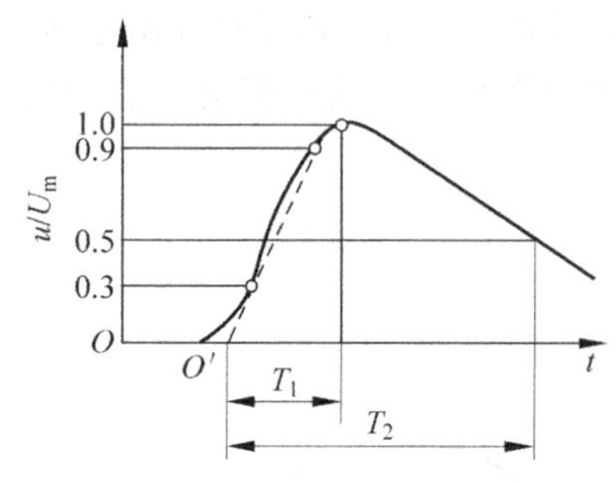

图 1-13 标准雷电冲击电压波形

T_1—视在波前时间；T_2—视在半峰值时间；U_m—雷电冲击电压峰值；O'—视在原点

由于实验室中获取的冲击电压的波前起始部分比较平坦，故在示波器摄取的冲击电压波形图上不易确定原点及峰值的确切位置。如图 1-13 所示，通常把经过 $0.3U_m$ 和 $0.9U_m$ 两点的直线延长，使之与时间轴相交于 O'点，将该点作为视在原点。上述延长线与峰值水平切线也有一个交点，该交点在时间轴上的投影到视在原点之间的距离作为视在波前时间 T_1。从视在原点 O'起到出现雷电冲击电压峰值，再到雷电冲击电压衰减为峰值一半的这段时间被称为视在半峰值时间 T_2。国际电工委员会(IEC)规定了标准的雷电冲击电压全波波形参数，具体为：$T_1 = 1.2(1 \pm 30\%)\mu s$，$T_2 = 50(1 \pm 20\%)\mu s$，一般简写成 $T_1/T_2 = 1.2/50\mu s$。电力系统绝缘因遭受雷击而突然发生放电时，雷电冲击电压波形即被截断，如图 1-14 示，IEC 规定标准雷电冲击电压截波参数为：$T_1 = 1.2(1 \pm 30\%)\mu s$；$T_c = 2 \sim 5\mu s$，称为截断时间，可简写成 $T_1/T_c = 1.2/(2 \sim 5)\mu s$。

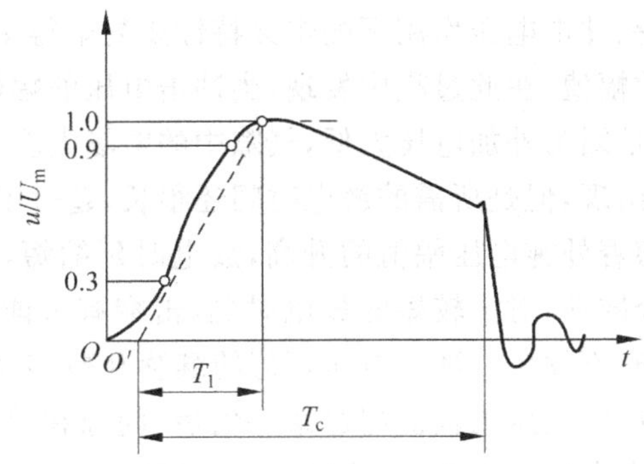

图 1-14　雷电冲击电压截波

T_1—波前时间；T_c—截断时间；U_m—雷电冲击电压截波峰值

2. 标准操作冲击电压波

电力系统在操作或发生事故时，因状态突然发生变化而引起电感和电容回路的振荡产生过电压，称为操作过电压。操作过电压幅值与波形显然跟电力系统的参数有密切关系，这一点与雷电过电压不同，后者一般取决于接地电阻，与系统电压等级无关。操作过电压则不然，因为在过渡过程中其振荡基值即系统运行电压，因此电压等级越高，操作过电压的幅值也越高。在不同的振荡过程中，振荡幅值最高可达最大相电压峰值的 3～4 倍，因此为了保证系统安全运行，需要对高压电气设备绝缘的耐受操作过电压能力进行考察。早期工程实践中采用工频电压试验来检验绝缘耐受操作过电压的能力。但是随后的大量研究表明，长间隙在操作冲击波作用下的击穿电压比工频击穿电压低。因此，目前 IEC 标准规定，额定电压在 330kV 及以上的高压电气设备都要进行操作冲击电压试验。为了模拟操作过电压，也对其标准波形进行了规定。如图 1-15 所示，IEC 标准规定，波前时间 $T_{cr}=50\times(1\pm20\%)\mu s$，半峰值时间 $T_2=2500\times(1\pm60\%)\mu s$，可简写成 $T_{cr}/T_2=250/2500\mu s$。当在试验中上述标准波形不能满足要求或不适用时，推荐采用 $100/2500\mu s$ 或 $500/2500\mu s$ 的波形。

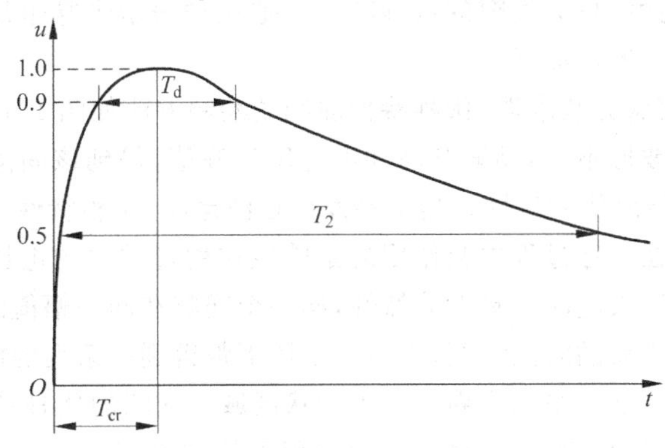

图 1-15　标准操作冲击电压波形

1.5.3　冲击电压下气隙的击穿特性

1. 50%冲击击穿电压

在持续电压作用下，每一个气隙的击穿电压对应一个确定的数值。但是，在冲击电压作用下，情况就不同了，气隙在冲击电压作用下的击穿特性要复杂得多。保持冲击电压的波形不变，逐渐升高冲击电压的幅值，在此过程中发现，当冲击电压的幅值很低时，每次施加电压时间隙都不击穿。这可能是因为外加电压太低，气隙中的电场太弱，无法引起电离过程。也可能是虽然电离过程已经出现，但是所需的放电时间还很长，超过了外加电压的有效作用时间，因此不能形成击穿。随着外施电压幅值的升高，放电时延缩短，当电压幅值增加到某一定值时，由于放电时延有分散性，对于较短的放电时延，击穿有可能发生。即在多次施加此电压时，击穿有时发生，有时不发生。随着电压辐值的继续升高，多次施加电压时，间隙击穿的概率越来越大。最后当冲击电压的幅值超过某一值后，间隙在每次施加电压时都将发生击穿。从检验间隙耐受冲击电压的能力看，希望求得刚好发生击穿时的电压，然而这个电压值在实际中是极难准确求得的，所以工程上采用了 50%冲击击穿电压(用 $U_{50\%}$ 表示)。$U_{50\%}$ 就是指在该冲击电压作用下，放电的概率为 50%。显然，确定 $U_{50\%}$ 时施加电压的次数 N 越多，得到的 $U_{50\%}$ 越准确，但工作量也越大。所以在实际工程中，通常以施加 10 次电压中有 4～6 次击穿，即认为这一电压就是气隙的 $U_{50\%}$ 冲击击穿电压。50%冲击击穿电压与静态击穿电压 U_0 的比值称为绝缘的冲击系数，用 β 表示：

$$\beta = \frac{U_{50\%}}{U_0} \tag{1-20}$$

在均匀电场和稍不均匀电场中 $\beta \approx 1$。在极不均匀电场中，由于放电时延较长，击穿电压的分散性较大，$\beta > 1$。

2. 伏秒特性

由于放电时延的影响，气隙的击穿需要一定时间才能完成，对于不是持续作用而是脉冲性质的电压，气隙的击穿电压就与该电压的作用时间有很大关系。同一个气隙，在峰值较低但是延续时间较长的冲击电压作用下有可能被击穿，但是在峰值较高而延续时间较短的冲击电压作用下却不能被击穿。因此，在冲击电压下仅仅用单一的击穿电压值来描述气隙的击穿特性是不全面的。工程上用气隙出现的电压最大值和气隙击穿时间的关系来表示气隙在冲击电压下的击穿特性，称为气隙的伏秒特性。把这种表示击穿电压和放电时间关系的电压-时间曲线称为伏秒特性曲线。

伏秒特性通常用实验方法求取，伏秒特性曲线的绘制方法如图 1-16 所示。对某一气隙施加冲击电压，保持其波形不变，逐渐升高冲击电压的峰值，得到该间隙的放电电压 u 与放电时间 t 的关系，则可绘出伏秒特性。当击穿发生在波尾时，伏秒特性上该点的电压值应取冲击电压的峰值，因为在击穿过程中起作用的是曾经作用过的冲击电压峰值而不是击穿时的电压值。实际上，由于放电时间具有分散性，同一个间隙在同一幅值的标准冲击电压波的多次作用下，每次击穿所需的时间不同，在每一电压下都得到一系列的放电时间。所以伏秒特性曲线实际上是以上、下包络线为界的一个带状区域。气隙的伏秒特性形状与极间电场的分布情况有关，如图 1-17 所示。对于均匀或稍不均匀电场，间隙的伏秒特性曲线比较平坦，如图 1-17 中曲线 1 所示，对于极不均匀电场，其间隙的伏秒特性曲线比较陡峭，如图 1-17 中曲线 2 所示。

间隙的伏秒特性是电力系统防雷保护设计中实现保护设备与被保护设备间绝缘配合的重要依据。如图 1-18 和图 1-19 所示，D_1 表示被保护设备绝缘的伏秒特性，D_2 表示与其并联的保护设备绝缘的伏秒特性。在图 1-18 中，D_2 总是低于 D_1，因此在任何冲击电压作用

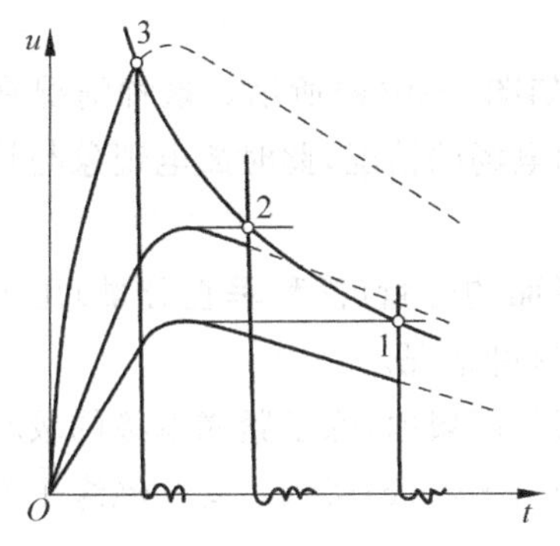

图 1-16　气隙伏秒特性曲线绘制方法

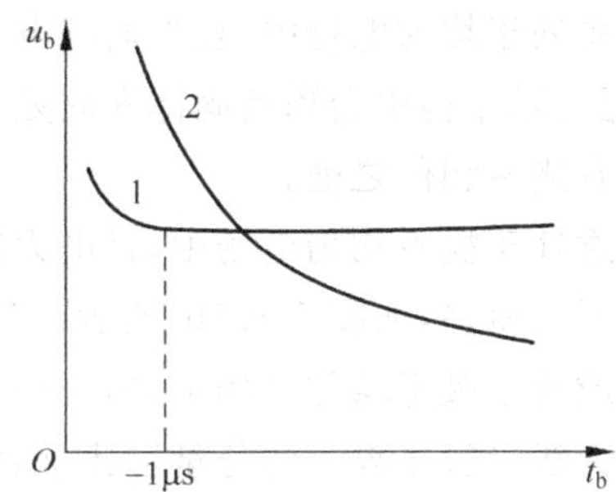

图 1-17　均匀电场与不均匀电场气隙的秒特性

下，保护设备总是比被保护设备先动作，从而有效限制了过电压的幅值，起到保护作用。在图 1-19 中，D_2 与 D_1 相交，当所遭受的冲击电压峰值较低时，保护设备先被击穿，被保护设备受到保护不被击穿，但是当冲击电压峰值较高时，被保护设备先被击穿，得不到保护设备的有效保护。通过图 1-18 和图 1-19 的比较可以看出，为了使被保护设备能够得到有效保护，保护设备绝缘的伏秒特性曲线的上包络线必须始终低于被保护设备伏秒特性曲线的下包络线。同时，为了较好地进行绝缘配合，保护设备应采用电场比较均匀的绝缘结构，这有利于使其绝缘的伏秒特性曲线更平坦，分散性更小。

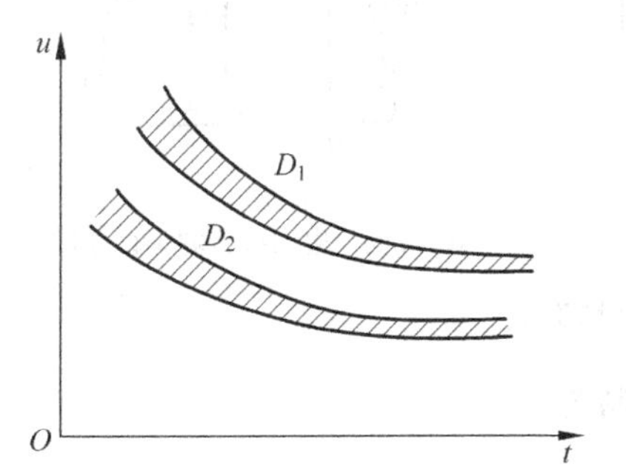

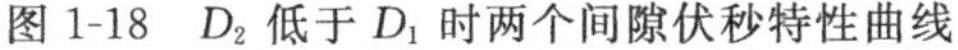

图 1-18　D_2 低于 D_1 时两个间隙伏秒特性曲线

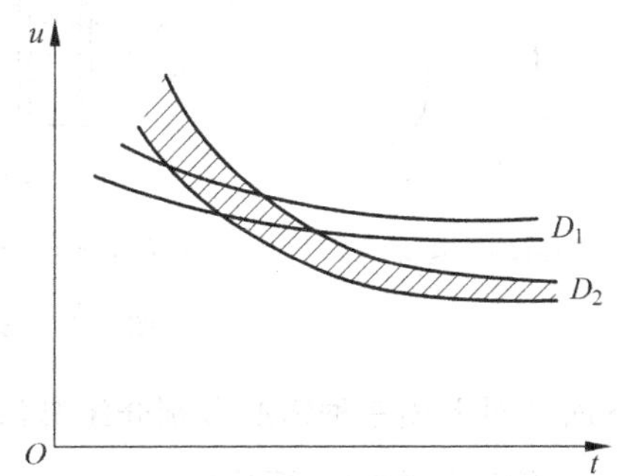

图 1-19　D_2 与 D_1 相交时两个间隙伏秒特性曲线

1.6　沿面放电与污秽放电

高压绝缘分为内绝缘与外绝缘，所谓外绝缘是指高压设备外壳之外，所有暴露在大气中需要绝缘的部分。外绝缘的主要部分是户外绝缘，一般由空气间隙和各种绝缘子构成。如果加在绝缘子的极间电压超过某数值时，常常会在绝缘子和空气的交界面出现放电现象，这种沿着固体介质表面发生的气体放电称为沿面放电，沿面放电发展成电极间击穿性的放电称为闪络。沿面闪络电压不仅比固体介质本身的击穿电压低很多，而且比纯空气间隙的击穿电压也低很多，并受绝缘表面状态、电极形状、气候条件、污染程度等因素影响较大。电力系统中的绝缘事故绝大部分是由沿面放电所造成的。

1.6.1　沿面放电的一般过程

固体介质与气体介质交界面上的电场分布情况对沿面放电的特性有很大影响，界面电场分布有三种典型情况，如图 1-20 所示。

固体介质处于均匀电场中，且界面与电力线平行，如图 1-20(a)所示。这种情况在工程中很少见，但实际结构中会遇到固体介质处于稍不均匀电场的情况，此时放电现象与均匀电场中的现象有诸多相似之处。

固体介质处于极不均匀电场中，且电力线垂直于界面的分量(简称垂直分量)比平行于表面的分量要大得多，如图 1-20(b)所示。套管就属于这种情况。

固体介质处于极不均匀电场中，但是在界面的大部分区域内(除了紧靠电极的较小的局部范围)，电力线平行于界面的分量远比垂直分量大，如图 1-20(c)所示。支柱绝缘子就属于这种情况。

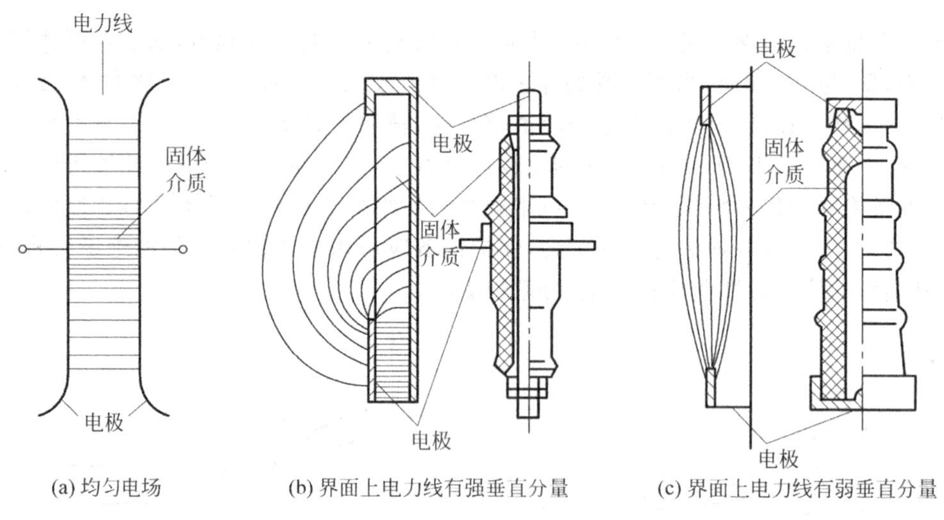

图 1-20 典型的界面电场形式

下面针对上述三种情况分别介绍其沿面放电的特性。

1. 均匀电场中的沿面放电

如图 1-20(a)所示，在两平板电极间放入一块固体介质后，看起来好像固体介质的存在并不改变电极间原始的电场分布，其实不然。放入固体介质后，沿面闪络电压总是显著地低于纯气隙的击穿电压，这表明原始的均匀电场发生了畸变。产生这一现象的主要原因如下。

(1) 固体介质与电极表面接触不良，可能存在微小气隙，气隙处场强比平均场强大得多，极易发生游离，产生的带电质点到达介质表面后会畸变原电场分布，从而使闪络电压降低。故在实际绝缘结构中常在固体介质表面上喷涂导电粉末，将气隙短路以提高闪络电压。

(2) 介质表面的伤痕裂纹或者介质表面电阻不均匀也会造成电场畸变，降低沿面闪络电压。

(3) 固体介质表面会吸附气体中的水分，形成水膜，其中的离子受电场驱动沿着介质表面移动，电极附近的固体介质表面上积聚的电荷较多，这使电压沿着介质表面分布不均匀，因而降低了闪络电压。这种影响与大气的湿度有关，同时也与固体介质的吸水性有关。瓷和玻璃为亲水性材料，对其影响较大；石蜡、硅橡胶为憎水性材料，对其影响较小。相关实验结果如图 1-21 所示。此外，离子的移动和电荷的积聚都需要一定的时间，所以在工频电压下的闪络电压降低较大，而在雷电冲击电压下降低得很少。

2. 极不均匀电场中的沿面放电

按电力线在界面上垂直分量的强弱，极不均匀电场中沿面放电可分为两类：具有强垂直分量时的沿面放电和具有弱垂直分量时的沿面放电。其中前者对于绝缘的危害比较大。

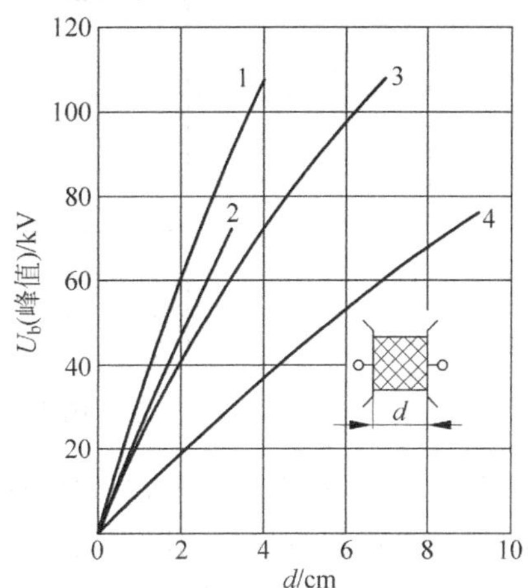

图 1-21　均匀电场中不同材料表面的工频闪络电压峰值与极间距的关系

1—空气间隙；2—石蜡；3—胶木纸筒；4—瓷和玻璃

1) 具有强垂直分量时的沿面放电

高压套管近法兰处和高压电机绕组出槽口的结构都属于这种情况，下面分析其沿面放电过程。图 1-22 所示为在交流电压下套管沿面放电发展的过程。随着外加电压的升高，首先在接地法兰处出现电晕放电形成的光环，如图 1-22(a)所示，这是因为该处的电场强度最高。随着电压的进一步升高，放电区逐渐形成由许多平行的火花细线组成的光带，如图 1-22(b)所示。放电细线的长度随着外加电压的升高而增加。但此时放电通道中电流密度较小，压降较大，伏安特性仍表现为上升的特性，属于辉光放电的范畴。当外加电压超过某一临界值后，放电性质发生改变。个别细线迅速增长，转变为树枝状有分叉的明亮的火花通道，如图 1-22(c)所示。这种树枝状放电不是固定在某个位置上，而是在不同的位置上交替出现，所以被称为滑闪放电。滑闪放电通道中的电流密度较大，压降较小，其伏安特性表现为下降的特性，因此可以认为滑闪放电是以介质表面放电通道中的热电离为特征的。滑闪放电的火花随外加电压的升高而迅速增长，通常沿面闪络电压比滑闪放电电压只高一些，因而出现滑闪后，电压只需稍微增加，放电火花就能延伸到另一电极形成闪络。滑闪放电是具有强垂直分量绝缘结构特有的一种放电形式。

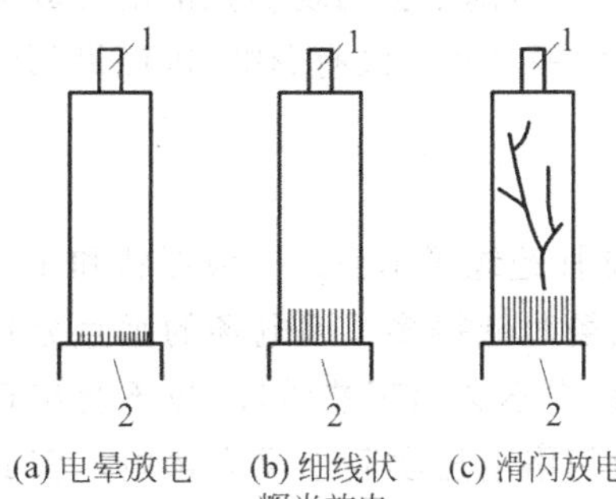

(a) 电晕放电　(b) 细线状辉光放电　(c) 滑闪放电

图 1-22　沿套管表面放电示意图

1—导杆；2—接地法兰

上述现象也可用图 1-23 所示的等值电路加以解释。当在套管导电杆与法兰两端加上工频电压时，沿套管表面电阻 r 将有电流流过，但由于磁套的体积电容 C 及瓷套的体积电导 G 的分流作用，使沿套管表面的电流不相等，越靠近法兰处的表面其电流越大，单位距离上的压降也越大，电场也越强，故法兰处的电场最强。当其电场大到足以造成气体游离的数值时，该段固体介质表面的气体即发生游离，产生大量的带电点，它们被很强的电场法线分量紧压在介质表面上运动，从而使介质表面局部温度升高。当局部温升引起气体分子的热游离时，火花通道中的带电质点剧增，电阻骤减，火花通道头部的场强变大，火花通道迅速向前延伸，即形成滑闪放电。故滑闪放电是以气体分子的热游离为特征的，而且只发生在具有强垂直分量的极不均匀电场中。

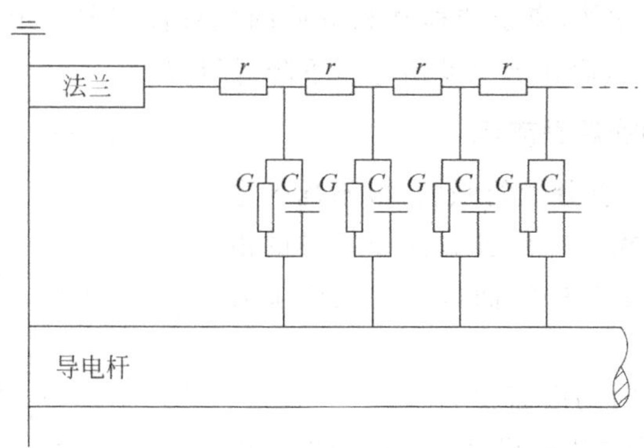

图 1-23 高压实心套管等值电路

从图 1-23 中不难看出，若固体介质的体积电容 C 越大、体积电导 G 越大，沿介质表面的电压分布就越不均匀，其沿面闪络电压也就越低。若外加电压的变化速度越快，频率越高，分流作用就越强，电压分布就越不均匀，沿面闪络电压也就越低。

因此为了提高套管的闪络电压，可以采取以下的措施：减小套管的体积电容，调整其表面的电位分布，如增大固体介质的厚度，特别是加大法兰处套管的外径，也可采用介电常数较小的介质；适当减小绝缘表面电阻，如在套管靠近法兰处涂半导体漆或半导体釉，可以使沿面的最大电位梯度减小，防止滑闪放电的出现，使电压分布变得均匀；在瓷套的内壁上喷铝，以消除气隙两端的电位差，防止气隙在强电场下出现游离放电现象。通过上述分析不难理解，套管的工频沿面闪络电压并不正比于套管的长度，前者的增大要比后者的增长慢得多。这是由于套管长度增加时，通过固体介质体积内的电容电流和泄漏电流将随之有很快的增大，使沿面电压分布的不均匀性进一步增强。

由于滑闪放电现象与介质体积电容及电压变化的速度有关，故在工频交流和冲击电压作用下，可以明显地看到滑闪放电现象。而在直流电压作用下，则不会出现明显的滑闪放电现象。在直流电压作用下，介质的体积电容对沿面放电的发展基本上没有影响，因而沿面闪络电压接近于纯空气间隙的击穿电压。

2) 弱垂直分量的沿面放电

如图 1-20(c)所示支柱绝缘子就属于这种情况，由于支柱绝缘子本身的电极形状和布置已经使电场分布很不均匀了，故其沿面闪络电压比均匀电场时低得多。因电场的垂直分量较小，沿介质表面也不会有较大的电容电流流过，放电过程中不会出现热游离，故不会出现明显的滑闪放电，垂直于放电发展方向的介质厚度对沿面闪络电压实际上没有影响。因此为提高此类绝缘子的沿面闪络电压，一般从改进电极形状以改善电极附近的电场分布着手，如采用内屏蔽或采用外屏蔽电极。

1.6.2 绝缘子的干闪与湿闪

高压线路绝缘子在日常运行时，要在不同的大气条件下正常的工作，如天气晴朗、下雨、大雾、雷雨季节、脏污地区、沿海地区、平原和高海拔地区等条件下，所有这些情况都要求高压线路绝缘子具有一定的绝缘水平以保证供电的可靠性。绝缘子的电气性能常用闪络电压来衡量，根据工作条件的不同，闪络电压通常分为干闪电压、湿闪电压和污闪电压。干闪电压是指表面清洁而且干燥时绝缘子的闪络电压，它是户内绝缘子的主要性能。湿闪电压是指洁净的绝缘子在淋雨情况下的闪络电压，它是户外绝缘子的主要性能。

1.6.3　绝缘子的污闪

1. 污闪的危害性

环境污染问题严重影响人类的日常生活，同时也严重影响包括电力在内的工农业生产。在户外运行的绝缘子，常会受到工业污秽或盐碱、飞尘等的污染。在干燥情况下，这种污秽物电阻很大，对运行没什么大的影响。但在大气湿度较高，特别是在毛毛雨、雾、凝露、融雪、融冰等不利的天气条件下，绝缘子表面的污秽物被润湿，表面电导和泄漏电流剧增，闪络电压明显降低，甚至可以在工作电压下发生闪络。由这种闪络所造成的事故称为污闪事故。

污闪事故虽然不像雷害事故那样频繁，但由污闪所造成的损失要比雷害大得多。这是因为诱发污闪的条件(如污秽层、雾、雨、雪等)往往长期而广泛地存在，如果采用重合闸措施，污闪处的电弧有可能重燃，甚至使绝缘子炸裂，故污闪事故重合闸的成功率是极低的。因此，污闪事故一旦发生，往往会造成大面积长时间停电，迄今依然是威胁电力系统安全运行的最危险事故之一。

2. 污闪放电的基本过程

(1) 绝缘子表面积污。绝缘子表面积污是一个很复杂的过程，污秽度不仅与积污量有关，而且与污秽的化学成分有关。为了模拟自然界中的污秽，通常可用“等值附盐密度”(简称“等值盐密”)来表征绝缘子表面的污秽程度。等值盐密法就是将绝缘子表面的污秽物密度转化为相当于每平方厘米含多少毫克 NaCl 的表示方法，一般为 0.2～0.4mg/cm^2。我国国家标准规定的污秽等级及其对应的等值盐密值如表 1-1 所示。

表 1-1　线路和发电厂、变电站污秽等级(GB/T 1634—1996)

污秽等级	污湿特征	盐密/(mg/cm^2)	
		线路	发电厂、变电所
0	大气清洁地区及离海岸盐场 50km 以上无明显污染地区	≤0.03	>0.3
1	大气轻度污染，工业区和人口低密集区，离海岸盐场 10～50km 地区。在污闪季节中干燥少雾(含毛毛雨)或雨量较多	>0.03～0.06	≤0.06
2	大气中度污染地区，轻盐碱和污秽地区，离海岸盐场 3～10km 地区。在污闪季节中潮湿多雾(含毛毛雨)或雨量较少时	>0.06～0.10	>0.06～0.10
3	大气污染较严重地区，重雾和重盐碱地区，离海岸盐场 1～3km 地区。工业与人口密度较大地区，离化学污染源 300～1500m 的较严重污秽地区	>0.10～0.25	>0.10～0.25
4	大气污染特严重地区，离海岸盐场 1km 以内，离化学污染源 300m 以内地区	>0.25～0.35	>0.25～0.35

(2) 污层的受潮。当绝缘子表面积污后，如果又有合适的湿润条件，染污绝缘表面变成导电层，表面绝缘能力下降。空气中的水分有各种各样的形式如大雨、中雨、小雨、毛毛雨，还有雾、露、雪等。经大量的测试表明，雾的威胁最为严重。

(3) 局部电弧的产生与发展。当绝缘子积污和湿润以后，在运行电压作用下，流过绝缘子表面的泄漏电流增大，产生焦耳热使水分蒸发。在电流密度大、污层电阻高的局部区域热效应较显著，污层可能被烘干，形成干区。干区隔断了泄漏电流，使作用电压集中于干区两端而形成高场强，引起空气碰撞游离，出现局部放电现象。于是，大部分泄漏电流经闪络放电的通道流过，很容易使之形成局部电弧。干区上出现的局部放电与未烘干的污层电阻相串联，当局部电弧延伸到某一临界长度时，弧道温度已很高，弧道的进一步伸长就不再需要更高的电压，而由热游离予以维持，最后将导致电弧贯通绝缘子两极，从而造成污闪事故。

由上述可知，在污秽放电过程中，局部电弧不断延伸直至贯通两极所需的外加电压只要维持弧道就够了，而不必像干闪需要很高的电场强度来使空气发生激烈的碰撞游离才能出现。这就是为什么污闪电压要比干闪和湿闪电压低得多的原因。

3. 防污闪措施

在规划设计时，应尽量使高压输电线路远离污秽区，避免在污秽地区建设发电站、变电所，并遵循表 1-2 所规定的各级污区应有的爬电比距值 λ。

表 1-2 各污秽等级所要求的爬电比距值 λ

污秽等级	爬电比距/(cm/kV)			
	线　　路		发电厂、变电站	
	220kV 及以下	330kV 及以上	220kV 及以下	330kV 及以上
0	1.39(1.60)	1.45(1.60)	—	—
1	1.39～1.74 (1.60～2.00)	1.45～1.82 (1.60～2.00)	1.60(1.84)	1.60(1.76)
2	1.74～2.17 (2.00～2.50)	1.82～2.27 (2.00～2.50)	2.00(2.30)	2.00(2.20)
3	2.17～2.78 (2.50～3.20)	2.27～2.91 (2.50～3.20)	2.50(2.88)	2.50(2.75)
4	2.78～3.30 (3.20～3.80)	2.91～3.45 (3.20～3.80)	3.10(3.57)	3.10(3.41)

注：括号内的数据为以系统额定电压为基准的爬电比距值。

表中的爬电比距是指绝缘子的“相对地”之间的爬电距离与系统最高工作线电压有效值的比值(cm/kV)，用它来表征绝缘子的耐污水平。表中的爬电比距值是以大量的实际运行经验为基础而规定出来的，故一般只要遵循规定的爬电比距值来选择绝缘子串的总爬距和片数，即可保证必要的运行可靠性。在运行维护时，可采取以下措施。

(1) 加强清扫或采取带电水冲洗。

(2) 增加爬距。措施有两种：一是改进绝缘子结构，使大风和下雨时容易自行清扫，降低污染，即采用所谓的防污型绝缘子以增大泄漏距离；二是增加绝缘子片数，此办法会增加绝缘子串长度，从而减小了风偏时的空气距离，为此可采用 V 型串来固定导线。

(3) 采用新型的合成绝缘子。这种新型绝缘子近年来发展很快，其防污性能比普通的瓷绝缘子要好得多。如图 1-24 所示，合成绝缘子是由承受外力负荷的芯棒(兼内绝缘)和保护芯棒免受大气环境侵袭的伞套(护套和伞裙)通过粘接层组成的复合结构绝缘子。玻璃钢芯棒是用玻璃纤维束浸渍树脂后通过引拔模加热固化而成，具有极高的抗拉强度。

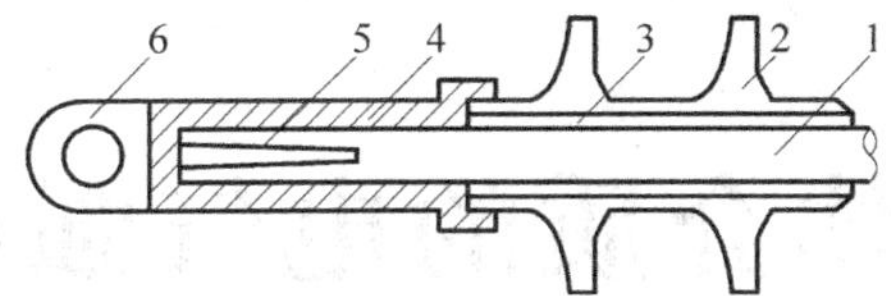

图 1-24　棒形合成绝缘子结构图

1—芯棒；2—护套；3—填充层；4—粘接剂；5—楔子；6—金属附件

伞套由硅橡胶一次注塑而成，具有很高的电气强度、很强的憎水性和很好的耐局部电弧性能。由于硅橡胶是憎水性材料，因此在运行中不需清扫，其污闪电压比瓷绝缘子高得多。除优良的防污闪性能外，合成绝缘子又以质量轻、体积小、抗拉、抗弯、防爆性强而著称，所以又称为轻型绝缘子。

(4) 在绝缘子表面涂憎水性涂料。涂上憎水性涂料后，污层中不易形成连续的导电水膜，抑制了泄漏电流，从而提高了沿面闪络电压。

习题

1-1　气体中带电质点的产生与消失有哪些主要方式？

1-2　什么叫自持放电？简述汤逊理论的自持放电条件？

1-3　汤逊理论与流注理论对气体放电过程和自持放电条件的观点有何不同？它们各自的适用范围如何？

1-4　均匀电场和极不均匀电场中气隙放电特性有什么不同？

1-5　雷电冲击电压下间隙的击穿电压有何特点？冲击电压作用下放电时延包括哪些部分？用什么来表示气隙的冲击击穿特性？

1-6　什么是伏秒特性？伏秒特性有何实用意义？

1-7　沿面闪络电压为什么低于同样距离下纯空气间隙的击穿电压？滑闪放电是在什么条件下发生的？有什么实际意义？

1-8　什么叫绝缘子的污闪？如何防止污闪？

第2章

气体介质的电气强度

气隙的电气强度与电场形式有关，在常态的空气中发生碰撞电离、电晕放电等物理现象所需的电场强度大约为 30kV/cm，即在均匀或稍不均匀的电场中空气的击穿场强约为 30kV/cm。而在极不均匀电场情况下，局部区域的电场强度达到 30kV/cm 左右时就会在该区域首先出现局部放电现象（电晕），此时其余空间的电场强度还远远小于 30kV/cm，如果所加电压稍有升高，则放电区域将随之扩大，甚至产生流注和导致气隙击穿，这时空气的平均电场强度远远小于 30kV/cm，可见气隙的电场形式对击穿特性有着决定性影响。

此外，气隙的击穿特性还与所加电压的类型有很大关系。在电力系统中，有可能引起空气间隙击穿的电压波的形式是多种多样的，可具体归纳为四种主要类型，分别是工频交流电压、直流电压、雷电过电压波和操作过电压波。相对于气隙击穿所需时间（以 μs 计）而言，工频交流电压随时间的变化是缓慢的，在极短的时间段内，可以认为没有变化，与直流电压类似，二者统称为稳态电压，以此来区别于存在时间极短、变化极快的冲击电压。

2.1 不同电压形式下气隙的击穿电压

2.1.1 均匀电场气隙的击穿电压

均匀电场的击穿电压可用以下经验公式计算：

$$U_b = 24.22\delta d + 6.08\sqrt{\delta d} \tag{2-1}$$

式中：U_b 为空气间隙的击穿电压，kV；d 为间隙距离，cm；δ 为空气相对密度。在标准大气条件下，均匀电场中空气的电气强度约为 30kV/cm。

在均匀电场中，间隙距离比较小，各处场强基本相等，而且电场也是对称的，故此击穿前无电晕，无极性效应，放电所需的时间很短。因此，在不同形式电压（直流、工频、雷电冲击、操作冲击）作用下，其击穿电压（直流电压的平均值、工频电压的峰值、冲击电压的 $U_{50\%}$）都相同，击穿电压的分散性也很小。

2.1.2 稍不均匀电场气隙的击穿电压

就气体放电基本特征而言，稍不均匀电场与均匀电场相似，而与极不均匀电场有很大差别。稍不均匀电场中的气隙击穿以前不会形成稳定的电晕放电，一旦出现局部区域放电，将立即导致整个间隙击穿。稍不均匀电场的间隙距离一般不是很大，整个间隙的放电时延很短，因此在各种不同形式电压作用下，其击穿电压实际上也都相同，且其分散性也不大。

需要注意的是，当电场不对称时，在稍不均匀电场中极性效应也会有所反应，但不是特别明显。例如，在球间隙中，如果某一球极接地，由于大地对电场的畸变作用使另一不接地球极处电场增强，间隙中的电场分布不再对称。结果使得不管是直流电压还是冲击电压，不接地球极为正极性时的击穿电压变得大于负极性时的数值。工频电压下由于击穿总是发生在容易击穿的半周，所以其击穿电压和负极性下的相同。这与极不均匀电场中的极性效应是相反的，即电场最强的电极为负极性时的击穿电压反而略低于正极性时的数值。

2.1.3　极不均匀电场气隙的击穿电压

极不均匀电场击穿电压的特点是：电场不均匀程度对击穿电压的影响减弱（由于电场已经极不均匀），极间距离对击穿电压的影响增大。这个结果有很大意义，可以选择电场极不均匀的极端情况进行分析，比如以棒-板和棒-棒作为典型电极。输电线路的导线与大地之间可视为棒-板间隙，导线与导线之间则可视为棒-棒间隙。其他类型的极不均匀电场气隙的击穿特性均介于这两者之间。当工程上遇到很多极不均匀的电场时，可以根据这些典型电极的击穿电压数据来做简单估算。如果电场分布不对称，可以参考棒-板电极的数据；如果电场分布对称，则可参考棒-棒电极的数据。与均匀及稍不均匀电场中不同，极不均匀电场的直流击穿电压、工频击穿电压及冲击击穿电压之间的差别较明显，分散性也较大且极性效应显著。

1. 直流电压下的击穿电压

由实验获得棒-板与棒-棒空气间隙的直流击穿电压与间隙距离的关系如图 2-1(a)所示。由图可见，对棒-板间隙而言，其直流击穿电压如前所述具有明显的极性效应。在测量的极间距离范围内(d=10cm)，棒-板间隙，棒为负极性时的击穿场强约为 20kV/cm，而棒为正极性击穿场强只有 7.5kV/cm，相差较大。棒-棒间隙由于是对称电场，无明显极性效应，

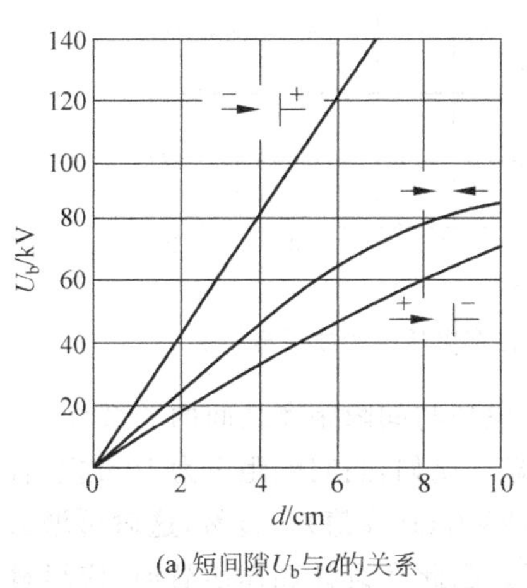

(a) 短间隙U_b与d的关系

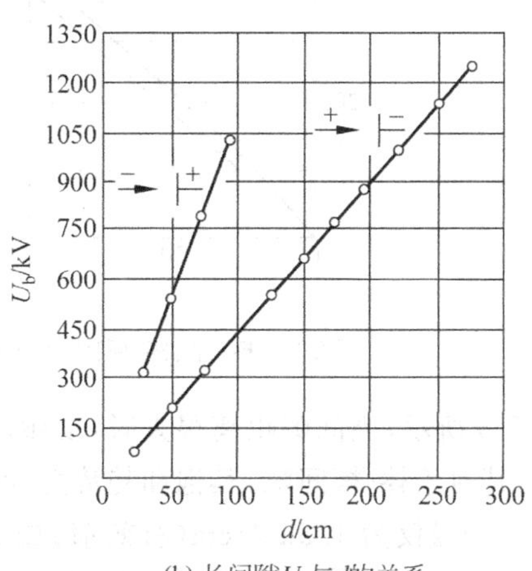

(b) 长间隙U_b与d的关系

图 2-1　棒-板、棒-棒间隙的直流击穿电压 U_b 与间隙距离 d 的关系

其击穿电压介于棒-板间隙在两种极性下的击穿电压之间。这是因为棒-棒间隙中存在正极性尖端，容易由此而引起放电，所以其击穿电压比同样间隙距离的负棒-正板间隙低。但棒-棒间隙是对称电场，在同样间隙距离下，其电场相对于棒-板间隙来说较为均匀些，所以其击穿电压比正棒-负板间隙高。

为了进行特高压直流输电线路的绝缘设计，有必要对长间隙棒-板气隙的直流击穿特性进行研究。300cm 以内的棒-板间隙的实验结果如图 2-1(b)所示。由图可见，此时棒为负极性的平均击穿场强降至 10kV/cm 左右，而棒为正极性的平均击穿场强降至 4.5kV/cm 左右。对较大间隙(0.5～3m)的棒-棒电极结构，其直流电压下的平均击穿场强约在 4.8～5.0kV/cm，略高于棒-板间隙棒为正极性时的击穿场强。

2. 工频交流电压下的击穿电压

在工频电压作用下，不同间隙的击穿电压与间隙距离之间的关系如图 2-2 所示。由于极性效应，棒-板间隙在工频电压作用下的击穿总是在棒的极性为正、电压达到峰值时发生，但其击穿电压的峰值稍低于其直流击穿电压，这是由于前半周期留下的空间电荷对棒极前方的电场有所加强的缘故。当间隙距离不太大时，击穿电压基本上与间隙距离呈线性上升的关系。例如，在间隙距离为 1m 左右时，棒-棒平均击穿场强约为 4.0kV/cm(有效值)或 5.66kV/cm(峰值)，棒-板平均击穿场强约为 3.7kV/cm(有效值)或 5.23kV/cm(峰值)。

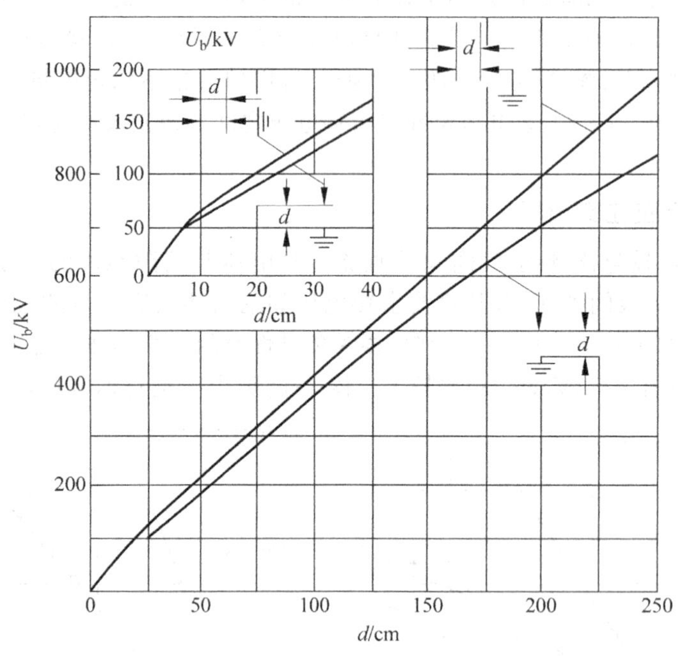

图 2-2　棒-棒、棒-板间隙的工频击穿电压与间隙距离关系

如图 2-3 所示，当间隙距离很大时，工频击穿电压与间隙距离之间的关系具有明显的饱和效应，尤其对于棒-板间隙，其饱和趋势尤为明显。比如，当间隙距离为 10m 左右时，棒-板的平均击穿场强仅为 1.5kV/cm(有效值)或 2.1kV/cm(峰值)。显然，这时再增大棒-板气隙的长度，已经不能有效地提高其工频击穿电压。因此在设计高压装置时，应尽量采用棒-棒类对称型的电极结构，而避免棒-板类不对称的电极结构。

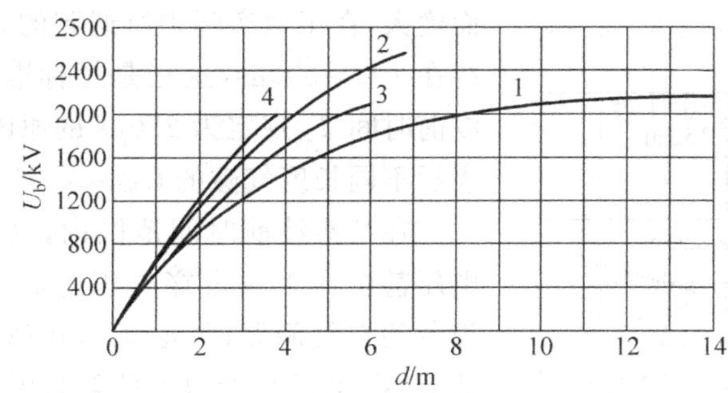

图 2-3　棒-板、棒-棒长间隙的工频击穿电压特性曲线

1—棒-板间隙；2—棒-棒间隙；3—导线-杆塔间隙；4—导线-导线间隙

3. 雷电冲击电压下的击穿电压

在 1.5/40μs 的雷电冲击电压的作用下(当气隙距离 $d<250$cm 时)，棒-棒及棒-板空气间隙的雷电冲击 50%击穿电压和间隙距离的关系如图 2-4 所示。对于 1.2/50μs 的标准雷电冲击电压来说，图中的曲线仍然适用。由图可知，棒-板间隙具有明显的极性效应，棒-棒间隙也有不大的极性效应。这是由于大地的影响，使不接地的棒极附近电场增强的缘故。同时还可以看出，棒-棒间隙的击穿电压介于棒-板间隙两种极性的击穿电压之间。当气隙距离更大时，其实验数据如图 2-5 所示。由图示可见，击穿电压与气隙距离呈直线关系。

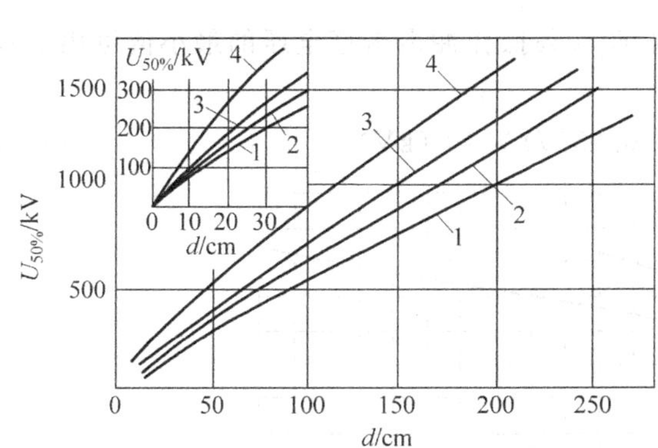

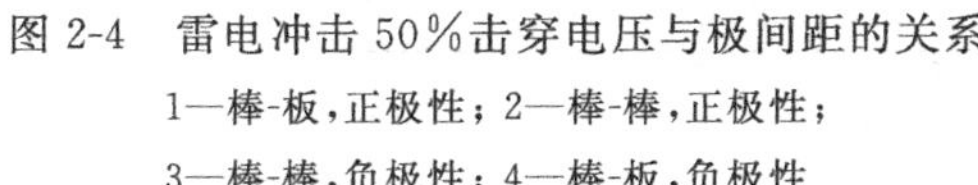

图 2-4　雷电冲击 50%击穿电压与极间距的关系

1—棒-板，正极性；2—棒-棒，正极性；

3—棒-棒，负极性；4—棒-板，负极性

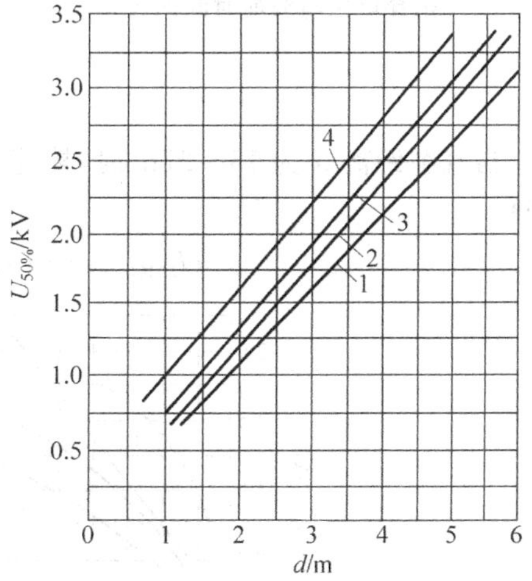

图 2-5　长间隙的雷电冲击电压击穿特性

1—棒-板，正极性；2—棒-棒，正极性；

3—棒-棒，负极性；4—棒-板，负极性

4. 操作冲击电压下的击穿电压

实验结果表明，在极不均匀电场中，正极性操作冲击 50%击穿电压比负极性的要低。长空气间隙的操作冲击击穿通常发生在波前部分，其击穿电压与波前时间有关而与波尾时间基本无关，因此，操作冲击电压的波形对气隙的电气强度有很大影响。图 2-6 是棒-板空气间隙的正极性操作冲击 $U_{50\%}$ 和波前时间 T_{cr} 的关系。从图中可以看出，曲线呈 U 形，在某一波前时间 T_{cr}(称为临界波前时间)下 $U_{50\%}$ 有极小值。上述 T_{cr} 的值随着气隙距离的增加

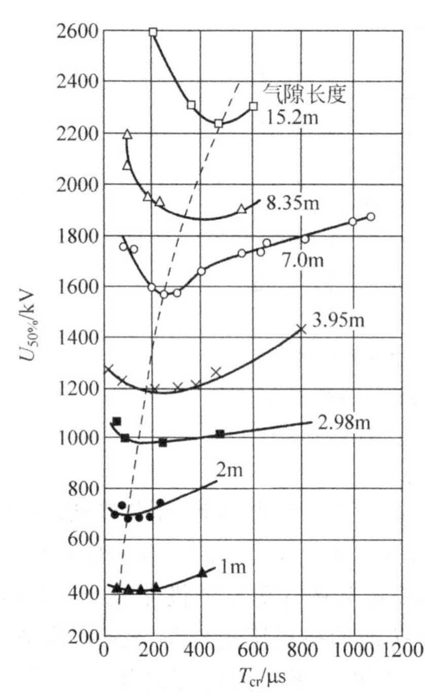

图 2-6 棒-板气隙正极性 50%操作冲击击穿电压与波前时间的关系

而增大，在工程实际中所遇到的 d 值范围内，该值大约在 100～500μs，这正是把标准操作冲击电压波的波前时间 T_{cr}规定为 250μs 的原因。图 2-6 中的虚线表示不同长度气隙的 $U_{50\%(\min)}$ 与 T_{cr}的关系。

在某些波前时间范围内，气隙的操作冲击击穿电压甚至比工频击穿电压还低。因此，在确定电气设备的空气间距时，必须考虑这一重要情况。一般认为，在 330kV 及以上的超高压系统中，应按操作过电压下的电气特性进行绝缘设计及其实验，而不宜像一般高压电气设备那样采用工频电压作等效性实验。

如图 2-7 所示，极不均匀电场长间隙的操作冲击击穿电压特性具有显著的饱和效应(间隙长度超过 5m 时)。当间隙距离达 25m 时，操作冲击下的最低击穿强度仅为 1kV/cm。这对发展特高压输电技术是一个极为不利的制约因素。

当气隙距离 d 为 2～15m 时，棒-板间隙的 50%操作冲击击穿电压的最小值可用经验公式估算：

$$U_{50\%(\min)}=\frac{3.4\times10^{3}}{1+\frac{8}{d}}(\mathrm{kV}) \tag{2-2}$$

当气隙距离 d 为 15～27m 时，棒-板间隙的 50%操作冲击击穿电压的最小值可用下式估算：

$$U_{50\%(\min)}=(1.4+0.055d)\times10^{3}(\mathrm{kV}) \tag{2-3}$$

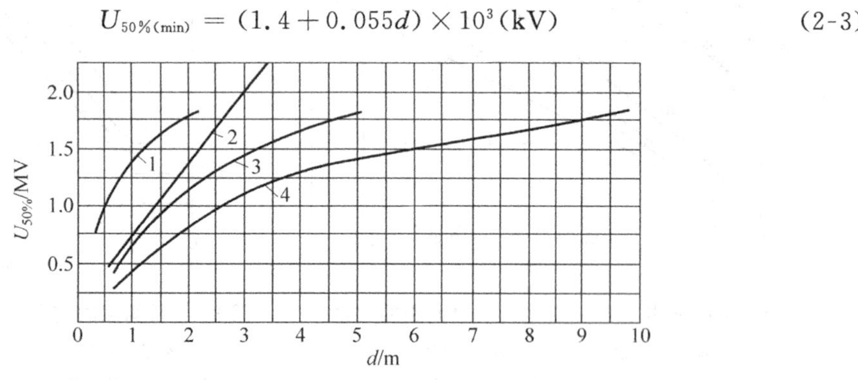

图 2-7 棒气隙在操作冲击电压(500、5000 的单位均为 μs)下的击穿特性

1—(－)棒-板；2—(－)棒-棒；3—(＋)棒-棒；4—(＋)棒-板

2.2 大气条件对空气间隙击穿电压的影响

大气中间隙的放电电压随空气密度的增大而提升，这是因为空气密度增大时电子的平均自由行程缩短，使电离过程削弱的缘故。而对于空气湿度来说，在极不均匀电场中，空气

中的水分能使间隙的击穿电压有所提高，这是因为水分子具有弱电负性，容易吸附电子使其形成负离子的缘故。但湿度对均匀电场间隙击穿的影响很小，因为均匀场间隙在击穿前各处的场强都很高，即各处电子运动速度都很高，不易被水分子捕获而形成负离子。所以在均匀或稍不均匀电场间隙中，通常对湿度的影响可以忽略不计。实验表明，同一气隙在不同的大气条件(通常指的是大气压力、温度与湿度)下的击穿电压也不同。各地的气象条件是不同的，即使同一地点，也随昼夜、季节的变更而有所变化。为了便于相互比较，有必要确定一个标准的大气条件。我国规定的标准大气条件：气压为 0.10133MPa，温度为 20℃，绝对湿度为 $11g/m^3$。

根据我国国家标准，在实际条件下空气间隙的击穿电压 U 与标准大气条件下的击穿电压 U_0 之间，可以通过相应的校正系数进行如下换算：

$$U = K_d K_h U_0 \tag{2-4}$$

式中：K_d 为空气密度校正系数；K_h 为空气湿度校正系数。

2.2.1　气压、温度对击穿电压的影响

当气压或温度改变时，其结果都反映为空气相对密度 δ 的变化。空气的相对密度 δ 为实际条件下的密度与标准大气条件下的密度之比。空气的相对密度与大气压力成正比，与温度成反比，即：

$$\delta = 2.9 \times \frac{p}{273 + t} \tag{2-5}$$

式中：δ 为空气相对密度；p 为实际大气条件下的气压，kPa；t 为实际大气条件下温度，℃。

当 δ 为 0.95～1.05 时，气隙的击穿电压几乎与 δ 成正比，即此时的空气密度校正系数可取为 $K_d = \delta$，故

$$U = \delta U_0 \tag{2-6}$$

式(2-6)是对 1m 以下的间隙进行试验的基础上得到的，对于均匀电场、不均匀电场、直流电压、工频电压或冲击电压都适用。近年来对长间隙击穿特性的研究表明，间隙击穿电压与大气条件变化的关系不是一种简单的线性关系，而是随电极形状、电压种类和气隙距离而变化的复杂关系，具体校正方法可参阅有关国家标准。

2.2.2　湿度对击穿电压的影响

湿度反映了空气中所含水蒸气的多少。单位体积的空气中所含水蒸气的质量，称为绝对湿度，即 $1m^3$ 容积的空气中所含水蒸气多少克。由于吸附效应，大气中所含的水蒸气对气隙的放电过程起着一定的抑制作用，故大气的湿度增大，气隙的击穿电压也随之升高。在均匀或稍不均匀电场中，湿度对击穿电压的影响可以忽略不计，而在极不均匀电场中，湿度增大后，空气的击穿电压将有明显的提高。这时湿度校正系数可用下式表示：

$$K_h = K^{\omega} \tag{2-7}$$

式中：K 取决于试验电压的类型，并且是绝对温度与空气相对密度之比的函数；指数 ω 的值与电极形状、气隙长度、电压类型及其极性有关。它们的具体取值情况均可参阅有关国家标准。

2.2.3 海拔高度对击穿电压的影响

我国幅员辽阔，有许多电力设施位于高海拔地区。随着海拔高度的增加，空气逐渐稀薄，气压与空气相对密度下降，因而空气的电气强度也随之降低。海拔高度对气隙的击穿电压和外绝缘的闪络电压的影响可以利用一些经验公式求取。我国国家标准规定：对于安装在海拔高度高于1000m(但不超过4000m)处的电力设施的外绝缘，如果在平原地区进行耐压试验，其试验电压U应按规定的标准大气条件下的试验电压乘以系数K_a。K_a按下式计算：

$$K_a = \frac{1}{1.1 - \frac{H}{10000}} \tag{2-8}$$

式中：H为安装地点的海拔高度，m。

2.3 提高气隙击穿电压的措施

在高压电气设备中经常遇到气体绝缘间隙，为了减小设备尺寸，一般希望间隙的绝缘距离尽可能缩短。为此需要采取措施，以提高气体间隙的击穿电压。根据前述分析，提高气体击穿电压不外乎两个途径：一方面是改善电场分布，尽量使之均匀；另一方面是利用其他方法来削弱气体中的电离过程。改善电场分布也可以有两种途径：一种是改进电极形状；另一种是利用气体放电本身的空间电荷畸变电场的作用。下面列举一些提高气隙击穿电压的方法。但需要注意的是，这些措施只是提供了解决问题的方向，在解决工程问题时，还应根据具体情况灵活处理，才能得到比较合适的具体办法。

2.3.1 改善电场分布使之尽量均匀

由前述可知，气体的击穿电压与间隙电场的均匀程度有着密切的关系。实验表明，随着电场不均匀程度的逐步增大，间隙的平均击穿场强也逐步由均匀电场的30kV/cm(峰值)左右逐渐减小到不均匀电场中的5kV/cm(峰值)以下。不均匀电场的平均击穿场强之所以低于均匀电场，是由于前者在较低的平均场强下局部的场强就已超过自持放电的临界值，形成电子崩和流注(长间隙中还有先导放电)。流注或先导通道向间隙深处发展，相当于缩短了间隙的距离，所以击穿就比较容易，所需的平均场强也就比较低。因此，改善电场分布可以有效地提高间隙的击穿电压，一般可以采用以下几种措施。

1. 改变电极形状

如前所述，均匀电场与稍不均匀电场间隙的平均击穿场强比极不均匀电场间隙要高得多。一般来说，电场分布越均匀，平均击穿场强越高。因此可以改进电极形状、增大电极曲率半径，以改善电场分布，提高间隙的击穿电压。同时，电极表面应尽量避免毛刺、棱角等以消除电场局部增强的现象。如不可避免出现极不均匀电场，则应尽可能采用对称电场(如棒-棒型电极)。即使是极不均匀电场，在很多情况下，为了避免在工作电压下出现电晕放电，也必须增大电极的曲率半径。图2-8中给出了一些改变电极形状以调整电场的方法。这些方法归纳如下。

(1) 增大电极曲率半径。例如,图 2-8(a)所示的变压器套管端部加球形屏蔽罩、图 2-8(b)所示的采用扩径导线(导线截面面积相同,但半径增大)等。

(2) 改善电极边缘。如图 2-8(c)所示,将电极边缘加工成弧形或尽量使其与某等位面相近,以此来消除边缘效应。

(3) 使电极具有最佳外形:如图 2-8(d)所示,穿墙高压引线上加金属扁球,墙洞边缘做成近似垂链线旋转体,以此来改善电场分布。

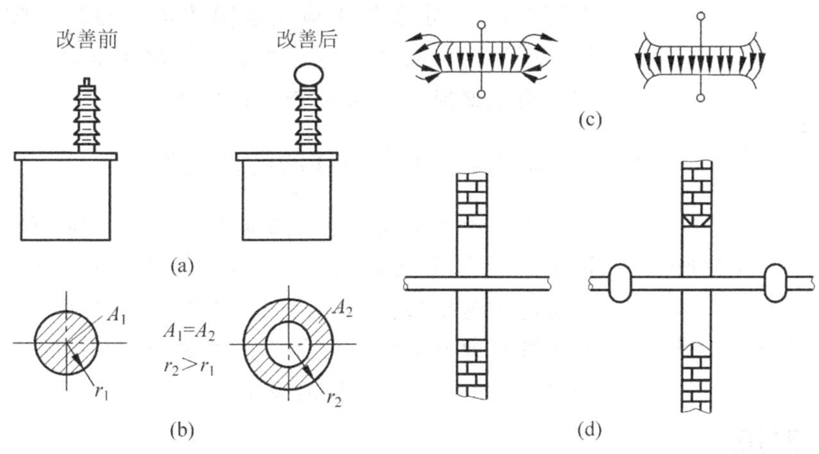

图 2-8　改进电极形状调整电场

调整电场以降低局部过高场强,不只对于气体间隙有效,而且对于其他各种绝缘结构也是提高电气强度的有效措施。对于不同的绝缘结构,除了改善电极形状外,还有诸多其他改善电场分布的方法。

2. 利用空间电荷

极不均匀电场中间隙的击穿前首先会发生电晕现象,在一定的条件下,可利用电晕电极所产生的空间电荷来改善极不均匀电场中的电场分布,从而提高间隙的击穿电压。细线效应就是实际例子,比如,导线-平板或导线-导线的电极布置方式,当导线直径减小到一定程度后,气隙的工频击穿电压反而会随导线直径的减小而提高,这种现象称为细线效应。其原因就在于细线引起的电晕放电所形成的围绕细线的均匀空间电荷层相当于扩大了细线的等值半径,改善了气隙中的电场分布。

当导线直径较大时,情况就不同了,电极表面不可能绝对光滑,总是存在局部电场较强的区域,从而总存在局部的强电离区域。此外,由于导线直径较大,导线表面附近的强电场区域也相应较大,电离一经形成,就比较强烈。局部电离的发展,将显著加强电离区前方的电场,从而使该电离区进一步发展。这样,电晕就容易转入刷状放电,从而其击穿电压就与棒-板间隙的击穿电压相近了。

3. 采用绝缘屏障

在极不均匀电场的棒-板间隙中,放入薄片固体绝缘材料(如纸或纸板等),在一定条件下,可以显著提高间隙的击穿电压。所采用的薄层固体材料称为屏障。因屏障极薄,屏障本身的耐电强度并无多大意义,主要是屏障阻止了空间电荷的运动,造成空间电荷改变电场分布,从而使击穿电压提高。

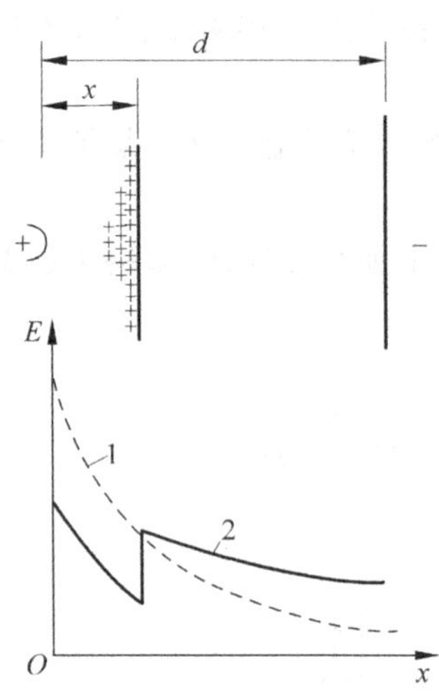

图 2-9 气隙中设置屏障前后电场分布

1—无屏障；2—有屏障

通常屏障应用于正棒-负板之间，如图 2-9 所示。在间隙中加入屏障后，屏障阻止了正离子的运动，使正离子聚集在屏障向着棒的一面，且由于同性电荷相互排斥，使其比较均匀地分布在屏障上，从而在屏障前方形成了比较均匀的电场，改善了整个间隙中的电场分布，所以在正棒-负板间隙中设置屏障可以显著提高间隙的击穿电压。只有在极不均匀电场中，在一定条件下应用屏障才可以提高气隙的击穿电压。因为均匀或稍不均匀电场中间隙在击穿前无显著的空间电荷积聚现象，故屏障就难以发挥作用了。

2.3.2 削弱气体的游离过程

大气压下空气的电气强度并不高，约 30kV/cm。即使采取上述措施，尽可能改善电场分布，其平均击穿场强最高也不会超过这个数值。提高间隙击穿电压的另一个有效途径是采取其他办法削弱气体中的电离过程，比如高气压、高真空以及高电气强度气体的采用等。

1. 采用高气压

由巴申定律可知，提高气体压力后，气体的密度加大，减少了电子的平均自由行程，削弱了碰撞游离的发展，从而提高了间隙的击穿电压。高气压在实际中得到了广泛应用，比如早期的压缩空气断路器就是利用加压后的压缩空气作为内部绝缘的。在高压标准电容器中，也有采用压缩空气或氮气作为绝缘介质的。

在均匀电场中，不同间隙距离下空气间隙击穿电压与压力和间隙距离的乘积 pd 的关系如图 2-10 所示。由图可见，当间隙距离不变时，击穿电压随压力的提高而快速增加；但继续增加气压到一定值时，击穿电压增加的幅度逐渐减小，说明此后继续加压提高击穿低电压的效果逐渐下降了。

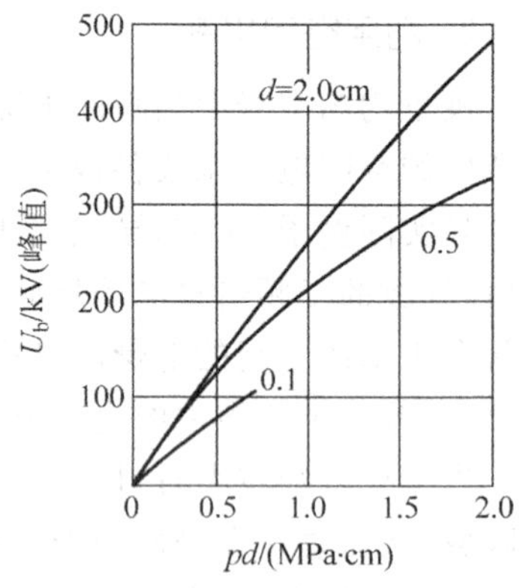

图 2-10 均匀电场中不同间隙距离下空气的击穿电压与 pd 的关系

在高气压下，电场均匀度对击穿电压的影响比在大气压下要显著得多，电场均匀度下降，击穿电压剧烈降低。这一点在绝缘设计时应予注意，采用高气压的电气设备应使电场尽可能均匀。

2. 采用高真空

当气隙中压力很低（接近真空）时，击穿电压也能迅速提高。因为在这样稀薄空气的空间里，电子的自由行程非常大，但其与中性质点发生碰撞的概率几乎是零，因此不会发生碰撞游离而使真空间隙击穿。

但是，在实际采用高真空间隙作绝缘介质时，在一定条件下仍会发生放电现象。这是由不同于电子碰撞游离的其他过程决定的。试验证明，放电时真空中仍有一定的粒子流存在，这被认为是：①强电场下由阴极发射的电子自由飞过间隙，积累起足够的能量撞击阳极，使阳极物质质点受热蒸发或直接引起正离子发射；②正离子运动至阴极，使阴极产生二次电子发射，如此循环进行，放电便得到维持。

这些真空间隙的击穿机理表明，真空电极的材料及电极的表面状况对真空间隙的绝缘都是非常关键的因素。电极材料熔点越高，机械强度越高，间隙的击穿电压也越高。高真空介质在电力系统中得到了普遍的应用，如真空开关、真空电容器等，特别在配电系统中其优越性尤为突出。

3. 采用高电气强度气体

在气体电介质中，有一些含卤族元素的强电负性气体，如六氟化硫(SF_6)、氟利昂(CCl_2F_2)、四氯化碳(CCl_4)等，因其具有强烈的吸附效应，所以在相同的压力下具有比空气高得多的电气强度(约为空气的2.5～3倍)。故把这一类气体(或充以空气与这类气体的混合气体)称为高电气强度气体。显然，采用这些高电气强度气体来替代空气将大大提高气体间隙的击穿电压。

氟利昂(CCl_2F_2)、四氯化碳(CCl_4)的电气强度虽然比六氟化硫(SF_6)高，但因液化温度高而难以采用。CCl_4 在放电过程中如有空气存在，还能形成剧毒物质碳二酰氯(光气)。所以目前(SF_6)得到了广泛应用。

2.4　六氟化硫(SF_6)气体的理化特性和绝缘特性

六氟化硫(SF_6)气体是除空气以外应用最为广泛的气体介质。目前 SF_6 气体不仅广泛应用于高压断路器、高压电缆、高压电容器、高压互感器、高压套管等电气设备中，还被广泛应用于各种组合电气设备中，如全封闭组合电器或全封闭气体绝缘变电站(GIS)中。这些组合设备具有很多优点，可大大缩小占地空间、简化运行维护等。

2.4.1　SF_6 气体的理化特性

SF_6 气体是一种无色、无味、无臭、无毒，不燃的不活泼气体，化学性能非常稳定，对金属及绝缘材料无腐蚀作用，液化温度较低。SF_6 分子具有很强的电负性，容易吸附电子变为负离子。另外，它们的分子量和分子直径比较大，使电子在其中的平均自由行程缩短，因此游离过程大大削弱，同时也加强了带电质点的复合过程。

SF_6 分子中，6个氟原子与中心的一个硫原子相互以共价键结合，如图2-11所示，其键距小，键能高，所以其化学稳定性很高。仅当温度很高(大于1000K)时，SF_6 气体才发生热离解。SF_6 气体的缺点是放电时 SF_6 气体会发生分解，形成硫的低氟化物，当气体中含有水分时，这些低氟化物还会与水发生继发性反应，生成对绝缘材料和金属材料腐蚀性很强的物质。

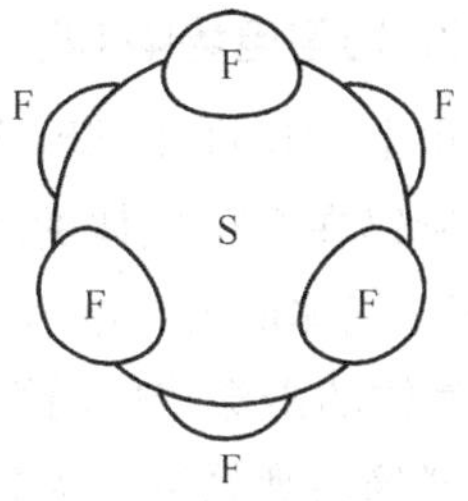

图2-11　SF_6 分子结构

2.4.2 SF_6 气体的绝缘特性

1. 极不均匀电场中 SF_6 气体的击穿

研究表明，SF_6 气体虽然具有很高的绝缘强度，但与空气相比呈现出较为复杂的绝缘特性，尤其是对极不均匀电场的绝缘。在极不均匀电场中 SF_6 气体的击穿有异常现象：①工频击穿电压随气压的变化存在“驼峰”；②“驼峰”区段内的雷电冲击电压明显低于静态击穿电压，如图 2-12 所示。虽然“驼峰”曲线在压缩空气中也存在，但一般要在气压高达 1MPa 左右才开始出现，而在 SF_6 气体中，“驼峰”常常出现在 0.1～0.2MPa 气压下，即在工作气压下，因此，在进行绝缘设计时要尽可能设法避免不均匀电场的情况出现。

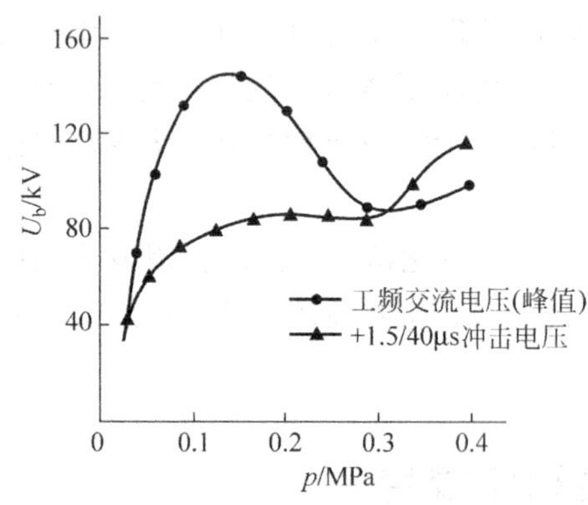

图 2-12 “针-球”间隙（针尖曲率半径为 1mm，球直径为 100mm，极间距为 300mm）中 SF_6 气体的工频击穿电压（峰值）与正极性冲击击穿电压的比较

极不均匀电场中 SF_6 气体击穿的异常现象与空间电荷的运动有关。如前所述，空间电荷对棒极附近的屏蔽作用会使击穿电压升高。但在雷电冲击电压作用下，空间电荷没有足够的时间移动到有利的位置，故其击穿电压低于静态击穿电压。又因为气压升高后空间电荷扩散得较慢，因此在气压超过 0.1～0.2MPa 时，屏蔽作用减弱，工频击穿电压下降。在极不均匀电场中，当外加电压远小于击穿电压时，就已经发生稳定的局部放电。如前所述，这会使 SF_6 气体离解。离解物和继发性反应物有很大的腐蚀性，对绝缘的危害很大，而空气游离时则不然。

由于上述原因，在进行充 SF_6 气体的绝缘结构设计时，应尽可能避免极不均匀电场的情况。SF_6 气体间隙的绝缘结构大都采用同轴圆柱结构，导体拐弯部分应制成圆弧形，以保证间隙电场尽可能均匀。此外，气隙的极性效应也与空气间隙相反，即曲率半径较小的电极为负极性时气隙的击穿电压反而小于正极性，所以 SF_6 气体绝缘结构的绝缘水平是由负极性电压决定的。研究还表明，与空气间隙相比，SF_6 气体的伏秒特性在短时（$t<5\mu s$）范围内上翘较少。所以，用避雷器来保护具有 SF_6 气体绝缘的设备时，应特别注意在上述短时范围内的配合。

2. 均匀电场中 SF_6 气体的击穿

由上所述可知，SF_6 气体优异的绝缘性能只有在比较均匀的电场中才能得到充分的发挥。所以在 SF_6 气体的间隙中任何局部区域出现自持放电，就会导致整个间隙的击穿。于是，SF_6 气体的击穿电压决定于该条件下 SF_6 气体本身的耐电场强。研究表明，均匀电场中 SF_6 气体的击穿特性同样遵从巴申定律。只是由于其强烈的吸附效应，在碰撞游离过程中，电子碰撞游离系数将大打折扣（可用电子附着系数 η 来表示）。η 表示一个电子逆着电场方向运动 1cm 的行程中所发生的电子附着次数的平均值。因此，在 SF_6 气体中的有效碰撞游离系数应为

$$\bar{\alpha}=\alpha-\eta \tag{2-9}$$

对于 SF_6 气体，其击穿电压的经验计算公式为

$$U_b = 88.5pd + 0.38 \tag{2-10}$$

式中：U_b为击穿电压，kV；p 为气压，MPa；d 为气隙距离，mm。

3. 影响击穿场强的其他因素

影响 SF_6 气体沿面放电电压的因素主要有电场均匀程度、固体介质表面的粗糙程度和绝缘表面状况等。研究表明，在 SF_6 气体沿面绝缘结构设计中，电场分布应尽量均匀，否则即使增加沿面距离，闪络电压也提高很少。若固体介质表面粗糙，则场强会在微观范围内发生变化而降低沿面闪络电压。在 SF_6 气体中若电介质表面脏污、受潮，闪络电压也会明显降低，所以应选用抗腐蚀性能强的绝缘材料，工艺上应注意清洁，加强密封，严格控制充入设备的 SF_6 的含水量。此外，还可在充 SF_6 气体的电气设备内放置吸附剂，以吸附所产生的氟化物和水分。

图 2-13 表示电极表面粗糙度 R_a 对 SF_6 气体电气强度 E_b的影响，由图可见，工作气压越高，电极表面粗糙度对电气强度影响越大，因而对电极表面加工技术要求也越高。电极表面粗糙度大时，表面突起处的局部电场强度要比气隙的平均电场强度大得多，因而可在宏观上平均场强还未到达临界场强时就引发放电和击穿。除了电极表面粗糙度外，电极表面还会有其他零星的随机缺陷，电极表面积越大，这类缺陷出现的概率也越大。所以电极表面积越大，SF_6 气体电气强度越低，这一现象被称为面积效应。此外，设备中的导电微粒对 SF_6 气体的绝缘特性也有较大的影响，设备中的导电微粒有两大类：固定微粒和自由微粒，前者的作用与电极表面缺陷相似，而后者会在极间跳动对 SF_6 气体电气强度产生更多的不利影响。

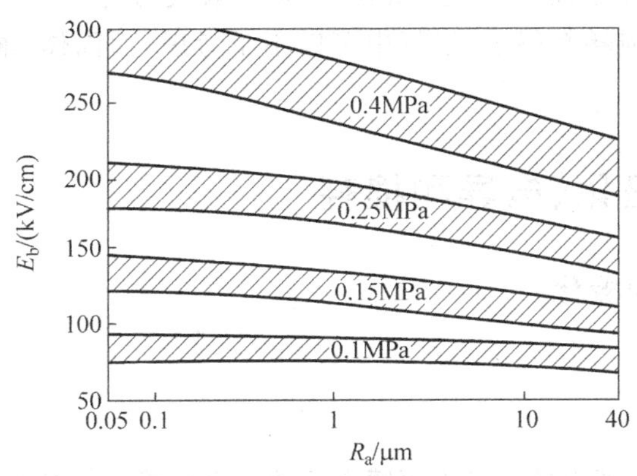

图 2-13　电极表面粗糙度对 SF_6 气体电气强度的影响

习题

2-1　影响气隙击穿电压的因素有哪些？

2-2　提高气隙击穿电压有哪些主要措施？

2-3　为什么 SF_6 气体具有特别高的电气强度并成为除空气外应用最广泛的气体介质？

2-4　为什么 SF_6 气体绝缘大多只在较均匀电场下应用？

第3章

液体、固体电介质的电气性能

电气设备的内绝缘大多数是液体或固体介质，这些电介质的绝缘强度(击穿场强)一般要比空气高得多，所以用它们作为内绝缘可以缩小电气设备的结构尺寸。与空气相比，液体和固体电介质具有很多特点：①绝缘强度高，液体介质的击穿场强可达 10^5 V/cm 数量级，固体介质的击穿场强可达 10^6 V/cm 数量级，而空气的仅为 10^4 V/cm 数量级。②固体介质是非自恢复绝缘，一旦损坏，不能自行恢复其绝缘性能，必须予以更换；液体介质击穿后，当外施电压消失时虽然能恢复绝缘性能，但绝缘强度已经发生变化；而空气击穿后可自行恢复到原来的绝缘水平上。③液体、固体电介质在运行过程中会逐渐老化，使它们的物理、化学性能以及各种电气参数发生变化，从而影响其电气寿命，而空气不存在这些问题。④空气的极化、电导和损耗都很小，运行中可以不予考虑，而固体、液体介质则不然，必须加以考虑。

3.1 电介质的极化、电导和损耗

3.1.1 电介质的极化

1. 基本概念

1) 电介质的极化

电介质置于电场中，其内部会发生束缚电荷的弹性位移及偶极子的转向等现象，该现象称为电介质的极化。

2) 电介质的相对介电常数

平行平板电容器电容量 C 与电极间的有效覆盖面积 A 成正比，而与电极间的距离 d 成反比，其比例常数取决于介质的特性。平行平板电容器在真空中的电容量为

$$C_0 = \varepsilon_0 \frac{A}{d} \tag{3-1}$$

式中：A 为极板面积，m^2；d 为极间距离，m；ε_0 为真空介电常数，$\varepsilon_0 = \frac{1}{36\pi} \times 10^{-9}$ F/m。

如图 3-1(a)所示，如果在极板上施加直流电压 U，则两极板上分别充上正、负电荷。设

其电荷量为 Q_0，则有：

$$Q_0 = C_0 U \tag{3-2}$$

当平板电极间插入介质后，如图 3-1(b)所示，其电容量为

$$C = \varepsilon \frac{A}{d} \tag{3-3}$$

式中：ε 为介质的介电常数。

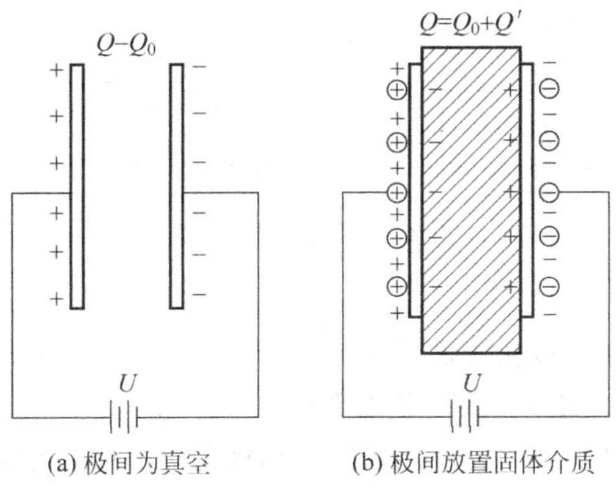

图 3-1　极化现象

在相同直流电压 U 的作用下，由于介质的极化，使得介质表面出现了与极板电荷符号相异的束缚电荷，电荷量为 Q'，为保持两极板间的电场强度不变，必须要从电源再吸取等量的异性电荷到极板上，以抵消介质表面束缚电荷对极板间电场的削弱作用，此时极板上的电荷量变为 Q，则有：

$$Q = Q_0 + Q' = CU \tag{3-4}$$

对于同一平行平板电容器，随着放入介质的不同，介质极化程度也会发生改变，从而导致极板上的电荷量 Q 不同，于是 Q/Q_0 就反映了在相同条件下不同介质的极化现象的强弱，于是有：

$$\frac{Q}{Q_0} = \frac{CU}{C_0 U} = \frac{\varepsilon \frac{A}{d}}{\varepsilon_0 \frac{A}{d}} = \frac{\varepsilon}{\varepsilon_0} = \varepsilon_r \tag{3-5}$$

式中：ε_r 称为电介质的相对介电常数，它是表征电介质在电场作用下极化强弱的指标。其值由电介质本身的材料特性决定。气体分子间的距离很大、密度很小，气体的极化率很小，因此各种气体的 ε_r 都接近 1。常用液体、固体电介质的 ε_r 一般为 2～10。各种电介质的 ε_r 与温度、电源频率的关系也各不相同，这与极化的形式有关。

2. 极化的基本形式

电介质的极化通常有电子式极化(电子位移极化)、离子式极化(离子位移极化)、偶极子极化(转向极化)和夹层极化等几种基本形式。

1) 电子位移极化

物质是由分子组成的，而组成分子的原子是由带正电的原子核和带负电的电子组成的，其电荷量彼此相等。无外电场作用时，正、负电荷对外作用重心重合，如图 3-2(a)所示，原

子对外不显电性。当有外电场作用时，正、负电荷对外作用重心不再重合，如图 3-2(b)所示，原子对外显电性。电介质中的原子、分子或离子中的电子在外电场的作用下，使电子轨道相对于原子核产生位移，从而形成感应电矩的过程，称为电子位移极化。电子位移极化的特点如下。

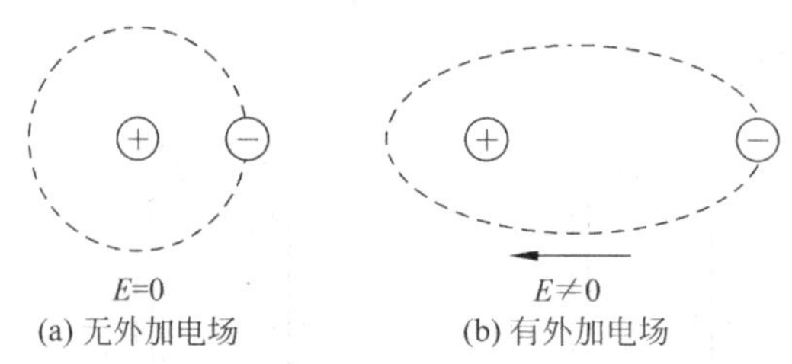

图 3-2 电子位移极化

(1) 存在于一切电介质中。

(2) 电子质量很小，建立极化所需时间极短，为 $10^{-15}\sim10^{-14}$ s。该极化在各种频率的交变电场中均能发生(即 ε_r 不随频率的变化而变化)。

(3) 弹性极化，去掉外电场，极化可立即恢复，极化时消耗的能量可以忽略不计，因此也称之为无损极化。

(4) 受温度影响小，当温度升高时，电子与原子核的结合力减弱，使极化略有增强；但温度上升使得介质膨胀，单位体积内质点减少，又使极化减弱。在两种相反的作用中，后者略占优势，所以温度升高时，ε_r 略有下降，但变化不大，通常可以忽略。

2) 离子位移极化

固体无机化合物多属于离子结构，如云母、陶瓷、玻璃等。无外电场作用时，离子的作用重心是重合的，如图 3-3(a)所示，对外不显电性。在外电场作用下，正、负离子分别向阴极和阳极偏移，其作用重心不再重合，如图 3-3(b)所示，对外显电性。在由离子结合成的电介质中，外电场的作用使正、负离子产生有限的位移，平均的具有了电场方向的偶极矩，这种极化称为离子位移极化。离子位移极化的特点如下。

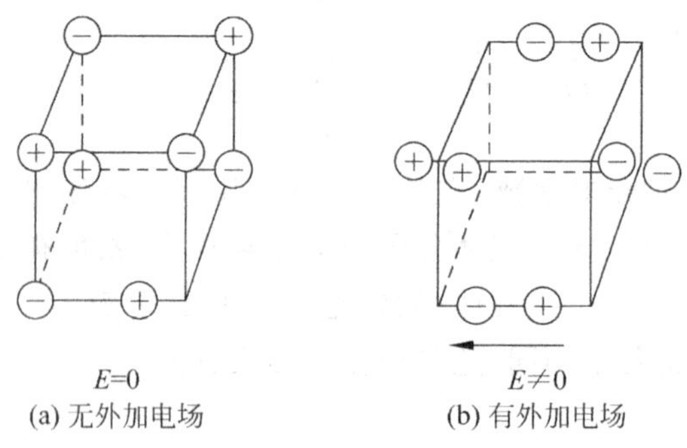

图 3-3 离子位移极化

(1) 存在于离子结构的电介质中。

(2) 极化建立所需时间极短，约 $10^{-13}\sim10^{-12}$ s，因此极化 ε_r 不随频率的改变而变化。

(3) 极化也是弹性的，无能量损失。

(4) ε_r 具有正的温度系数，温度升高时，离子间的距离增大，一方面使离子间的结合力减弱，极化程度增加，另一方面使离子的密度减小，极化程度降低，而前者影响大于后者，所以这种极化随温度的升高而增强。

3）转向极化

有些介质如蓖麻油、氯化联苯、橡胶、纤维素等的分子即使在没有外电场作用的情况下，正、负电荷的作用重心也不重合而构成一个偶极子。这样的分子叫作极性分子，由极性分子组成的电介质称为极性电介质。

在极性电介质中，没有外电场作用时，由于偶极子处于不规则的热运动状态，因此，宏观上对外并不呈现电矩，如图 3-4(a)所示。当有外电场作用时，原先排列杂乱的偶极子将沿电场方向转动，做较有规则的排列，如图 3-4(b)所示。这时整个介质的偶极距不再为零，对外呈现出极性，这种极化称为转向极化。

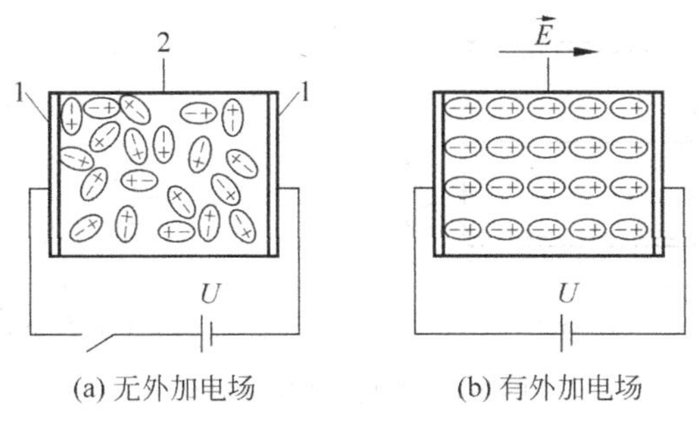

图 3-4　转向极化

1—电极；2—电介质(极性分子)

转向极化的特点如下。

(1) 存在于偶极性电介质中。

(2) 极化建立所需时间较长，为 $10^{-6}\sim10^{-2}$s，因此这种极化与频率有较大关系。频率较高时，转向极化跟不上电场的变化，从而使极化减弱，即 ε_r 随频率的增加而减小，如图 3-5 所示。

(3) 转向极化为非弹性的，偶极子在转向时需要克服分子间的吸引力和摩擦力而消耗能量，因此也称为有损极化。

(4) 温度对转向极化的影响大，温度升高时，分子间联系力削弱，使极化加强，但同时分子的热运动加剧，妨碍偶极子沿电场方向转向，又使极化减弱。所以随温度增加，极化程度先增加后降低，如图 3-6 所示。

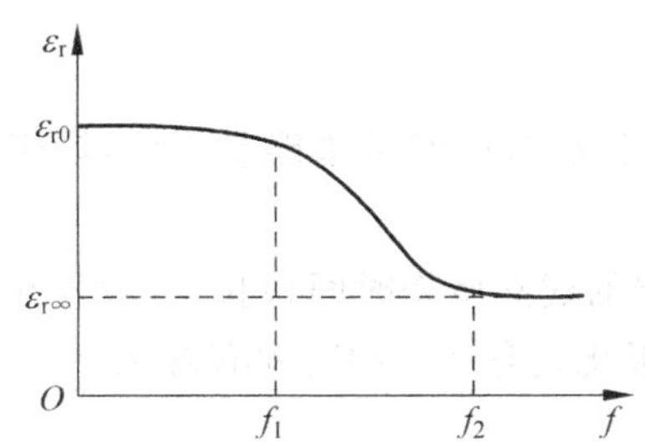

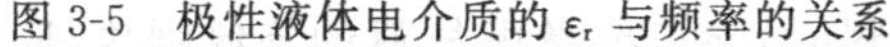

图 3-5　极性液体电介质的 ε_r 与频率的关系

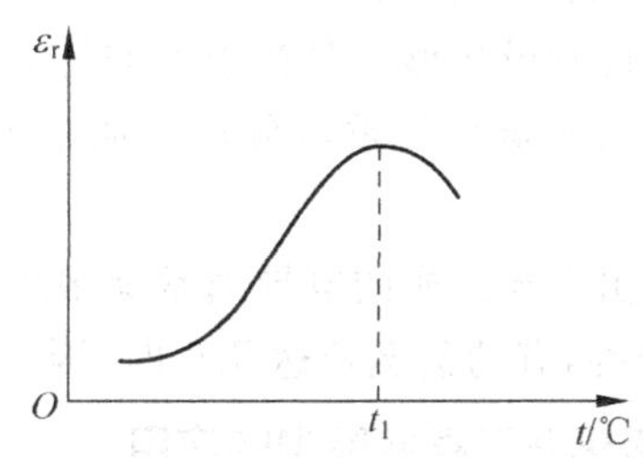

图 3-6　极性液体、固体介质的 ε_r 与温度的关系

4）夹层极化

上述三种极化都是由带电质点的弹性位移或转向形成的，而夹层极化的机理与上述三种完全不同，它是由带电质点的移动形成的。

在实际电气设备中，常采用多层电介质的绝缘结构，如电缆、电机和变压器的绕组等，在两层介质之间常夹有油层、胶层等形成多层介质结构。即便是采用单一电介质，由于不均匀，也可以看成是由几种不同电介质组成的。为便于分析，现以图 3-7(a)所示的最简单的双层电介质为例分析夹层极化，分析夹层极化过程中，双层介质的等值电路如图 3-7(b)所示。在开关闭合瞬间，两层介质的初始电压按电容成反比分配，即：

$$\left.\frac{U_1}{U_2}\right|_{t\to 0}=\frac{C_2}{C_1} \tag{3-6}$$

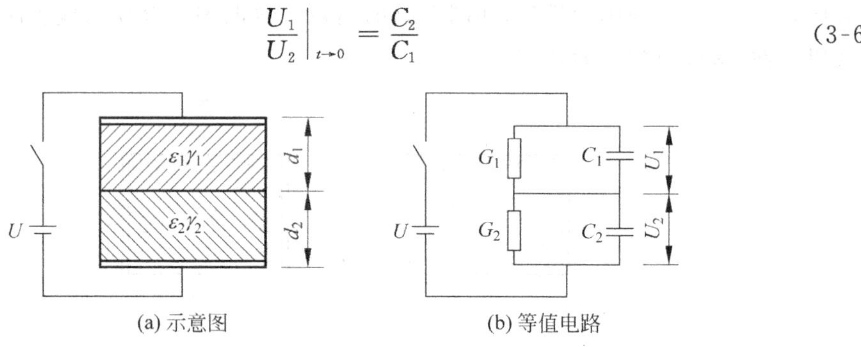

(a) 示意图　　(b) 等值电路

图 3-7　双层介质的极化

到达稳态时，两层介质上的电压按电导成反比分配，即：

$$\left.\frac{U_1}{U_2}\right|_{t\to \infty}=\frac{G_2}{G_1} \tag{3-7}$$

如果 $C_2/C_1=G_2/G_1$，则双层介质的表面不重新分配，初始电压比等于稳态电压比。但实际中很难满足上述条件，电荷要重新分配。所以可以设 $C_2>C_1$ 而 $G_2<G_1$，则：

$$t=0\text{ 时，}\quad U_1>U_2$$

$$t\to\infty\text{ 时，}\quad U_1<U_2$$

这样，在 $t>0$ 后，随着时间 t 的增大，U_1 逐渐下降，而外施电压 $U=U_1+U_2$ 为一定值，所以 U_2 逐渐升高。在这个电压重新分配的过程中，由于 U_1 下降，所以电容 C_1 在初始时获得的电荷将有一部分通过电导 G_1 泄放掉。相应地，电容 C_2 则要通过 G_1 从电源再吸收一部分电荷，这部分电荷称为吸收电荷。这种在双层介质分界面上出现的电荷重新分配的过程，就是夹层极化过程。

夹层极化的特点如下。

(1) 这种极化形式存在于不均匀夹层介质中。

(2) 由于电荷的重新分配是通过电介质电导 G 完成的，必然带来能量损失，属于有损极化。

(3) 由于电介质的电导通常都很小，所以这种极化的建立所需时间很长，一般为几分钟到几十分钟，有的甚至长达几小时，因此，这种性质的极化只有在低频时才有意义。

3. 极化在工程实际中的应用

(1) 选择绝缘。在选择高压电气设备的绝缘材料时，除了要考虑材料的绝缘强度外，还应考虑相对介电常数 ε_r。例如在制造电容时，要选择 ε_r 大的材料作为极板间的绝缘介质，以使电容器单位容量的体积和质量减小。在制造电缆时，则要选择 ε_r 小的绝缘材料作为缆芯与外皮间的绝缘介质，以减小充电电流。其他绝缘结构也往往希望选用 ε_r 小的绝缘材料。

(2) 多层介质的合理配合。在高压电气设备中，绝缘常常是由几种电介质组合而成的。在交流及冲击电压下，串联电介质中的电场强度是按与 ε_r 成反比分布的，这样就使外加电压的大部分常常被 ε_r 小的材料所负担，从而降低了整体的绝缘强度。

如图 3-8 所示，设厚度为 S_1、S_2，介电常数为 ε_{r1}、ε_{r2}，电容量分别为 C_1、C_2 的两种绝缘材料组合作为极间绝缘。当施加交流电压后，若略去电导不计，则有：

$$\frac{U_1}{U_2}=\frac{C_2}{C_1}=\frac{\varepsilon_{r2}/S_2}{\varepsilon_{r1}/S_1}=\frac{\varepsilon_{r2}S_1}{\varepsilon_{r1}S_2}$$

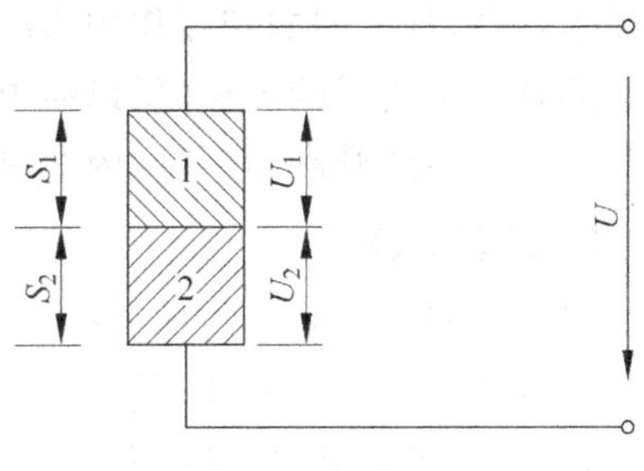

图 3-8　双层介质

而 $U=U_1+U_2$，由此可得：

$$U_1=\frac{\varepsilon_{r2}S_1U}{\varepsilon_{r1}S_2+\varepsilon_{r2}S_1}$$

$$U_2=\frac{\varepsilon_{r1}S_2U}{\varepsilon_{r1}S_2+\varepsilon_{r2}S_1}$$

如果电极间为均匀电场，则有 $E_1=U_1/S_1$，$E_2=U_2/S_2$，故有：

$$E_1=\frac{\varepsilon_{r2}U}{\varepsilon_{r1}S_2+\varepsilon_{r2}S_1}$$

$$E_2=\frac{\varepsilon_{r1}U}{\varepsilon_{r1}S_2+\varepsilon_{r2}S_1}$$

由此可得：

$$\frac{E_1}{E_2}=\frac{\varepsilon_{r2}}{\varepsilon_{r1}} \tag{3-8}$$

即在交流电压作用下，电场强度按介电常数反比分配(但应注意，在直流电压下，在稳定状态时电场强度按电导反比分配)，即介电常数小的介质承受较高电气强度。如果气泡存在于液体或固体介质中，由于气体的介电常数小而绝缘强度又较低，因此可能先发生游离，从而使整个材料的绝缘能力降低。因此要注意选择 ε_r，使各层电介质的电场分布较均匀。

(3) 材料的介质损耗与极化类型有关，而介质损耗是绝缘老化和热击穿的一个重要影响因素。

(4) 夹层极化现象在绝缘预防性试验中，可用来判定绝缘受潮的情况。在使用较大电容量的电气设备时，必须特别注意吸收电荷对人身安全的威胁。

3.1.2　电介质的电导

理想的绝缘材料应该是不导电的，但实际上大多数绝缘材料都存在极弱的导电性。电介质内部总存在一些自由的或联系较弱的带电质点，在电场作用下，它们可沿电场方向运动构成电流。在电场作用下，电介质中的带电质点作定向移动而形成电流的现象，称为电介质的电导。

1. 电介质电导与金属电导的本质区别

(1) 电介质的电导主要是由离子造成的，包括介质本身和杂质分子离解出的离子，所以电介质电导是离子性电导。而金属的电导是由金属导体中的自由电子造成的，所以金属电导是电子性电导。

(2) 电介质的电导很小，其电阻率一般为 $10^{9} \sim 10^{22}\Omega \cdot \text{cm}$，而金属的电导很大，其电阻率仅为 $10^{-6} \sim 10^{-2}\Omega \cdot \text{cm}$。

(3) 电介质的电导具有正的温度系数，即随温度的升高而增大。这是因为一方面，当温度升高时介质本身分子和杂质分子的离解度增大，使参加导电的离子数增多。另一方面，随温度的升高，分子间的相互作用力减弱，同时离子的热运动加剧，改变了原来受束缚的状态，这些都有利于离子的迁移，所以使电介质的电导增大。而金属的电阻随温度的升高而升高，故其电导随温度升高而下降，因此具有负的温度系数。

2. 吸收现象

图 3-9 所示为测量固体电介质中电流的电路。加辅助电极是为了将流过介质表面的电流与介质内部的电流分开，使得由高灵敏度电流表 A 测得的电流仅是流过介质内部的电流。开关 S_1 闭合后，流过电介质内部的电流随时间的变化规律如图 3-10 上半部曲线所示，由图可见该电流随时间逐渐衰减，并最趋于到稳定值，这一现象是由电介质的极化产生的，被称作吸收现象。图中 i_c 是由无损极化产生的电流，由于无损极化建立所需时间很短，所以 i_c 很快衰减到零。i_a 是由有损极化产生的电流，因为有损极化建立所需时间较长，所以 i_a 缓慢衰减到零，这部分电流又称为吸收电流。i_g 为不随时间变化的恒分量，被称为电介质的泄漏电流或电导电流。当被试品等效电容容量较大时，为避免开关 S_1 刚闭合时电极间产生的较大瞬时充电电流 i_c 损坏电流表，可先闭合 S_3 将电流表短接，经很短的时间后再打开 S_3。由上述分析可见，通过电介质的电流由三部分组成，即：

$$i = i_c + i_a + i_g \tag{3-9}$$

电介质中的电流完全衰减至恒定的泄漏电流值往往需要数分钟以上的时间，通常绝缘电阻应以施加电压 1min 或 10min 后的电流求出，泄漏电流所对应的电阻 $R=U/I_g$ 称为绝缘电阻。在图 3-9 中施加电压达到稳定后断开 S_1，再合上 S_2，则流过电流表 A 的电流如图 3-10 下半部曲线所示，回路中出现电流 i_a'，该电流随时间的变化规律与吸收电流 i_a 相反，i_a' 也称作吸收电流。气体中无吸收电流，液体中极化发展快，吸收电流衰减快，固体介质的 i_a 比较明显(当结构不均匀时表现尤甚)。

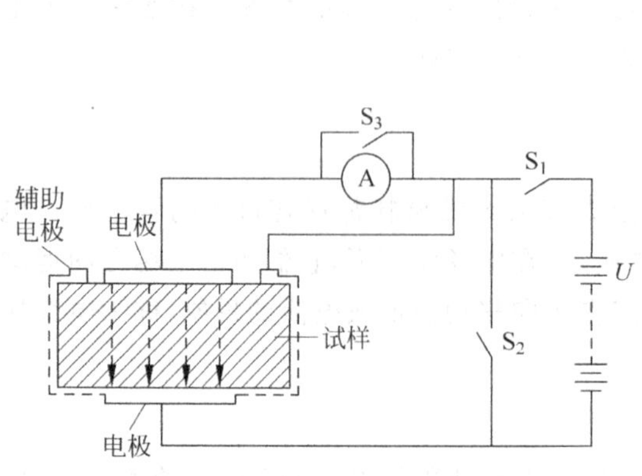

图 3-9 测量介质内部电流的回路

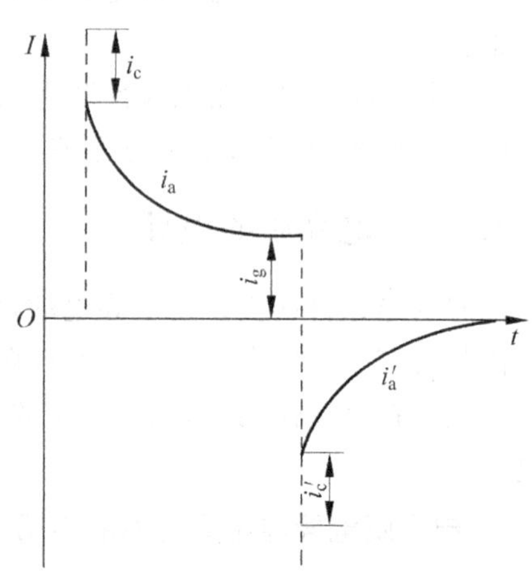

图 3-10 固体电介质内部电流与时间的关系

根据上述分析，可以得到电介质的等值电路，如图 3-11 所示。它由三条并联支路组成，其中含有电容 C_c 的支路代表无损极化引起的瞬时充电电流支路，电阻 r_a 和电容 C_a 串联的支路代表有损极化引起的吸收电流支路。而含有电阻 R 的支路代表电导电流支路。

3. 电介质的电导

(1) 气体电介质的电导。气体电介质的伏安特性如图 1-2 所示，Oa 段可视其电导为常数，以后就不再是常数了。通常气体绝缘工作在 ab 段，其电导极微小。故气体电介质只要工作在场强低于其击穿场强时，其电导可以忽略不计。

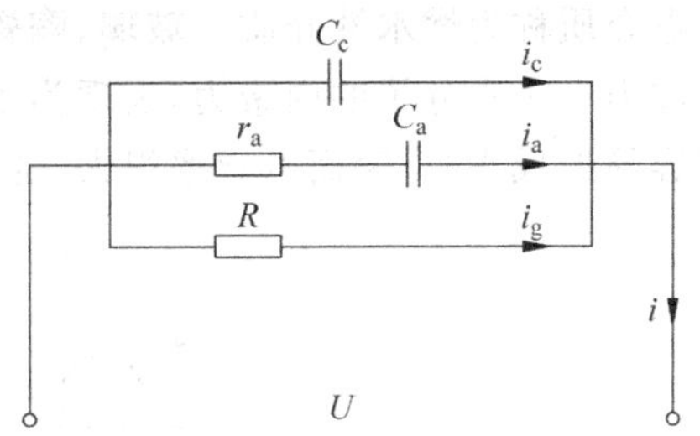

图 3-11　直流电压下电介质等值电路

(2) 液体电介质的电导。构成液体电介质电导的主要因素有两种：离子电导和电泳电导。离子电导是由液体本身分子或杂质的分子离解出来的离子造成的。电泳电导是由荷电胶体质点造成的，所谓荷电胶体质点即固体或液体杂质以高度分散状态悬浮于液体中形成了胶体质点，例如变压器油中悬浮的小水滴，它吸附离子后成为荷电胶体质点。

离子电导的大小和分子极性及液体的纯净程度有关。非极性液体电介质本身分子的离解是极微弱的，其电导主要由离解性的杂质和悬浮于液体电介质中的荷电胶体质点所引起。纯净的非极性液体电介质的电阻率 ρ 可达 $10^{18}\Omega\cdot cm$，弱极性电介质 ρ 可达 $10^{15}\Omega\cdot cm$。对于偶极性液体电介质，极性越大，分子的离解度越大，ρ 为 $10^{10}\sim10^{12}\Omega\cdot cm$。强极性液体，如水、酒精等实际上已经是离子性导电液了，不能用作绝缘材料。表 3-1 列出了部分液体电介质的电导率和相对介电常数。

表 3-1　液体电介质的电导率和相对介电常数

液体种类	液体名称	温度/℃	相对介电常数	电导率/(S/cm)	纯净度
中性	变压器油	80	2.2	0.5×10^{-12}	未净化的
		80	2.1	2×10^{-15}	净化的
		80	2.1	10^{-15}	两次净化的
		80	2.1	0.5×10^{-15}	高度净化的
极性	三氯联苯	80	5.5	10^{-11}	工程上应用
	蓖麻油	20	4.5	10^{-12}	工程上应用
强极性	水	20	8.1	10^{-7}	高度净化的
	乙醇	20	25.7	10^{-8}	净化的

(3) 固体电介质的电导。固体电介质的电导分为体积电导和表面电导。构成固体电介质电导的主要因素是离子电导。非极性和弱极性固体电介质的电导主要是由杂质离子造成的，纯净介质的电阻率 ρ 可达 $10^{17}\sim10^{19}\Omega\cdot cm$。对于偶极性固体电介质，因本身分子能离解，所以其电导是由其本身和杂质离子共同造成的，电阻率较小，最高的可达 $10^{15}\sim10^{16}\Omega\cdot cm$。对于离子性电介质，电导的大小和离子本身的性质有关。单价小离子(L_i^+、N_a^+、K^+)束缚弱，易形成电流，因而含单价小离子的固体电介质的电导较大。结构紧密、洁净的离子性电介质，电阻率 ρ 为 $10^{17}\sim10^{19}\Omega\cdot cm$。结构不紧密且含单价小离子的离子性电介质的电阻率仅为 $10^{13}\sim10^{14}\Omega\cdot cm$。固体电介质的表面电导主要由表面吸附的水分和污物引起，介质

表面干燥、清洁时电导很小。介质吸附水分的能力与自身结构有关，石蜡、聚苯乙烯、硅有机物等非极性和弱极性电介质，其分子和水分子的亲和力小于水分子的内聚力，表现为水滴的接触角大于 90°，如图 3-12(a)所示，水分不易在其表面形成水膜，表面电阻率很小，这种固体电介质称为憎水性介质。玻璃、陶瓷等离子性电介质和偶极性电介质，其分子和水分子的亲和力大于水分子的内聚力，表现为水滴的接触角小于 90°，如图 3-12(b)所示，水分在其表面容易形成水膜，表面电导率很大，这种固体电介质称为亲水性介质。

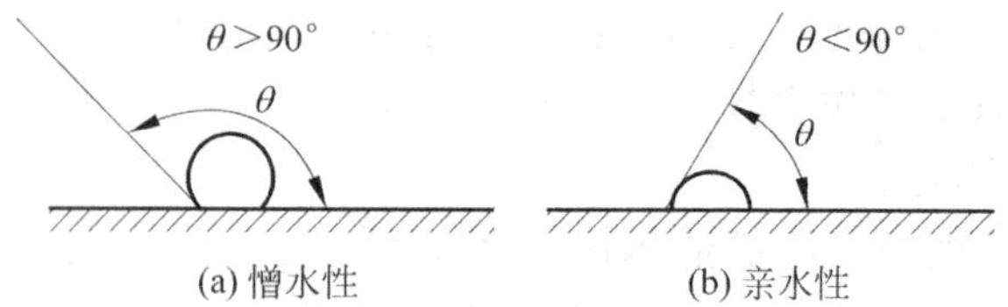

图 3-12 水滴在固体表面的接触角示意图

采取使介质表面洁净、干燥或涂敷石蜡、有机硅、绝缘漆等措施，可以降低介质表面的电导。

4. 影响电介质电导的主要因素

(1) 温度。离子电导率具有正温度系数，电介质电导率与温度的关系如下式所示：

$$\gamma = A\mathrm{e}^{-\frac{B}{T}} \tag{3-10}$$

式中：A、B 为常数；T 为绝对温度。

(2) 杂质。由于杂质中的离子数较多，因此当介质中的杂质增多时，其电导会明显增加。各类杂质中水分的影响最大，因水分本身电导较大，而且水分能使介质中的另一些杂质(如盐类、酸类等物质)发生水解，从而大大增加介质的电导。所以，电气设备在运行中一定要注意防潮。

5. 讨论电导的意义

(1) 电导是绝缘预防性试验的理论依据，在做预防性试验时，可利用绝缘电阻、泄漏电流及吸收比判断设备的绝缘情况是否良好。

(2) 在直流电压作用下，分层绝缘时，各层电压分布与电导成反比。因此设计用于直流的电气设备时，要注意所用电介质的电导率，尽量使材料得到合理的使用。

(3) 注意环境湿度对固体电介质表面电导的影响及亲水性材料的表面防水处理。

3.1.3 电介质的损耗

由前述电介质的极化和电导可以看出，电介质在电场中会产生能量损耗。在外加电压作用下，电介质在单位时间内消耗的能量称为介质损耗。

1. 介质损耗的基本形式

1) 电导损耗

电导损耗是由电介质中的泄漏电流引起的，气体、液体和固体电介质中都存在这种形式的损耗。电介质中的泄漏电流与电源频率无关，所以电导损耗在交、直流电压下都存在。一般情况下，电介质的电导损耗很小。当电介质受潮、脏污或温度升高时，其电导损耗会急剧增大。

2）极化损耗

极化损耗是由有损极化引起的，在偶极性电介质及复合电介质中存在这种形式的损耗。在直流电压下，由于极化的建立仅在加压瞬间出现一次，与电导损耗相比可忽略不计。而在交流电压下，随着电压极性的改变，不断有极化建立，极化损耗的大小与电源的频率有很大关系。在频率不太高时，随频率升高极化损耗增大，当频率超过某一数值后，随频率升高，极化过程反而减弱，损耗减小。

3）游离损耗

游离损耗是由气体电介质在电场的作用下出现局部放电引起的。气体电介质及含有气泡的液体、固体电介质中都存在这种形式的损耗。游离损耗仅在外加电压超过一定值时才出现，且随电压升高而急剧增大。

2. 介质损耗角正切

在直流电压作用下，当外施电压低于介质局部放电电压时，介质中的损耗主要由电导引起，所以只用体积电导率和表面电导率这两个物理量就足以说明问题。在交流电压作用下，除电导损耗外，还有极化损耗，仅用电导率来表征介质损耗就不全面了，需要引入新的物理量介质损耗、介质损耗角正切值 $\tan\delta$ 来表示此时介质中的能量损耗。

图 3-11 所示的三支路等值电路可以代表任何实际电介质，不但适用于直流电压，也适用于交流电压。此等值电路可进一步简化为图 3-13 和图 3-14 所示的电阻电容并联或串联的等值电路。

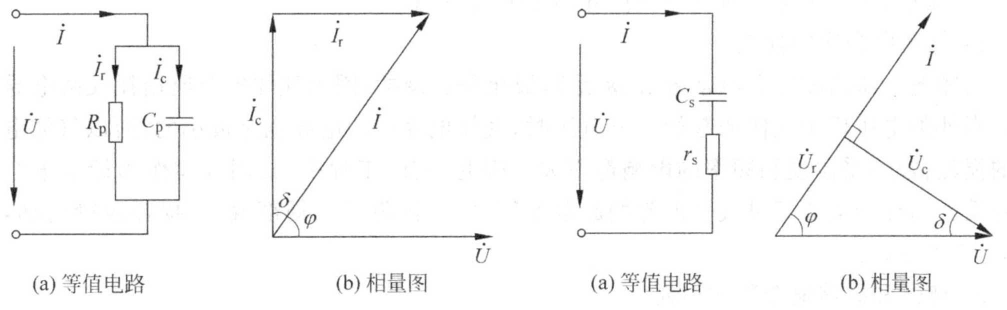

(a) 等值电路　(b) 相量图

图 3-13　电介质的并联等值电路及相量图

(a) 等值电路　(b) 相量图

图 3-14　电介质的串联等值电路及相量图

在等值电路所对应的相量图中，φ 为电压、电流相量之间的夹角，即电路的功率因数角，δ 为 φ 的余角，称为介质损耗角。

并联等值电路中，$\dot{I}_r=\dfrac{\dot{U}}{R_p}$，$\dot{I}_c=\dfrac{\dot{U}}{-jX_c}=j\omega C_p\dot{U}$，因此：

$$\tan\delta=\frac{I_r}{I_c}=\frac{U/R_p}{U\omega C_p}=\frac{1}{\omega C_pR_p} \tag{3-11}$$

$$P=UI_r=UI_c\tan\delta=U^2\omega C_p\tan\delta \tag{3-12}$$

在串联等值电路中，$\dot{U}_r=r_s\dot{I}$，$\dot{U}_c=-jX_c\dot{I}=\dfrac{\dot{I}}{j\omega C_s}$，因此：

$$\tan\delta=\frac{U_r}{U_c}=\frac{r_sI}{I/\omega C_s}=\omega C_sr_s \tag{3-13}$$

$$P = I^2 r_s = \left(\frac{U}{Z}\right)^2 r_s = \frac{U^2}{r_s^2 + (1/\omega C_s)^2} r_s = \frac{U^2 \omega^2 C_s^2 r_s}{1 + (\omega C_s r_s)^2} = \frac{U^2 \omega C_s \tan\delta}{1 + \tan^2\delta} \tag{3-14}$$

以上是对同一电介质的两种不同形式的等值电路进行的分析，所以其功率损耗应相等，比较式(3-12)和式(3-14)可知：

$$C_p = \frac{C_s}{1 + \tan^2\delta} \tag{3-15}$$

式(3-15)表明，同一电介质用不同等值电路表示时，其等值电容是不相同的。通常 $\tan\delta$ 远远小于 1，所以 $1+\tan^2\delta\approx1$，故 $C_p\approx C_s$，这时介质损耗在两种等值电路中可用同一公式表示，即：

$$P = U^2 \omega C \tan\delta \tag{3-16}$$

由式(3-11)与式(3-13)可得 $r_s/R_p\approx\tan^2\delta$，可见 r_s 远远小于 R_p(因为通常 $\tan\delta$ 远远小于 1)，因此串联等值电路中的电阻要比并联等值电路中的电阻小得多。并且，由上述分析可见，介质损耗 P 与外加电压 U、电源角频率 ω 及电介质的等值电容 C 等因素有关，因此直接用 P 作为比较各种电介质品质好坏的指标是不合适的。在上述各量均为给定值的情况下，P 最后决定于 $\tan\delta$，而 $\tan\delta=I_r/I_c$ 是一个无量纲的量，它与电介质的几何尺寸无关，只反映介质本身的性能。因此，在高电压工程中常把 $\tan\delta$ 作为衡量电介质损耗的指标，称之为介质损耗因数或介质损耗角正切。

3. 电介质的损耗及其影响因素

影响电介质损耗的因素主要有温度、频率和电压。不同的电介质所具有的损耗形式不同，从而温度、频率和电压对电介质损耗的影响也不同。

1) 气体电介质的损耗

气体电介质的相对介电常数 ε_r 接近 1，极化是轻微的，因此气体电介质损耗仅由电导引起。当外加电压低于气体的起始放电电压时，气体电介质的电导也是极小的，所以气体电介质的损耗很小，受温度和频率的影响都不大。因此，实际工程中，常用气体作为标准电容器的介质。当外加电压超过气体的起始放电电压时，气体将发生局部放电，损耗急剧增加，如图 3-15 所示。

2) 液体和固体电介质的损耗

非极性或弱极性的液体、固体及结构较紧密的离子性电介质，它们的极化形式主要是电子位移极化和离子位移极化，没有能量损耗，因此这类电介质的损耗主要由电导引起，$\tan\delta$ 较小。频率对其损耗没有影响，温度对这类介质损耗的影响与温度对电导的影响相似，即 $\tan\delta$ 随温度的升高也是按指数规律增大。

极性液体、固体及结构不紧密的离子性电介质，除具有电导损耗外，还有极化损耗，因此 $\tan\delta$ 较大，而且和温度、频率等因素有较复杂的关系，如图 3-16 所示(曲线 1 对应于频率 f_1，曲线 2 对应于频率 f_2，$f_1<f_2$)。图中曲线有极大值和极小值，首先分析电源频率为 f_1 时的情况，在温度较低($t<t_1$)时，电导损耗和极化损耗都很小，随温度的升高，偶极子转向容易，从而使极化损耗显著增加，同时电导损耗也随温度升高而略有增加，因此在这一范围内 $\tan\delta$ 随温度的升高而增大。当 $t=t_1$ 时，偶极子转向角已达最大值，总的介质损耗达到最大值。当温度继续升高($t_1<t<t_2$)时，分子热运动加剧，阻碍了偶极子在电场作用下做规则排列，转向极化减弱，极化损耗减小，在此阶段虽然电导损耗随温度的升高仍是增加的，但其

增加的程度比极化损耗减小的程度小，因此在这一范围内 tanδ 是随温度升高而减小的，当 $t=t_2$ 时，总损耗达到最小值。当温度进一步升高($t>t_2$)时，电导损耗随温度的升高而急剧增加，此时总损耗以电导损耗为主，因此随着温度的升高，介质损耗也随之急剧增大。由图 3-16 可见，当电源频率增高时，整个曲线右移，这是因为在较高的频率下，偶极子来不及充分转向，要使转向极化充分进行，就必须减小粘滞性(即升高温度)。

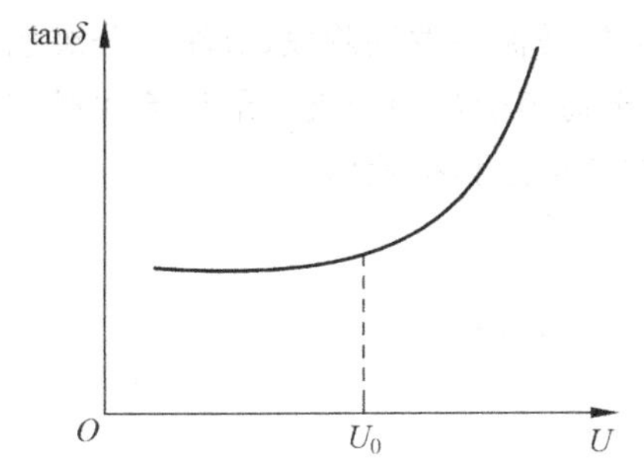

图 3-15　气体的 tanδ 与电压的关系曲线

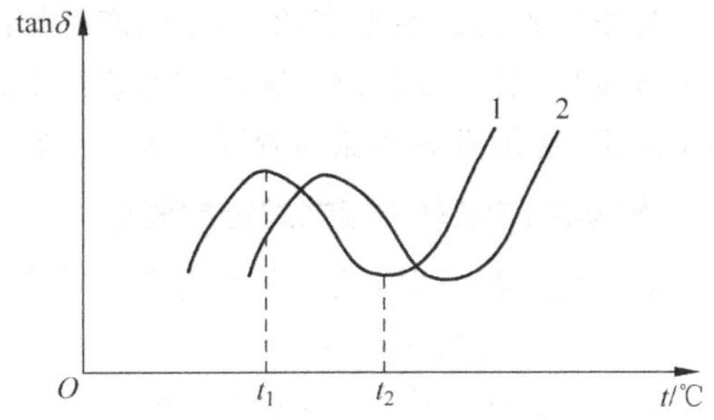

图 3-16　极性介质 tanδ 与温度和频率的关系曲线

4. 讨论 tanδ 的意义

1) 选择绝缘材料

设计绝缘结构时，必须注意绝缘材料的 tanδ，其值过大会引起严重发热，容易使材料劣化，甚至导致热击穿。例如用蓖麻油制造的电容器就因为 tanδ 大，而仅限于直流或脉冲电压下使用，不能用于交流电压下。

2) 在绝缘预防性试验中判断绝缘状况

当绝缘受潮或劣化时，tanδ 将急剧上升，也可以通过 tanδ 与 U 的关系曲线加以判断是否发生局部放电。

3) 介质损耗引起的发热可以利用

当 tanδ 大的材料需要加热时，可以对材料加交流(工频或高频)电压，利用材料本身介质损耗的发热。如电瓷生产中对泥坯加热即是在泥坯两端加上交流电压，利用介质损耗发热加速泥坯的干燥过程。由于这种方法是利用材料本身介质损耗的发热，所以加热非常均匀。

3.2　液体电介质的击穿

液体电介质的耐电强度一般比气体高，除了具有绝缘的作用外，还有冷却、灭弧的作用。工程上常用的液体电介质有矿物油、植物油及人工合成油等几类。目前应用最广泛的是从石油中提炼出的矿物油。通过不同程度的提炼可得到应用于不同高压设备中的液体电介质，如变压器油、电缆油和电容器油等。对液体电介质击穿机理的研究远不及对气体电介质击穿机理的研究，还提不出一个较为完善的击穿理论。从击穿机理的角度，可将液体电介质分为两类：纯净的液体电介质和工程用的液体电介质。工程用液体电介质中总含有某些气体、液体或固体杂质，这些杂质的存在对液体电介质的击穿过程影响很大。

3.2.1 液体电介质的击穿机理

1. 纯净液体电介质的电击穿理论

这种理论认为液体中因强场发射等原因产生的电子在电场中被加速，与液体分子发生碰撞电离。有人曾用高速相机观察了在冲击电压下，极不均匀电场中变压器油的击穿过程，首先在尖电极附近开始电离，有一个电离开始阶段。然后是流注发展阶段，流注是分级地向另一电极发展，后一级在前一级通道的基础上发展，放电通道会出现分支。最后流注通道贯通整个间隙，这是贯通间隙的阶段。这和长空气间隙的放电过程很相似。

2. 纯净液体电介质的气泡击穿理论

当外加电场较高时，液体介质内会由于各种原因产生气泡，例如：

(1) 电子电流加热液体，分解出气体；

(2) 电子碰撞液体分子，使之解离产出气体；

(3) 静电斥力，电极表面吸附的微小气泡表面积累电荷，当静电斥力大于液体表面张力时，气泡体积变大；

(4) 电极凸起处的电晕引起液体汽化。

由于在串联介质中，场强的分布与介质的介电常数成反比，气泡的相对介电常数 $\varepsilon_r=1$，小于液体的 ε_r，因而液体中的气泡承担了比液体更高的场强，偏偏气体耐电强度又低，所以气泡先行电离。然后气泡中气体的温度升高，体积膨胀，电离进一步发展使油分解出气体。如果电离的气泡在电场中堆积成气体通道，则击穿在此通道内发生。由于液体电介质的密度远比气体介质的密度大，所以液体介质中电子的自由行程很短，不易积累到足以产生碰撞电离所需的动能，因此纯净的液体介质的耐电强度总比常态下气体介质的耐电强度高得多。

3. 非纯净液体电介质的小桥击穿理论

工程用电介质总不是很纯净的，在运行中不可避免地会吸收气体和水分，混入杂质，例如固体绝缘材料(纸、布)上脱落的纤维，液体本身也会老化、分解，所以工程用液体电介质总含有一些杂质。杂质的存在使工程液体电介质的击穿有新的特点，一般用“小桥”理论来说明工程液体电介质的击穿过程。

“小桥”理论认为，液体中的杂质在电场力的作用下，在电场方向定向，并逐渐沿电力线方向排列成杂质的“小桥”，由于水和纤维的相对介电常数分别为 81 和 6～7，比油的相对介电常数 1.8～2.8 大得多，所以这些杂质容易极化而在电场方向定向排列成“小桥”。由于组成“小桥”的纤维及水分电导较大，从而使泄漏电流增加，并进而使“小桥”强烈发热，使油和水局部沸腾汽化，最后沿此“气桥”发生击穿。此种形式的击穿是和热过程紧密相连的。如果油间隙较长，难以形成贯通的“小桥”，则不连续的“小桥”也会显著畸变电场，降低间隙的击穿电压。由于杂质“小桥”的形成带有统计性，因而工程液体电介质的击穿电压有较大的分散性。

“小桥”的形成和电极形状及电压种类有明显关系。当电场极不均匀时，由于尖电极附近会有局部放电现象，造成油的扰动，妨碍“小桥”的形成。在冲击电压作用下，由于作用时间极短，“小桥”来不及形成。总体来说，液体介质的击穿理论还很不成熟。虽然有些理论在一定程度上能解释击穿的规律性，但大多都是定性的，在工程实际中主要靠试验数据。

3.2.2　影响液体电介质击穿电压的因素

液体电介质击穿电压的大小既决定于其自身品质的优劣，也与外界因素，如温度、电压等有关。

1. 液体电介质的品质

液体电介质的品质决定于其所含杂质的多少，含杂质越多，品质越差，击穿电压越低。对液体电介质，通常用标准油杯按标准试验方法测得的工频击穿电压来衡量其品质的优劣，而不用击穿场强值。因为即使是均匀场，击穿场强也随间隙距离的增大而明显下降。

我国采用的标准油杯如图 3-17 所示，极间距离为 2.5mm，电极是直径等于 25mm 的圆盘形铜电极，为了减弱边缘效应，电极的边缘加工成半径为 2.5mm 的半圆，可见极间电场基本上是均匀的，标准油杯的器壁为透明的有机玻璃。必须指出，在标准油杯中测得的油的耐电强度只能作为对油的品质的衡量标准，不能用此数据直接计算在不同条件下油间隙的耐受电压，因为同一种油在不同条件下的耐电强度是有很大差别的。下面具体讨论变压器油本身的某些品质因素对耐电强度的影响。

(1) 含水量。水分在油中有三种存在方式，当含水量极微小时，水分以分子状态溶解于油中，这种状态的水分对油的耐电强度影响不大。当含水量超过其溶解度时，多余的水分便以乳化状态悬浮在油中，这种悬浮状态的小水滴在电场作用下极化易形成“小桥”，对油的耐电强度有很强烈的影响。图 3-18 所示是在标准油杯中测出的变压器油的工频击穿电压与含水量的关系。由图可见，在常温下，只要油中含有 0.01%的水分，就会使油的击穿电压显著下降。当含水量超过 0.02%时，多余的水分沉淀到油的底部，因此击穿电压不再降低。

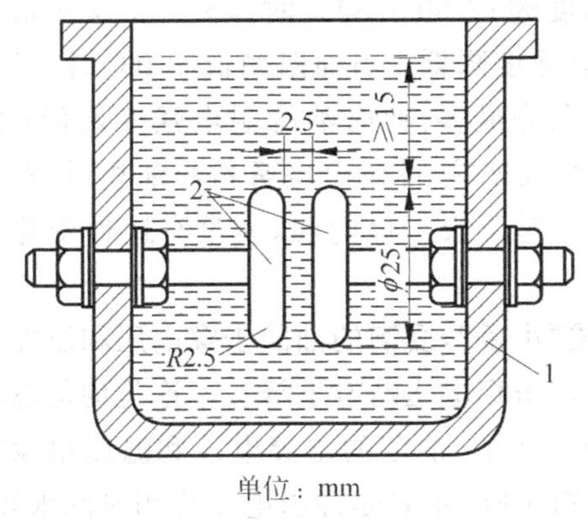

图 3-17　我国采用的标准油杯

1—绝缘杯体；2—黄铜电极

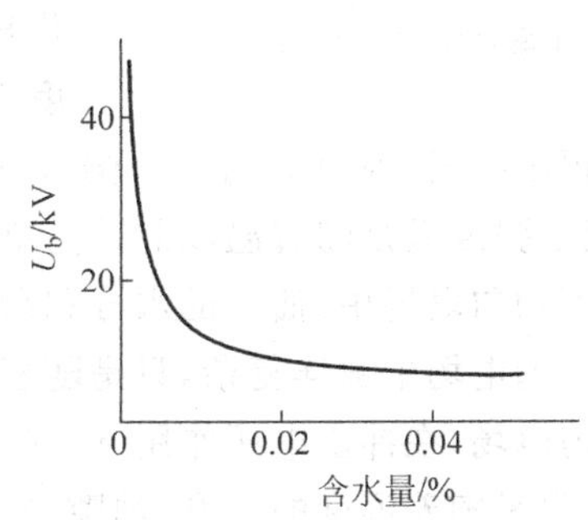

图 3-18　在标准油杯中变压器油工频击穿电压有效值与含水量的关系

(2) 含纤维量。当油中有纤维存在时，在电场力的作用下，纤维将沿着电场方向极化排列形成杂质“小桥”，使油的击穿电压大大下降。纤维又具有很强的吸附水分的能力，吸湿的纤维对击穿电压的影响更大。

(3) 含气量。绝缘油能够吸收和溶解相当数量的气体，其饱和溶解量主要由气体的化学成分、气压、油温等因素决定。温度对油中气体饱和溶解量的影响随气体种类而异，没有统一的规律。气压升高时，各种气体在油中的饱和溶解量都会增加，所以油的脱气处理通常都在高真空下进行。溶解于油中的气体在短时间内对油的性能影响不大，主要只是使油的耐电强度稍有降低。它的主要危害有两个：①当温度、压力等外界条件发生改变时，溶解在油中的气体可能析出，成为自由状态的小气泡，容易导致局部放电，加速油的老化，也会使油的耐电强度有较大的降低；②溶解在油中的氧气经过一定时间会使油逐渐氧化，酸价增大，并加速油的老化。

(4) 含碳量。某些电气设备中的绝缘油在运行中常受到电弧的作用。电弧的高温会使绝缘油分解出气体（主要为氢气和烃类气体）、液体（主要为低分子烃类）及固体（主要为碳粒）物质。碳粒对油的耐电强度有两方面的作用：①碳粒本身为导体，它散布在油中，使碳粒附近局部电场增强，从而使油的耐电强度降低；②新生的活性碳粒有很强的吸附水分和气体的能力，从而使油的耐电强度提高。总的来说，细而分散的碳粒对油的耐电强度的影响并不显著，但碳粒（再加吸附了某些水分和杂质）逐渐沉淀到电气设备的固体介质表面，形成油泥，则易造成油中沿固体介质表面的放电，同时也影响散热。

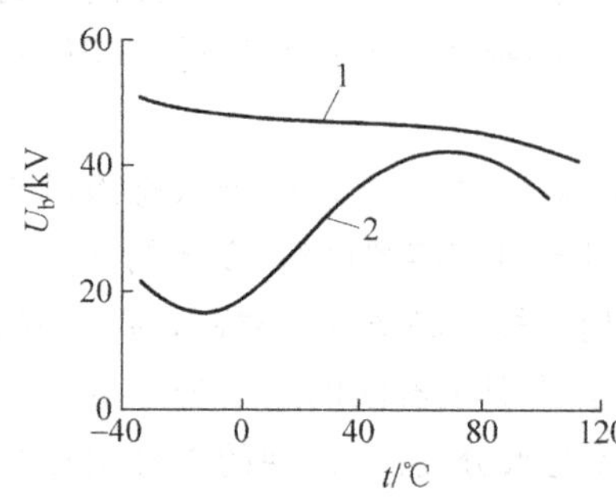

图 3-19 在标准油杯中变压器油工频击穿电压有效值与温度的关系

1—干燥的油；2—受潮的油

2. 温度

温度对变压器油耐电强度的影响和油的品质、电场均匀度及电压作用时间有关。在较均匀电场及1min工频电压作用下，变压器油的击穿电压与温度的关系如图 3-19 所示。曲线 1、2 分别代表干燥的油和受潮的油的试验曲线。受潮的油，当温度从 0℃逐渐升高时，水分在油中的溶解度逐渐增大，一部分乳化悬浮状态的水分就转化为溶解状态，使油的耐电强度逐渐增大。当温度超过 60～80℃时，部分水分开始汽化，使油的耐电强度降低；当油温稍低于 0℃时，呈乳化悬浮状态的水分最多，此时油的耐电强度最低；温度再低时水分结成冰粒，冰的介电常数与油相近，对电场畸变的程度减弱，因而油的耐电强度又逐渐增加。对于很干燥的油，就没有这种变化规律，油的耐电强度只是随着温度的升高单调地降低。

在极不均匀电场中，油中的水分和杂质不易形成“小桥”，受潮的油的击穿电压和温度的关系不像均匀电场中那样复杂，只是随着温度的上升，击穿电压略有下绛。不论是均匀电场还是不均匀电场，在冲击电压作用下，即使是品质较差的油，油隙的击穿电压和温度也没有显著关系，只是随着温度的上升，油隙的击穿电压稍有下降，主要是冲击电压作用时间太短，杂质来不及形成“小桥”的缘故。

3. 电压作用时间

电压作用时间对油的耐电强度有很大影响，如图 3-20 所示。在电压作用时间很短时（小于毫秒级），击穿电压随时间的变化规律和气体电介质的伏秒特性相似，具有纯电击穿的性质。电压作用时间越长，杂质成“桥”，介质发热越充分，击穿电压越低，属于热击穿。对一般不太脏的油做 1min 击穿电压和长时间击穿电压的试验结果差不多，故做油耐压试验时，只做 1min。

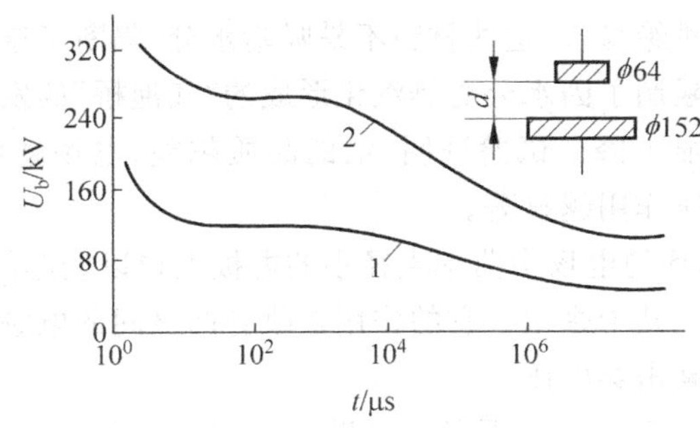

图 3-20　变压器油的击穿电压和电压作用时间的关系

1—d=6.35mm；2—d=25.4mm

4. 电场均匀度

保持油温不变，而改善电场的均匀度，能使优质油的工频击穿电压显著增大，也能大大提高其冲击击穿电压。品质差的油含杂质较多，故改善电场对于提高其工频击穿电压的效果也较差。冲击电压作用下，由于杂质不可能在极短电压作用时间内沿电场方向排列成“小桥”，故改善电场总是能显著提高油隙的冲击击穿电压，然而不论电场均匀与否，油的品质对冲击击穿电压均无显著影响。

5. 压力

不论电场均匀与否，当压力增加时，工程用变压器油的工频击穿电压会随之升高，这个关系在均匀电场中更为显著。其原因是随着压力的增加，气体在油中的溶解度增加，气泡的局部放电起始电压也提高，这两个因素都将使油的击穿电压提高。若除净油中所含气体或在冲击电压作用下，则压力对油隙的击穿电压几乎没有什么影响。这说明油隙的击穿电压随压力的增加而升高的原因在于油中含有气体。总的来说，即使是较均匀电场，油隙的击穿电压随压力的增大而升高的程度远不如气隙。

3.2.3　提高液体电介质击穿电压的方法

1. 过滤与干燥处理

将油在一定压力下连续通过滤油机中大量的滤纸层，油中的纤维被滤纸阻挡，油中的水分也被滤纸吸收，从而提高了油的品质。为了进一步降低油中的水分，在进行过滤处理前先在油中加一些白土、硅胶等吸附剂，吸附油中的水分、有机酸等，然后再过滤。为防止油受潮，在大型变压器呼吸器内装干燥剂或充氮保护以及在油枕中用塑料气囊使油面不与空气直接接触。

2. 祛气

为除去油中气泡的影响可采用此法，但对密封不严的变压器作用不大。具体方法是先将油加热，在真空中喷成雾状，油中含有的水分和气体挥发并被抽去，然后在真空条件下将油注入电气设备中。由于该电气设备已被真空除气，就不会在油中重新混入气体，且有利于油渗入电气设备绝缘的微细空隙中。

3. 采用油-固体组合绝缘

(1) 覆盖层。在稍不均匀电场中曲率半径较小的电极上覆盖以电缆纸或黄蜡布等薄的绝缘材料(如变压器中的匝绝缘)。这些材料不易吸附水分,隔断了杂质“小桥”,限制了流过“小桥”的泄漏电流,从而限制了因水分受热汽化形成的“气泡桥”的发展,可使工频击穿电压显著提高,分散性也会明显下降。试验证明,油的品质越差,电场越均匀,电压作用时间越长,则覆盖层提高油的耐压作用越显著。

(2) 绝缘层。在极不均匀电场中曲率半径小的电极上包以较厚的电缆纸或黄蜡布等固体绝缘层,厚度为几毫米至几十毫米。它的作用是改善两极间的电场分布,同时也起到隔断“小桥”的作用,可显著提高击穿电压。

(3) 极间障。极间障(又称屏障)是放在油隙中的固定绝缘板,通常以各种厚纸板做成,也有用胶纸或胶布层压板做成的。通常将极间障做成与曲率半径较小的电极外形相似的形状,如平板、圆筒等。若能将电极包围起来,则效果更好。其厚度通常为 2～7mm,主要由机械强度决定。

极间障的作用主要有两个方面:①机械地阻隔杂质“小桥”的形成;②在不均匀电场中,当曲率半径较小的电极附近因电场强度高而先发生游离时,游离出来的自由电子被阻挡并分散地积聚在极间障的一侧,从而使极间障另一侧油隙的电场变得比较均匀,所以能提高油隙的击穿电压。由此可见,在极不均匀电场中极间障的效果最显著,而在较均匀的电场中则效果较小。

在油隙中,若合理地布置几个极间障,可以使击穿电压更为提高。在变压器和充油套管中常应用多个极间障。在冲击电压作用下,油中杂质来不及形成“小桥”,极间障也就几乎不起作用了。

3.3 固体电介质的击穿

与气体、液体电介质相比较,固体电介质的击穿特性有很大不同,主要表现为以下两点:①固体电介质的耐电强度比气体和液体电介质高,空气的耐电强度一般为 3～4kV/mm,液体的耐电强度为 10～20kV/mm,而固体的耐电强度在十几至几百 kV/mm;②固体电介质的击穿过程最复杂,且击穿后其绝缘性能不可恢复。固体电介质击穿后会出现烧焦或熔化的通道、裂缝等,即使去掉外施电压,也不能像气体、液体电介质那样恢复绝缘性能,属于非自恢复绝缘。

3.3.1 固体电介质的击穿理论

固体电介质的击穿与电压作用时间有很大的关系,如图 3-21 所示,并且随电压作用时间的不同,固体电介质的击穿有电击穿、热击穿和电化学击穿三种不同的形式。

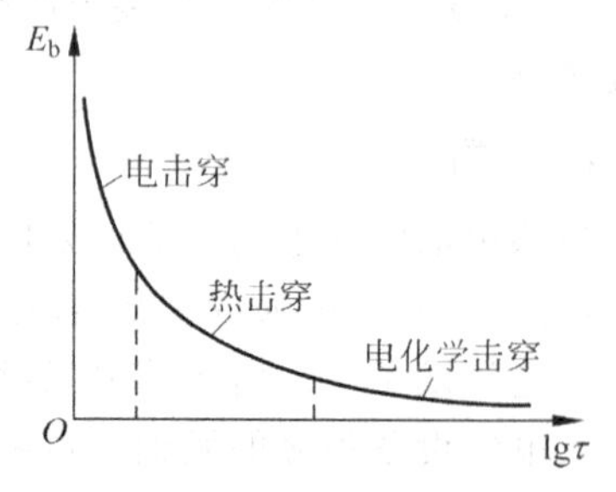

图 3-21 固体电介质的击穿场强与电压作用时间的关系

1. 电击穿

固体电介质的电击穿理论与气体的击穿相似,它是建立在电介质内部发生碰撞游离的基础上的。认为是在强电场作用下,电介质内部少量的带电质点剧烈运动,发生碰撞游离形成电子崩,当电子崩足够强时，破坏了固体电介质的晶格结构导致击穿。

电击穿的主要特点：电压作用时间短，击穿电压高，击穿电压与环境温度、散热条件、频率等因素无关，但是与电场均匀度关系很大。此外和介质特性也有很大关系，如果介质中有气孔或其他缺陷，电场会产生畸变，从而导致介质击穿电压降低。

2. 热击穿

对于固体电介质的热击穿，很多学者都做过实验和理论研究，然而要定量进行讨论却十分复杂。下面介绍简单实用的瓦格纳热击穿理论。

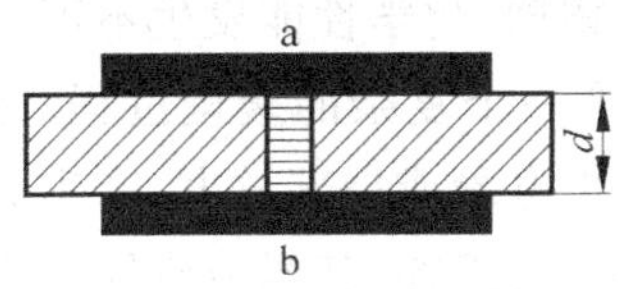

图 3-22 瓦格纳热击穿模型

瓦格纳热击穿模型如图 3-22 所示，假设固体介质置于平板电极 a 与 b 之间，该介质有一处或几处的电阻比其周围小得多，构成电介质中的低阻导电通道。如通道的横截面积为 S，长度为 d，电导率为 γ，当加上直流电压 U 后电流便主要集中在这导电通道内，则每秒钟内导电通道由于电流通过而产生的热量为

$$Q_1 = 0.24\frac{U^2}{R} = 0.24U^2\gamma\frac{S}{d} \tag{3-17}$$

每秒钟由导电通道向周围介质散出的热量与通道长度 d、通道平均温度 T 与周围介质温度 T_0 的温度差 $(T-T_0)$ 成正比，即散热量为

$$Q_2 = \beta(T-T_0)d \tag{3-18}$$

式中：β 为散热系数。电介质导电通道的电导率 γ 与温度的关系为

$$\gamma = \gamma_0 e^{\alpha(T-T_0)} \tag{3-19}$$

式中：γ_0 为导电电通道在温度 T_0 时的电导率；α 为温度系数。

由上可知，γ 是温度的函数，所以发热量 Q_1 也是温度的函数，因此对于不同的电压值 U，Q_1 与 T 的关系是一族指数曲线，如图 3-23 所示。曲线 1、2、3 分别为电源 U_1、U_2、U_3 $(U_1 > U_2 > U_3)$ 作用下，介质发热量与介质导电通道温度的关系。而散热量 Q_2 与温度差 $(T-T_0)$ 成正比，如图中曲线 4 所示。

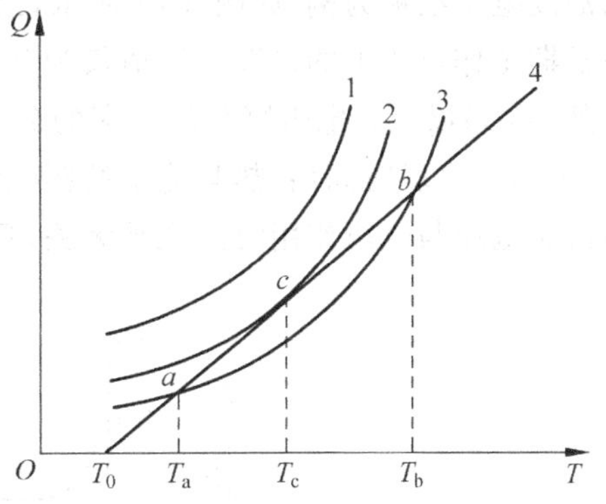

图 3-23 发热曲线与散热曲线

从图 3-23 可看出，曲线 1 高于曲线 4，固体介质内发热量 Q_1 总是大于散热量 Q_2，在任何温度下都不会达到热平衡，电介质的温度将不断地升高，最后导致介质热击穿。曲线 3 与曲线 4 有两个交点，$Q_1=Q_2$。由于发热量等于散热量，此两点称为热平衡点，a 点是稳定的热平衡点，b 点是不稳定的热平衡点。因而电介质被加热到通道温度为 T_a 就停留在热稳定状态。曲线 2 与曲线 4 相切，切点 c 是个不稳定的热平衡点。因为当导电通道温度 $T<T_c$ 时，电介质发热量大于散热量，温度将上升到 T_c。而当 $T>T_c$ 时，发热量也大于散热量，导电通道的温度将不断上升，导致热击穿。可见，曲线 2 是介质热稳定状态和不稳定状态的分界线，所以电压 U_2 确定为热击穿的临界电压，T_c 为热击穿的临界温度。相应于切点 c 的热击穿临界电压：

$$U_c = \sqrt{\frac{\beta\gamma_0}{0.24S\alpha e}}de^{-\frac{\alpha t_0}{2}} \tag{3-20}$$

热击穿的主要特点：发生热击穿时，介质温度尤其是热击穿通道处的温度特别高，热击穿电压随环境温度的升高呈指数规律下降，随外施电压作用时间的增长而下降，随外施电压频率的增高而下降。周围媒质的散热条件越差，热击穿电压越低，固体电介质的厚度增加或其 $\tan\delta$ 增大都会使介质发热量增大，导致热击穿电压下降。

3. 电化学击穿(电老化)

电介质在运行中长期受到电、热、化学和机械力等作用，使其物理、化学性能发生不可逆的劣化，最终导致击穿，这种过程称为电化学击穿。电化学击穿是一个复杂的缓慢过程，是电介质内部和边缘处存在的气泡、气隙长期在工作电压作用下发生电晕或局部放电，产生臭氧、二氧化氮等气体，氧化、腐蚀绝缘，产生热量，增大局部电导和介质损耗，甚至造成局部烧焦绝缘以及气体游离，产生带电质点撞击、破坏绝缘等综合作用的结果。所有这些情况都将导致绝缘劣化、击穿强度下降，以致在长时期电压作用下发生热击穿，或者在短时过电压作用下发生电击穿。电化学击穿是固体电介质在电压长期作用下劣化、老化而引起的，它与固体电介质本身的制造工艺、工作条件等有密切关系，并且电化学击穿的击穿电压比电击穿和热击穿更低，甚至在工作电压下就可能发生。所以对固体电介质的电化学击穿应引起足够的重视。

3.3.2 影响固体电介质的击穿电压的因素

1. 电压作用时间

电压作用时间越长，击穿电压越低，而且对于大多数固体电介质来说存在着明显的分界点。当电压作用时间足够长，以致引起热击穿或电化学击穿时，击穿电压急剧下降。以常用的油浸电工纸板为例，如图 3-24 所示，以 1min 工频击穿电压(幅值)作为基准值(100%)，则在长期工作电压下的击穿电压值仅为其几分之一，而在雷电冲击电压作用下的击穿电压值为其 300%以上。电击穿与热击穿的分界点时间为 $10^5 \sim 10^6\mu s$，小于此值的击穿属于电击穿，因为在这段时间内，热与化学的影响都来不及起作用。在此区域内，在较宽的时间范围内击穿电压与电压作用时间几乎无关，只有在时间小于微秒级时击穿电压才升高，这与气体

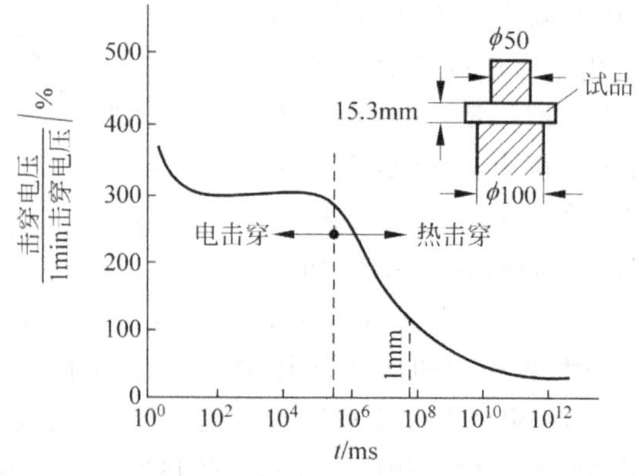

图 3-24 油浸电工纸板击穿电压与电压作用时间的关系(25℃时)

放电的伏秒特性很相似。当时间大于 $10^5 \sim 10^6 \mu s$ 时，随加压时间的增加，击穿电压明显下降，这只能用发展较慢的热过程来解释，属于热击穿。当电压作用时间更长时，击穿电压仅为 1min 工频击穿电压(幅值)的几分之一，此时是由于绝缘老化，绝缘性能降低后发生了电化学击穿。

2. 电场均匀程度和介质厚度

在均匀电场中，固体电介质的击穿电压要高于不均匀电场中的击穿电压，且其击穿电压随着介质厚度的增加近似地呈线性增加。在不均匀电场中，介质厚度越大，电场越不容易均匀，击穿电压不再随厚度的增加而线性增加。值得注意的一点是，当介质厚度增加到散热困难以致出现热击穿时，再靠继续增加厚度来提高击穿电压就没有多大意义了。

3. 温度

当环境温度较低时，固体电介质的击穿电压与温度几乎无关，属于电击穿。当环境温度高到一定程度，电击穿转为热击穿时，击穿电压大幅度下降。如图 3-25 所示为聚乙烯材料的击穿电压与介质周围环境温度关系的试验结果，试验曲线明显分为两个范围，周围温度在 t_0 以下时，击穿电压与介质温度无关，属于电击穿；当周围温度超过 t_0 后，击穿电压随温度的增加而明显下降，属于热击穿。且环境温度越高，热击穿电压越低。对于不同材料，临界温度 t_0 是不同的，即使是同一材料，t_0 值也会因介质的厚度、冷却条件和所加电压性质等因素的不同而在很大范围内变动。

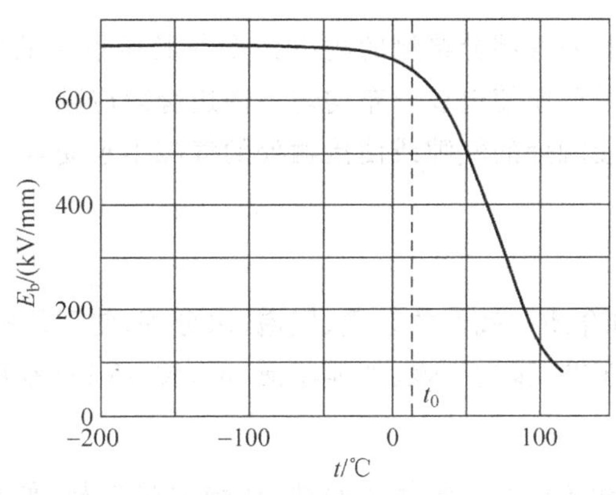

图 3-25 聚乙烯的短时电气强度与周围温度的关系

4. 电压种类

在相同条件下，固体电介质在直流、交流和冲击电压下的击穿电压往往是不同的。在直流电压下，固体电介质的损耗(主要为电导损耗)比工频交流电压下的损耗(除电导损耗外，还包括极化损耗甚至还有游离损耗)小，电介质发热少，因此直流击穿电压比工频击穿电压(幅值)高。而在交流电压下，工频交流击穿电压要高于高频交流击穿电压，因为高频下局部放电严重，发热也严重，使其击穿电压最低。在冲击电压下，由于电压作用时间极短，热的效应和电化学的影响来不及起作用，因此击穿电压比工频交流和直流下都高。

5. 受潮

固体电介质受潮后其击穿电压的下降程度与材料的吸水性有关。对不易吸潮的电介质，如聚乙烯、聚四氟乙烯等，受潮后击穿电压下降一半左右。对易吸潮的电介质，如棉纱、纸等纤维材料，受潮后击穿电压仅为干燥时的几百分之一。所以高压电气设备的绝缘在制造时应注意烘干，在运行中要注意防潮，并定期检查受潮情况。

6. 累积效应

由于固体电介质属于非自恢复绝缘，若每次施加某一电压时，都会使绝缘产生一定程度的损伤，那么在多次施加同样电压时，绝缘的损伤会逐步积累，这称为累积效应。显然，累积效应会使固体电介质的绝缘性能劣化，导致击穿电压下降。因此在确定电气设备试验电压和试验次数时应注意到这种累积效应，而在设计绝缘结构时也应留有一定的裕度。

7. 机械负荷

均匀和致密的固体电介质在弹性限度内，击穿电压与其机械变形无关。但对某些具有孔隙的不均匀固体电介质，机械应力和变形对其击穿电压影响较大。机械应力可能使电介质中的孔隙减少或缩小，从而使击穿电压提高。也可能使某些原来较完整的电介质产生开裂、松散，如该介质放在气体中，则气体将填充到裂缝内，从而使击穿电压下降。

3.3.3 提高固体电介质的击穿电压的措施

1. 改进绝缘设计

采用合理的绝缘结构，使各部分绝缘的耐电强度与其所承担的场强有适当配合。改善电极形状及表面光洁度，尽可能使电场分布均匀。使边缘效应减小到最低程度，改善电极与电介质的接触状态，消除接触处的气隙或使接触处的气隙不承受电位差。改进密封结构，确保可靠密封等。

2. 改进制造工艺

尽可能地清除固体电介质中残留的杂质、气泡、水分等，使固体电介质尽可能均匀致密。这可通过精选材料、改善工艺、真空干燥、加强浸渍(油、胶、漆等)等方法来达到。

3. 改善运行条件

注意防潮，防止尘污和各种有害气体的侵蚀，加强散热冷却(如自然通风、强迫通风、氢冷、油冷、水内冷等)。

3.4 电介质的老化

电气设备的绝缘在运行中受到电场、高温、机械力等作用将产生一系列的化学、物理变化，以致机械性能逐渐变差，强度逐渐变弱，甚至丧失绝缘性能，这种过程称为电介质的老化。电介质的老化分为三类：由电场作用引起的电老化、由高温作用引起的热老化和由受潮所加速劣化的受潮老化。下面分别介绍三种老化的过程。

3.4.1 电老化

电老化分为局部放电老化、电导性老化和电解性老化三种类型。

1. 局部放电老化

介质内部不可避免地存在某些小气泡或气隙，它们可能是由于浸渍工艺不完善而在介质层间、介质与电极间或介质内部残留的，也可能是浸渍剂与介质材料的膨胀系数不同由温度变化所引起的。介质在运行中也可能分解出气体，形成小气泡。介质中的水分电离分解也能产生气泡。气体介质的相对介电常数接近1，比固体、液体介质的相对介电常数小得多，因而在交变电场作用下的场强就比邻近的固、液体介质中的场强大得多，而击穿场强又比固液体介质的低得多，所以最容易在这些气隙或气泡中产生局部放电。

局部放电将产生以下后果。

(1) 带电粒子撞击气泡(或气隙)表面的介质，特别是对有机绝缘物，能使主链断裂，高分子解聚或部分变为低分子，介质的物理性能变差。

(2) 局部温度升高，气泡膨胀，使介质开裂、分层、变酥，同时高温能使材料产生化学分解，使该部分电导和损耗变大。

(3) 局部放电产生的 O_3 和 NO_2 等气体对有机物产生氧化侵蚀，使介质逐渐劣化。特别是介质受潮后，NO_2 还可能与潮气结合生成亚硝酸或硝酸，对介质及金属电极都会产生腐蚀。

(4) 电场的局部畸变改变了介质的原有电场分布，使局部介质承受过高的场强。

通过上述多种效应的综合，将气泡周围的绝缘物分解、破坏(变酥、炭化等)，并沿电场方向逐渐向两极发展，最终导致绝缘被贯通击穿。

2. 电导性老化

在交流电压作用下，在某些高分子有机合成的固体介质中存在另外一种性质的老化，它不是由气泡游离造成的，而是由液态的导电物质所引起的。如果在两电极的绝缘层中或在固体介质与电极的交界面处存在某些液态的导电物质(如水或在介质制造过程中残留下来的某些电解质溶液)，当该处电场强度超过某一临界值时，这些溶液便会在电场力的作用下沿着电场的方向逐渐深入到绝缘层中去，形成近似树状的导电泄痕，称为“水树枝”，最终导致绝缘层击穿。

产生“水树枝”的机理是水或其他电解液中的离子在交变电场作用下往复撞击绝缘物，使其疲劳损坏和化学分解，电解液便随之逐渐渗透扩散到介质深处，形成“水树枝”。

3. 电解性老化

在直流电压作用下，即使所加电压远低于局部放电起始电压，由于介质内部进行着电化学过程，介质也会逐渐老化，最终导致击穿。电介质的电导主要是介质中的杂质分子离解后沿电场方向迁移引起的，具有电解的性质。介质中往往存在某些金属和非金属离子。正电荷的金属离子到达阴极被中和电量后，形成金属原子沉积在阴极表面，逐渐形成从阴极向阳极延伸的金属性导电通道。这个过程对电介质层很薄的电容器绝缘危害尤其大。介质中的非金属性离子如 H^+、O^-、Cl^- 等迁移到电极被中和电量后，形成活性极高的该类物质原子。它们或是再与介质分子起化学反应，形成新的有害化合物，使介质受到破坏；或是与金属电极起化学反应，形成对金属电极的腐蚀；或是以分子的形式存在，行成小气泡。

实践证明，即使是无机介质，如陶瓷、玻璃、云母等，在直流电压作用下也存在显著的电解性老化。当有潮气浸入电介质时，水分本身就能离解出 H^+ 和 O^- 离子，加速电解性老化。

温度升高会使化学和电化学反应加速，电解性老化也随之加快。

4. 电老化对绝缘寿命的影响

经验表明，在介质工作温度恒定的条件下，如果外施电场强度 E 不致使介质中出现显著的局部放电，则由电老化所决定的固体绝缘的寿命平均值 τ 与 E 的关系在多数情况下满足：

$$\tau = KE^{-n} \tag{3-21}$$

式(3-21)两边取对数得：

$$\lg\tau = \lg K - n\lg E \tag{3-22}$$

式中：K 为与介质材料、绝缘结构有关的常数；n 为与介质材料、绝缘结构有关的表示老化速度特性的指数。

式(3-22)在对数坐标系下为一直线，如图 3-26 所示。可以利用这一曲线来推算当场强提高时介质的平均寿命值。

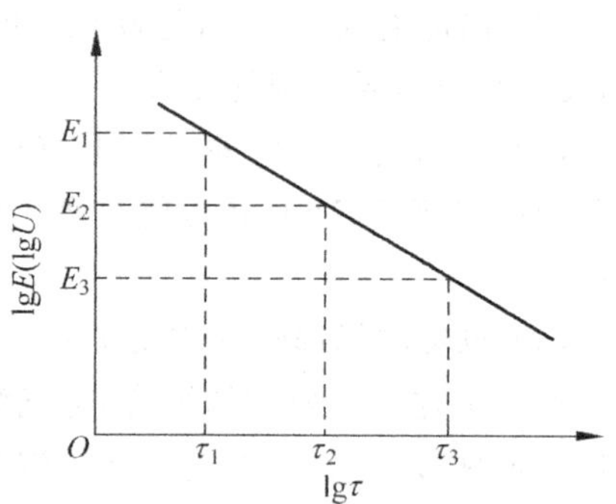

图 3-26 在某一恒定温度下绝缘的老化

3.4.2 热老化

电介质长期工作在较高温度下，由于受热使固体介质变硬，失去弹性，变脆，发生龟裂，机械强度降低，受振动时易脱落、磨损，甚至变成粉状。也有些固体介质变软、发黏、丧失机械强度。变压器油的酸价上升、颜色加重等使电气性能逐渐劣化，称为电介质的热老化。其原因是在较高温度下，电介质内部发生了缓慢的热解裂、氧化裂解以及低分子化合物逸出等化学变化。

影响热老化的主要因素除了温度及在此温度下的工作时间外，还有介质所处环境的湿度、压力、氧的含量、电场强度和机械载荷的大小。

当存在水分及空气时，纸的热解裂将加速。若使用矿物油加以浸渍，使空气进入纸中受阻，这样可以大大降低老化速度。但在某些情况下，由于纤维素分解时在油中生成的产物(如有机酸、过氧化物等)又降低了上述措施的效果。

在没有外力作用的情况下，热老化几乎不改变介质的短时绝缘强度，但在实际运行中介质在受热的同时也要受到机械应力和电动力的作用，常常造成损伤，从而导致击穿的后果。

由于温度直接影响热老化的进程，即影响绝缘的寿命，为了保证设备绝缘的使用寿命必须规定各类绝缘材料的最高允许工作温度。国际电工委员会根据不同材料的耐热性划分成耐热等级，并确定各等级绝缘材料的最高持续工作温度，见表 3-2。

表 3-2 电工绝缘材料的绝缘等级

级别	最高持续工作温度/℃	材料举例
Y	90	未浸渍过的木材、棉纱、天然丝和纸等材料或其他组合物、聚乙烯、聚氯乙烯、天然橡胶
A	105	矿物油及浸渍入其中的 Y 级材料，油性漆、油性树脂及其漆包线

续表

级别	最高持续工作温度/℃	材料举例
E	120	由酚醛树脂、糠醛树脂、三聚氰胺甲醛树脂制成的塑料、胶纸板、聚酯薄膜及聚酯纤维，环氧树脂，聚酯漆及其漆包线，油改性三聚氰胺漆
B	130	以合适的树脂或沥青浸渍、用有机补强材料加工过的云母、玻璃纤维、石棉等制品，聚酯漆及其漆包线，使用无机填充料的塑料
F	155	用耐热有机树脂或漆所黏合或浸渍的无机物（云母、石棉、玻璃纤维及其制品）
H	180	硅有机树脂、硅有机漆或用它们黏合或浸渍过的无机材料，硅有机胶
C	>180	不采用任何有机黏合剂或浸渍剂的无机物，如云母、石英、石板、陶瓷、玻璃或玻璃纤维、石棉水泥制品、玻璃云母模压品等，聚四氟乙烯塑料

使用温度如超过表 3-2 中所规定的温度，介质将迅速老化，寿命大大缩短，如图 3-27 所示。由图 3-27 可见，绝缘等级越低，绝缘的热寿命受温度的影响越敏感。例如 A 级绝缘材料，温度每增高 8℃，则寿命缩短一半。B 级绝缘材料和 H 级绝缘材料，当温度分别升高 10℃ 和 12℃ 时，热寿命缩短一半。这个规律通常称为热老化的 8℃ 规则、10℃ 规则和 12℃ 规则。油的热老化主要是氧化过程引起的，为了延长油的使用寿命，首先要防止油与空气接触。对于电容器、电缆及某些类型的套管，可以采用全封闭的方法，以延长寿命。对于电力变压器等油量较多的电气设备，通常备有油膨胀器（如变压器的油枕），在油面和器壁的空间用充氮的方法避免油与空气接触。也可以在油中加入少量的抗氧化剂，使油的老化速度减缓。

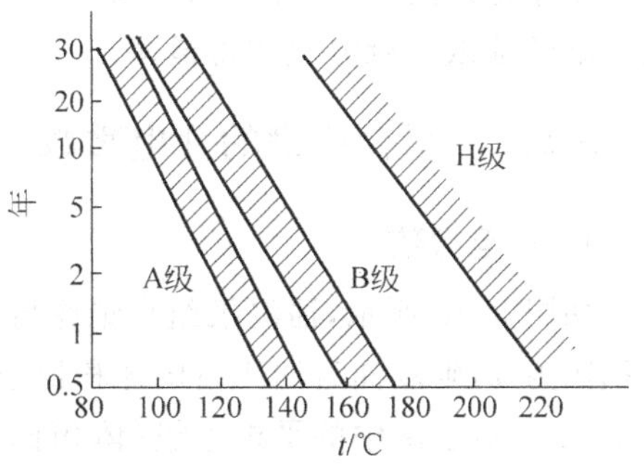

图 3-27 不同等级绝缘材料热寿命与温度的关系

3.4.3 受潮老化

介质受潮将导致其电导和损耗增大，因而会使绝缘材料进一步发热，导致热老化速度加快。此外，水分的存在使化学反应更加活跃，产生气体，形成气泡，引起局部放电。在直流电压作用下，电导增大，使局部放电形成的反电场场强下降加快，因而使单位时间内的放电次数增加，使电老化加速。所以受潮将使绝缘材料的使用寿命缩短。

为了防止和限制绝缘在运行中受潮，要采取一定的措施，如对纤维材料要用浸渍剂浸渍，使气孔封闭。但一般的浸渍剂难以进入微气孔，所以浸渍只能限制而不能完全防止受潮。因此，近年来特别重视发展密封的绝缘结构。鉴于受潮对绝缘的危害性，对电气设备必须定期检查绝缘的受潮情况。

3.5 组合绝缘的介电常数、介质损耗和击穿特性

对高压电气设备绝缘的要求是多方面的，除了应具有优异的电气性能外，还应同时具有良好的热性能、机械性能及其他一些物理、化学特性。单一种类的电介质是很难同时满足以上要求的，所以实际电气设备的绝缘通常都不是由单一的绝缘材料构成的，而是由多种电介质组合而成。例如变压器的外绝缘是由套管的瓷套和周围的空气组成的，而其内绝缘则是由纸、布带、胶木筒、聚合物、变压器油等多种固体和液体电介质联合组成的。在电机中是用由云母、胶粘剂、补强材料和浸渍剂组合成的绝缘。组合绝缘的电气强度不仅取决于所用各种电介质的电气特性，而且还与所用各种电介质的相互配合有关。

组合绝缘的常见形式是由多种电介质构成的层叠结构，在外加电压作用下，各层介质承受电压的状况必然是影响组合绝缘电气强度的重要因素。各层电压的理想分配原则是使组合绝缘中各层介质所承受的电场强度与其电气强度成正比。只有这样，整个组合绝缘的电气强度才是最高的，各种绝缘材料的利用才是最充分、最合理的。在各种组合绝缘方式中以油浸纸的油纸绝缘方式用得最多。

3.5.1 组合绝缘的介电常数与介质损耗

1. 介电常数

如图 3-28 所示，油浸纸组合绝缘可以被看作串联介质。如果未浸油前纸中的气隙所占体积比为 x，则浸油后油所占的体积比也为 x，而固体电介质(结构紧密的纸)所占的体积比为 $1-x$。对于图中的平板电极(体积比可等效成厚度比)，假设介质总厚度为 d，则单位面积电极间电容 C 为

$$\frac{1}{C}=\frac{1}{C_s}+\frac{1}{C_x} \tag{3-23}$$

式中：C_s 为固体电介质的电容；C_x 为气隙或浸渍介质的电容。

按平板电极电容计算公式，有：

$$\frac{1}{\frac{\varepsilon\varepsilon_0}{d}}=\frac{1}{\frac{\varepsilon_s\varepsilon_0}{(1-x)d}}+\frac{1}{\frac{\varepsilon_x\varepsilon_0}{xd}} \tag{3-24}$$

由此可解得组合绝缘的相对介电常数 ε 为

$$\varepsilon=\frac{\varepsilon_s}{(1-x)+\frac{x\varepsilon_s}{\varepsilon_x}} \tag{3-25}$$

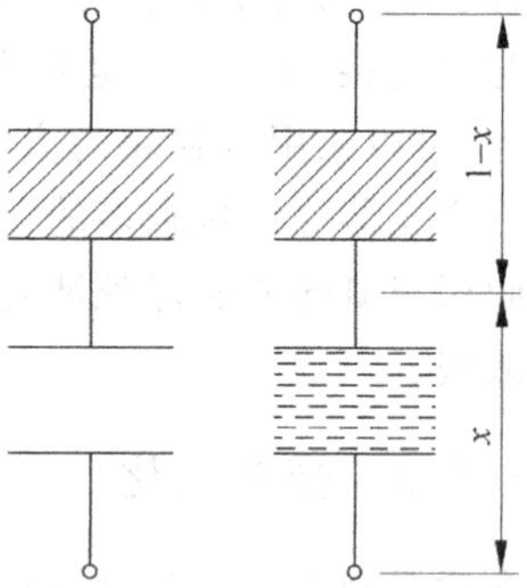

(a) 浸渍前　(b) 浸渍后

图 3-28 串联回路

式中：ε_s 为固体电介质的相对介电常数；ε_x 为浸渍介质的相对介电常数。

2. 介质损耗

按照上述方法，同样可以求出组合绝缘的总介质损耗角正切为

$$\tan\delta=\frac{\tan\delta_s}{1+\frac{x\varepsilon_s}{(1-x)\varepsilon_x}}+\frac{\tan\delta_x}{1+\frac{(1-x)\varepsilon_x}{x\varepsilon_s}} \tag{3-26}$$

式中：$\tan\delta_s$ 为固体电介质的介质损失角正切；$\tan\delta_x$ 为浸渍介质的介质损失角正切。

3.5.2 组合绝缘的击穿特性

各层绝缘所承受的电压与绝缘材料的特性和作用电压的类型有关。在直流电压下，各层绝缘分担的电压与其绝缘电阻成正比，即各层中的电场强度与其电导率成反比。而在交流和冲击电压下，各层介质所分担的电压与其电容成反比，即各层中的电场强度与其介电常数成反比。因此，直流电压下应把电气强度高、电导率大的绝缘材料用在电场最强的地方。而在交流电压下，则应把电气强度高、介电常数大的介质用在电场最强的地方。

下面以油纸绝缘为例，讨论组合绝缘的击穿特性。油纸绝缘广泛应用于电容器、电缆、套管、电流互感器、某些变压器及高压电机中。油纸绝缘的优点主要是优良的电气性能，干纸的耐电强度仅为10～13kV/mm，纯油的耐电强度也仅为10～20kV/mm；二者组合以后，由于油填充了纸中薄弱点的空气隙，纸在油中又起了屏障作用，从而使总体耐电强度提高很多，油纸绝缘工频短时耐电强度可达50～120kV/mm。油纸绝缘的击穿过程和一般固体电介质的一样，可分为短时电压作用下的电击穿、稍长时间电压作用下的热击穿以及更长时间电压作用下的电化学击穿。

油纸绝缘的短时电气强度很高，但因组合绝缘是由多种不同介质组成，在不同介质的交界处或层与层、带与带交接处等都容易出现气隙，因而容易产生局部放电。局部放电对油纸绝缘的长期电气强度威胁很大，它对油浸纸有着电、热、化学等腐蚀作用，十分有害，而大多数有机介质耐局部放电的性能都很差。因而油纸绝缘的电气性能应满足下述要求。

(1) 在工作电压下不发生有害的局部放电。

(2) 在工频试验电压下不发生强烈的局部放电，不击穿，不闪络。

(3) 在雷电冲击试验电压下不击穿，不闪络。

油纸绝缘的长时耐电强度取决于它的工作场强，短时耐电强度取决于它的试验场强。纸的密度越大，相对介电常数 ε_r 就越大，这样分配在其串联的油层(或气隙)上的场强将增大，油层较易发生局部放电，于是油纸绝缘整体的局部放电电压下降。如果选用介电常数较小的纸或选用介电常数较大的浸渍剂，就可降低浸渍剂中的场强，改善局部放电性能。油纸绝缘在直流电压下的击穿电压常为工频电压(幅值)下的2倍以上，这是因为工频电压下局部放电、损耗等都比直流电压作用下多。

综上所述，将多种介质进行组合应用时，应尽可能使它们各自的优缺点进行互补，扬长避短，同时还应采取合理的工艺措施，将每层介质的接缝以及介质与电极界面的过渡处理好。在组合绝缘中，各部分的温度也可能存在较大差异，所以在设计组合绝缘结构时，还应注意温度差异对各层介质电气特性和电压分布的影响。

习题

3-1 电介质有哪些基本的电气特性？分别用哪些物理参数来表征？

3-2 电介质电导与金属电导有何区别？

3-3 什么是吸收现象？有何实际意义？

3-4 在电介质的三支路等值电路中，各支路代表的物理意义是什么？两支路并联等值电路中的电阻是否为电介质的绝缘电阻？

3-5 说明介质损耗角正切 $\tan\delta$ 的物理意义，其与电源频率、温度和电压的关系。

3-6 说明气体、液体和固体电介质的击穿机理并比较其击穿场强数量级的高低。

3-7 说明固体电介质的击穿形式和特点。

3-8 说明造成固体电介质老化的原因。

第4章

绝缘的预防性试验

电气设备绝缘预防性试验是保证现代电力系统安全可靠运行的重要措施之一。这种试验除了在新设备投入运行前在交接、安装、调试等环节中进行外，更多的是对运行中的各种电气设备的绝缘性能定期进行检查，以便及早发现绝缘缺陷，及时更换或修复，防患于未然。绝缘故障大多因内部存在缺陷而引起，有些绝缘缺陷是在设备制造过程中产生的，还有一些绝缘缺陷则是在设备运行过程中由外界影响因素的作用而逐渐发展和形成的。就其存在形态而言，绝缘缺陷通常分为两类：一类是集中性缺陷，指缺陷集中于绝缘的某个或某几个部分，如绝缘子瓷质开裂、绝缘局部磨损、绝缘内部气泡、局部受潮等，它又分为贯穿性缺陷和非贯穿性缺陷，这类缺陷的发展速度较快，因而具有较大的危险性；另一类是分散性缺陷，指由于受潮、过热、动力负荷及长时间过电压的作用导致的电气设备整体绝缘性能下降，如电机、变压器等设备的绝缘整体受潮、老化、变质等，这是一种普遍性的劣化，是经过缓慢演变而出现的。

绝缘试验按照其对被试绝缘的危险性可分为两类：一类为非破坏性试验，也称为检查性试验或绝缘特性试验，是指在较低电压下或用其他不会损坏绝缘的方法来检测绝缘除电气强度以外的电气性能，这类试验的目的是判断绝缘状态，及时发现可能的劣化现象，主要包括绝缘电阻测量、直流泄漏电流测量和介质损失角正切值测量及局部放电测量等；另一类为破坏性试验，是指在各种较高的电压下进行的试验，也称耐压试验，它考核绝缘的电气强度，试验过程中有可能给绝缘造成一定的损伤，主要包括交流耐压试验、直流耐压试验、雷电冲击耐压试验及操作冲击耐压试验。这两类试验是相辅相成的，实际中应先进行非破坏性试验，再进行破坏性试验，若非破坏性试验表明绝缘有不正常情况，则必须查明原因并加以消除后才能再进行破坏性试验，以避免造成不应有的击穿。

4.1 绝缘电阻和吸收比的测量

绝缘电阻是电介质和绝缘结构的绝缘状态最基本的综合性参数。由于电气设备中大多采用组合绝缘和层式结构，故在直流电压下会有明显的吸收现象，使外电路出现一个随时间而衰减的吸收电流，如果在电流衰减过程中的两个瞬间测得两个电流值或两个相应的绝缘电阻值，则利用其比值(称作吸收比)可检验绝缘介质是否受潮或存在局部缺陷。绝缘电阻通常采用兆欧表(也称摇表)进行测量。

4.1.1 兆欧表的工作原理

兆欧表是利用流比计的原理构成的，图 4-1 所示为兆欧表的原理接线图。图中 G 为电源，是由手摇(或电动)直流发电机或交流发电机经晶体二极管整流构成的。电压线圈 LV 和电流线圈 LA 绕向相反、相互垂直且固定在同一转轴上，它们处在同一个永久磁场中(图中未画出)，由于没有弹簧游丝，当没有电流通过时，指针可以停留在任意位置。R_1、R_2 分别为分压电阻(包括电压线圈的电阻)和限流电阻(包括电流线圈的电阻)。测量时，接地端子 E 接被试品的接地端、外壳或法兰等处，线路端子 L 接被试品的另一极(绕组、芯柱或其他)。摇动手摇发电机，直流电压就加到两个并联支路上，电流通过两个线圈，在同一磁场中产生方向相反的转动力矩，在两个力矩差的作用下，线圈带动指针偏转，直至两个力矩平衡为止。当达到平衡时，指针偏转的角度 α 与流过电压线圈和电流线圈中的电流 I_1、I_2 的比值有关，即：

$$\alpha = f\left(\frac{I_1}{I_2}\right) \tag{4-1}$$

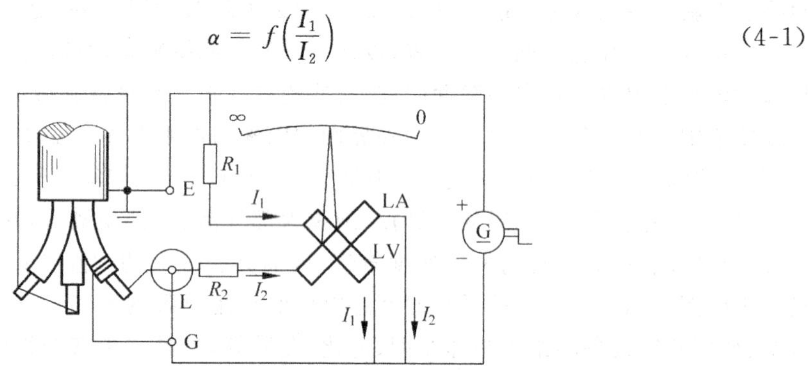

图 4-1 兆欧表原理接线图

由于 $I_1=U/R_1$，$I_2=U/(R_2+R_x)$，R_x 为被试品的绝缘电阻，所以有：

$$\alpha = f\left(\frac{I_1}{I_2}\right) = f\left[\frac{U/R_1}{U/(R_2+R_x)}\right] = f\left(\frac{R_2+R_x}{R_1}\right) = f(R_x) \tag{4-2}$$

可见指针偏转角 α 直接反映 R_x 的大小。当兆欧表分压电阻和限流电阻一定时，R_1 和 R_2 均为常数，故指针偏转角 α 的大小仅由被试品的绝缘电阻 R_x 决定。

接线端子 G 称为屏蔽端，它直接与电源的负极相连，起屏蔽表面泄漏电流的作用。当希望单独测量体积绝缘电阻时，可以在需要屏蔽的位置设置一个金属屏蔽环极，并将此环极接到兆欧表的端子 G，这样就使被试品表面的泄漏电流到了屏蔽环后直接从 G 端子流回电源，而不流经测量机构，防止造成测量误差。图 4-1 所示为三芯电缆某相的绝缘电阻测试原理接线图，因为要分别测量每相线芯对另外两相线芯及外皮之间的绝缘电阻，所以测试时，另外两相线芯与电缆外皮相连接。

常用兆欧表的内部发电机所产生的直流电压有 500V、1000V、2500V、5000V 等几种，通常额定电压为 1kV 及以上的电气设备要选用 2500V 或 5000V 的兆欧表，额定电压为 1kV 以下的电气设备用 500V 或 1000V 的兆欧表。由于采用了流比计的测量机构，仪表的读数与发电机的端电压(转速)绝对值关系不大,一般只要使手柄的转速达到额定转速(通常为 120r/min)的 80%以上就可以了,但是转速一定要保持恒定。因为被试验品一般具有一定的电容量,电压的变动将引起电流的变化,使指针摇摆不定。基于同样的原理,当被试验品电容较大时,测试后必须先把兆欧表从测量回路断开,然后才能停止转动发电机,以避免被试验品电容电流反充损坏仪表。目前现场已广泛采用数字式兆欧表,它采用整流电源,试验人员可根据需要选择电压量程,当在被试品绝缘上施加电压时,取被试品电压、电流信号经 A/D 转换,简单数值计算,用液晶数显方式给出结果。

4.1.2 绝缘电阻和吸收比的测量

绝缘电阻是反映绝缘性能的基本指标之一,用兆欧表测量电气设备的绝缘电阻是一项简单易行的绝缘试验方法,历来在设备维护检修时被广泛地用作常规绝缘试验。由于电气设备绝缘中存在吸收现象,所以在电气设备的绝缘上加上直流电压后,流过绝缘的电流要经过一个过渡过程才达到稳态值,因此绝缘电阻也要经过一定的时间才能达到稳定值,通常认为加压 60s 时通过绝缘的吸收电流已衰减至接近于零,所以规定加压 60s 时所测得的数值为被试品的绝缘电阻。

绝缘受潮或存在某些穿透性的导电通道时,绝缘电阻达到稳态值所需的时间明显缩短,稳态值也低。因此,可以利用绝缘电阻值随时间变化的关系来反映绝缘的状况。通常将加压 60s 时测得的绝缘电阻值与加压 15s 时测得的绝缘电阻值之比定义为吸收比 K,即:

$$K = \frac{R_{60}}{R_{15}} = \frac{U/I_{60}}{U/I_{15}} = \frac{I_{15}}{I_{60}} \tag{4-3}$$

《电力设备预防性试验规程》中规定 $K \geqslant 1.3$ 为绝缘干燥,$K < 1.3$ 为绝缘受潮。由于吸收比 K 是同一被试品的两个绝缘电阻之比,它与被试绝缘的尺寸无关,只取决于绝缘本身的特性,所以更有利于反映绝缘的状态。经验表明,吸收比在工程应用中是存在一定局限性的。对于电容量较大的设备是适用的,但对电容量小的设备,由于吸收现象不明显,无实用价值。近几年来,由于干燥工艺的改进,大容量变压器的吸收现象也不明显,吸收比往往在 1.3 以下,而这并不一定表明变压器绝缘受潮,还要结合其他测试数据进行综合分析判断。

对于某些大型设备(如大型发电机、变压器及电容器等),吸收电流很大,延续时间也较长,可达数分钟,甚至更长。在 60s 时测得的绝缘电阻仍会受吸收电流的影响,要测得稳态阻值就要花费较长的时间,这时应采用加压 10min 和 1min 时的绝缘电阻值之比,即极化指数 P 作为衡量指标,即:

$$P = \frac{R_{10\text{min}}}{R_{1\text{min}}} \tag{4-4}$$

规程规定,绝缘良好时,极化指数一般不小于 1.5。

4.1.3 测量时的注意事项

(1) 测试前应将被试验品接地放电一定时间(对于容量较大的试验品,一般要求达 5～10min),避免被试验品上可能存在残余电荷而造成测量误差。由于剩余电荷的存在,使充电电流和吸收电流比前一次测量时小,造成吸收比减小而绝缘电阻增大。

(2) 试验后也要对被试品进行放电，以保障安全，放电操作应利用绝缘工具(如接地绝缘棒或绝缘钳等)进行，并不得用手接触放电导线。

(3) 对带有绕组的被试验品，应先将被测绕组首尾短接再接到 L 端子，其他非被测试绕组也应首尾短接后再接到相应端子上。

(4) 测吸收比和极化指数时，应等电源电压稳定后再接入被试品，并开始计时。

(5) 读取绝缘电阻值后，应先断开 L 端子与被试品的连线，然后再停摇兆欧表，以免被试品电容中所充的电荷经兆欧表放电损坏兆欧表。

(6) 绝缘温度升高，绝缘电阻大致按指数规律下降，吸收比与极化指数也会有变化。所以测量绝缘电阻时应记录当时绝缘的温度，以便进行校正。

(7) 在湿度较大的条件下测量时，必须在被试验品表面加电位屏蔽。被试验品上的屏蔽环应接近加压的 L 端线而远离接地部分，减少屏蔽对地的表面泄漏，以免造成绝缘电阻表过载。

4.2 直流泄漏电流的测量

测量绝缘体的直流泄漏电流与测量绝缘电阻的原理基本相同，但其施加的直流电压一般比兆欧表电压更高，并可以任意调节。试验表明，用较高的直流电压来测量绝缘电阻或泄漏电流，可以比使用兆欧表更为有效地发现一些尚未完全贯通的集中性缺陷，能够更有效地发现瓷瓶裂纹、夹层绝缘内部受潮及局部松散断裂、绝缘油劣化、绝缘沿面炭化等缺陷。泄漏电流测量中所用的电源一般均由高压整流设备供给，施加在被测试品上的直流电压是逐渐增大的，这样就可以在升压过程中监视泄漏电流的增长动向。此外，在电压升高到规定的试验电压后，要保持 1min 再读出最后的泄漏电流。在这段时间内，还可以观察泄漏电流是否随时间的延续而变大。当绝缘良好时，泄漏电流应保持稳定，其值很小。图 4-2 是发电机的几种不同的泄漏电流变化曲线。绝缘良好的发电机，泄漏电流较小，且随电压线性上升，如图中曲线 1 所示；如果绝缘受潮，电流值变大，但基本仍随电压线性上升，如曲线 2 所示；曲线 3 表示绝缘中已有集中性缺陷，应尽可能找出原因加以消除；如果在电压尚不到直流耐压试验电压的一半时，泄漏电流就已急剧上升，如曲线 4 所示，那么这台发电机即使在运行电压下也可能发生击穿。

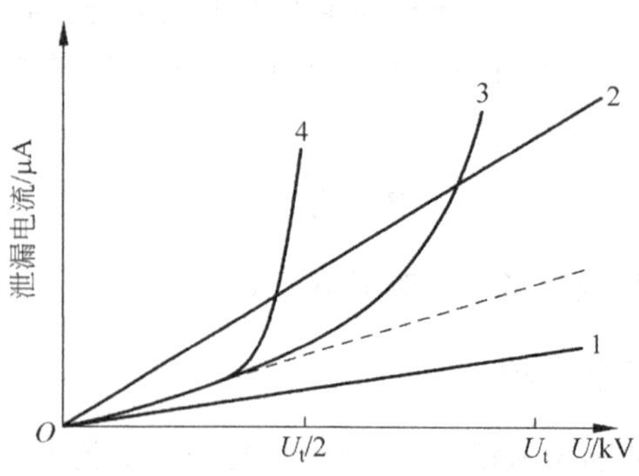

图 4-2 发电机泄漏电流变化曲线(U_t—直流耐压试验电压)

1—良好绝缘；2—受潮绝缘；3—有集中性缺陷绝缘；4—有危险的集中性缺陷

4.2.1 直流高电压的产生

获得直流高压的方法，应用最广泛的目前是将交流高压通过高压硅堆整流而得。根据所需要的直流高压的幅值的不同，整流方法可分为半波整流、倍压整流、串级整流等。由交流整流以获得直流的基本原理、电路和性能等在“电力电子技术”课程中已经系统学习过，这里不再赘述。另外，本试验所需的直流电源与后续第5章所涉及的直流耐压试验部分内容十分相似，为了避免重复，有关直流电源的获得、操控、测量等具体内容将在第5章中展开论述，这里只根据本试验对直流电源的需要提出以下几点技术要求。

1. 输出电压

由于空气中负极性的击穿电压较高，而本试验属于非破坏性试验，因此为防止外绝缘的闪络，直流电压多采用负极性输出。

2. 输出电流

正常绝缘在常温下，其相应试验电压下的泄漏电流是很小的，一般不超过100μA，即使在接近运行温度下，泄漏电流值也不会超过1mA。电源应在供给上述泄漏电流时保持稳定的输出电压。

3. 保护功能

在测试时，被试验品如果被击穿，电源应有自我保护功能，使其不受损坏。

4.2.2 试验接线

1. 微安表接于高压侧

接线如图4-3所示，图中TR为自耦调压器，用来调节电压。TT为试验变压器，用来供给整流前的交流高压。V为高压硅堆，用来整流。C为滤波电容器，用来减小输出整流电压的脉动，当被试品的电容C_x较大时，滤波电容器C可以不使用，当C_x较小时，则需接入0.1μF左右的电容器以减小电压脉动。R为保护电阻，用来限制被试品击穿时的短路电流以保护变压器和高压硅堆，其值可按10Ω/V选取。

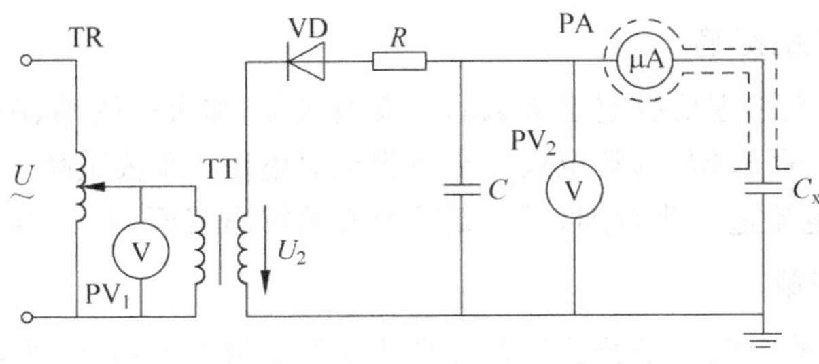

图4-3　微安表接于高压侧的接线图

该接线方式适合于被试绝缘一极接地的情况，此时微安表处于高压端，不受高压对地杂散电流的影响，测量的泄漏电流较准确。但为了避免由微安表到被试品的连线上产生的电晕及沿微安表绝缘支柱表面的泄漏电流流过微安表，需要将微安表及从微安表至被试品的引线屏蔽起来。由于微安表处于高压端，故给操作人员读数及切换量程带来不便。

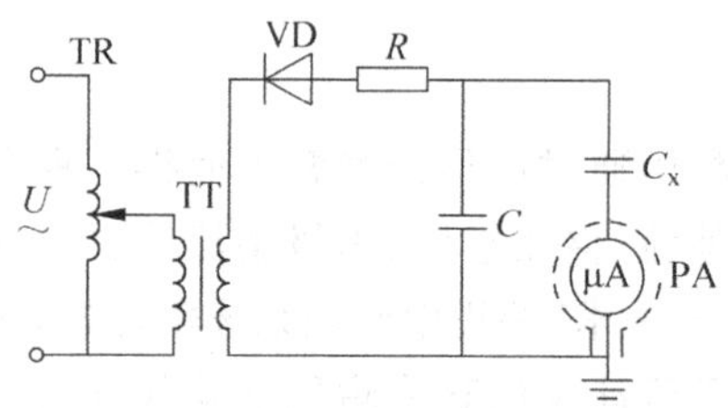

图 4-4 微安表接于低压侧的接线图

2. 微安表接于低压侧

接线如图 4-4 所示，在此种解接线方式下，微安表接在接地端，操作人员读数和切换量程安全方便，并且测量过程中，高压部分对外界物体的杂散电流入地时不经过微安表，因此不必加屏蔽，测量结果较精确。但是该接线要求被测试绝缘的两极都不能接地，仅适用接地端可与地分开的电气设备。

4.2.3 微安表的保护

测试泄漏电流用的微安表非常灵敏，并且易损坏。而在正常的试验过程中，试验电压总是脉动的，交流分量会通过微安表，使微安表指针摆动，甚至使微安表过热烧坏(因它只反映直流数值，实际上交流数值也流经线圈)。另外，在试验过程中，被试品放电或击穿都有不能容许的冲击电流流经微安表，因此需对微安表加以保护。常用的保护接线如图 4-5 所示，在微安表回路中串联一个增压电阻 R，当流过微安表的电流超过某一定值时，电阻 R 上的压降将引起放电管 F 放电从而保护微安表。电感 L 在被试品击穿时能限制冲击电流并加速放电管的动作，通常取值为 0.1～1.0H。并联电容 C 用以旁路交流分量，减少微安表指针的摆动。K 是短路微安表的开关，读数时断开。

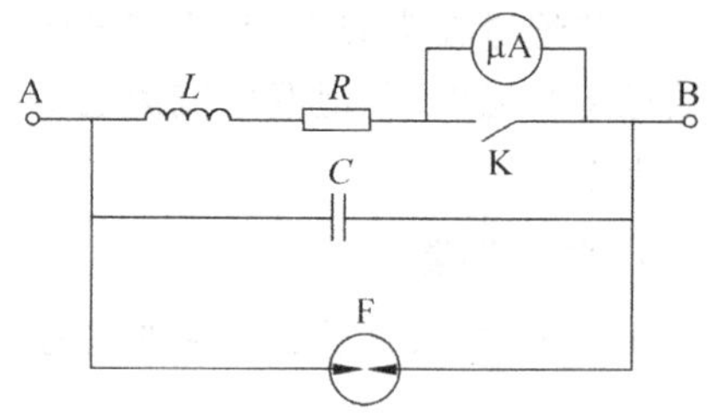

图 4-5 微安表保护电路

4.2.4 影响测量结果的主要因素

1. 温度的影响

温度对泄漏电流的测量结果影响是显著的，温度升高，泄漏电流增大。测量最好在被试品温度为 30～80℃时进行，因为在这样的温度范围内泄漏电流变化较明显，而低温时变化较小。

2. 表面泄漏电流的影响

表面泄漏电流的大小主要决定于被试品的表面状况，如表面受潮、脏污等。当空气湿度大时，表面泄漏电流会明显增大，甚至远大于体积泄漏电流；而被试品表面如果脏污则更易于吸潮，使表面泄漏电流进一步增加，所以试验前必须擦净表面，并应用屏蔽电极。

3. 残余电荷的影响

被试品绝缘中的残余电荷是否放尽直接影响泄漏电流的数值，因此，试验前对被试品必须进行充分放电。

4.3 介质损失角正切值的测量

由前面的章节可知，介质功率损耗与介质损耗角正切 $\tan\delta$ 成正比，因此 $\tan\delta$ 是绝缘品质的重要指标，测量 $\tan\delta$ 是判断电气设备绝缘状态的一种灵敏有效的方法。$\tan\delta$ 能反映绝缘介质的整体性缺陷(如整体老化)和小电容被试品中的严重局部性缺陷。由 $\tan\delta$ 的变化曲线可以判断介质是否受潮、含有气泡及老化的程度。

但是测量 $\tan\delta$ 不能灵敏地反映大容量电机、变压器和电缆绝缘介质中的局部性缺陷，这时应尽可能将这些设备拆解成几个部分，然后分别测量它们的 $\tan\delta$。当绝缘结构由两部分并联组成时，其整体的介质损耗为这两部分之和，即 $P=P_1+P_2$。可以表示为

$$U^2\omega C\tan\delta = U^2\omega C_1\tan\delta_1 + U^2\omega C_2\tan\delta_2 \tag{4-5}$$

由此可得：$\tan\delta=\dfrac{C_1\tan\delta_1+C_2\tan\delta_2}{C}$，$C=C_1+C_2$，如果第二部分绝缘结构的体积远小于第一部分，则有 C_2 远小于 C_1，$C\approx C_1$，于是可得：

$$\tan\delta = \tan\delta_1 + \frac{C_2}{C_1}\tan\delta_2 \tag{4-6}$$

由于上式中第二项的系数 C_2/C_1 很小，所以当第二部分绝缘结构出现缺陷时，$\tan\delta_2$ 的增大并不能使总的 $\tan\delta$ 明显增大。例如，在一台 110kV 大型变压器上测得总的 $\tan\delta$ 为 0.4%时，绝缘指标是符合要求的，但是把套管分开单独测量时，$\tan\delta$ 达到了 3.4%，绝缘指标不符合要求。所以当大型设备绝缘结构由几个部分共同构成时，最好分别测量各部分的 $\tan\delta$，以便发现缺陷。

4.3.1　西林电桥的基本原理

西林电桥是一种交流电桥，配以合适的标准电容器，可以在高电压下测量电气设备的电容值和 $\tan\delta$ 值。西林电桥的原理接线如图 4-6 所示，有四个桥臂，桥臂 1 为被试品，C_x、R_x 为被试品的电容和电阻；桥臂 2 为高压标准电容器 C_N；桥臂 3、4 在电桥本体内，分别为可调无感电阻 R_3 和定值无感电阻 R_4 与可调电容器 C_4 的并联支路，P 为交流检流计。在交流电压的作用下，调节 R_3 和 C_4，使电桥达到平衡，即通过检流计 P 的电流为零，此时有：

$$Z_1Z_4 = Z_2Z_3 \tag{4-7}$$

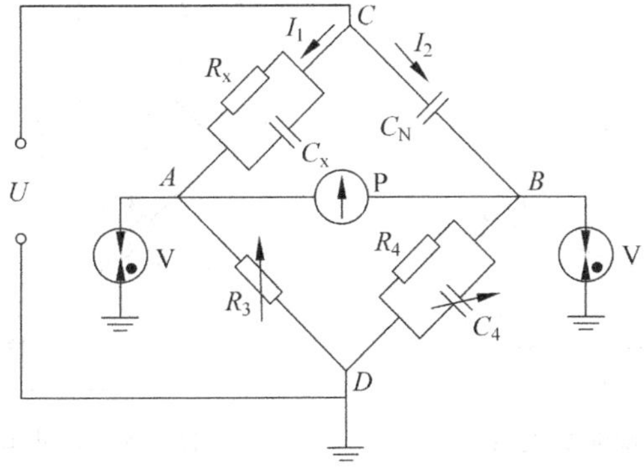

图 4-6　西林电桥原理接线图

式中：

$$Z_1 = \frac{1}{\dfrac{1}{R_x}+j\omega C_x},\quad Z_2=\frac{1}{j\omega C_N},\quad Z_3=R_3,\quad Z_4=\frac{1}{\dfrac{1}{R_4}+j\omega C_4}$$

代入式(4-7)，经过整理得：

$$\tan\delta = \frac{1}{\omega C_x R_x} = \omega C_4 R_4 \tag{4-8}$$

$$C_x = C_N \frac{R_4}{R_3} \cdot \frac{1}{1+\tan^2\delta} \tag{4-9}$$

由于 $\tan\delta \ll 1$,所以有:

$$C_x \approx C_N \frac{R_4}{R_3} \tag{4-10}$$

对于工频电源,$\omega=100\pi$,为计算方便,在设计电桥时取 $R_4=\frac{10^4}{\pi}\Omega$,于是由式(4-8)可得:

$$\tan\delta = 10^6 C_4 \tag{4-11}$$

取 C_4 的单位为 μF,则在数值上,$\tan\delta=C_4$。为方便读数,实际中将电桥面板上可调电容器 C_4 的数值直接标记成被试品的 $\tan\delta$ 值,例如将 $C_4=0.006\mu$F 标成 $\tan\delta=0.6\%$。

桥臂阻抗 Z_1、Z_2 比 Z_3、Z_4 大得多,所以正常工作时工作电压主要作用在 Z_1、Z_2 上,它们被称为高压臂,而 Z_3、Z_4 为低压臂,其作用电压通常只有几伏。但如果被试品或标准电容发生闪络或击穿时,在 A、B 两点可能出现高电位,为确保人身和设备安全,在 A、B 两点对地之间各并联一个放电电压约为 100～200V 的放电管,当电桥达到平衡时,其相量图如图 4-7 所示。

上述内容介绍的是西林电桥的正接线,被试品处于高压侧,两端均对地绝缘,此时桥体处于低压侧,操作安全方便。但是往往现场的电气设备外壳一般都接地,因此大多数情况下只能采用如图 4-8 所示的反接线方式,此时检流计 P 及调节元件 R_3、C_4 均处于高压端,为了确保试验人员和仪器的安全,必须采取可靠的保护措施。

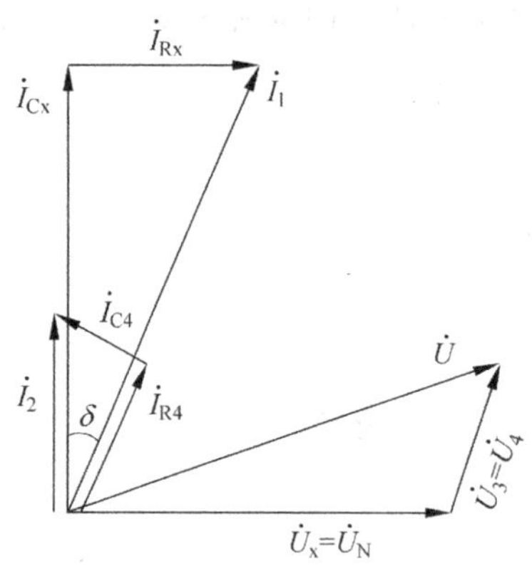

图 4-7　西林电桥平衡时的相量图

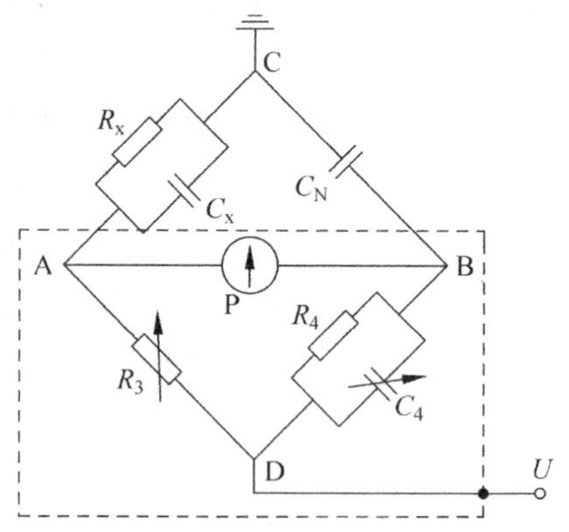

图 4-8　西林电桥反接线原理图

4.3.2　影响测量结果的主要因素

1. 外界电场干扰

外界电场干扰包括试验用高压电源和试验现场高压带电体(例如变电所内运行的高压母线等)所引起的电场干扰,因为在这些高压电源与电桥各元件及连线之间存在着杂散电容,产生的干扰电流如果流过桥臂就会引起测量误差。

图 4-9 所示为电场干扰示意图，干扰电流 I_g 通过杂散电容 C_0 流过被试设备电容 C_x，因此当电桥平衡时，所测得的被试品支路的电流 I_x 由于加上 I_g 而变成了 I'_x。如图 4-10 所示，当干扰电流 I_g 大小不变而干扰源的相位发生变化时，I_g 的轨迹是以被试品电流 I_x 的末端为圆心，以 I_g 为半径的圆。特别是当干扰源相位变化的结果使 I_g 的相量端点落在阴影部分的圆弧上时，$\tan\delta$ 将变为负值，这就意味着该情况下电桥在正常接线下已无法平衡，只有把 C_4 从桥臂 4 换接到桥臂 3 与 R_3 并联(即将倒相开关打到 $-\tan\delta$ 的位置)才能使电桥平衡，然后按照新的平衡条件计算出 $\tan\delta=-\omega C_4R_3$。

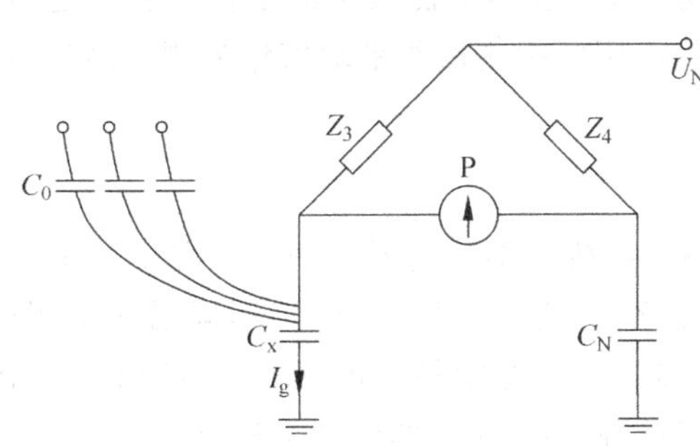

图 4-9　电场干扰示意图

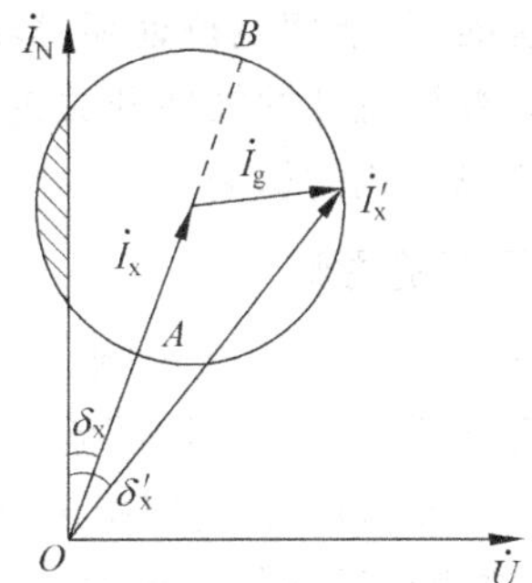

图 4-10　有电场干扰时的相量图

为避免干扰，最根本的办法是尽量离开干扰源或者加电场屏蔽，即用金属屏蔽罩或网将被试品与干扰源隔开，并将屏蔽罩与电桥本体相连，以消除 C_0 的影响。但在现场中往往难以实现。对于同频率的干扰，还可以采用移相法或倒相法消除或减小对 $\tan\delta$ 的测量误差。

移相法是工程中常用的消除干扰的有效方法，它主要是利用移相器来改变试验电源的相位，从而使被试品中的电流 I_x 与 I_g 同相或反相。此时 $\delta_x=\delta'_x$，因此测出的是真实的 $\tan\delta$ 值(即 $\tan\delta=\omega C_4R_3$)。通常在试验电源和干扰电流同相和反相两种情况下分别测两次 $\tan\delta$ 值，然后取其平均值。而正、反相两次所测得的电流分别为 I_{OA}、I_{OB}，因此被试品电容的实际值也应为正、反相两次测得的平均值。

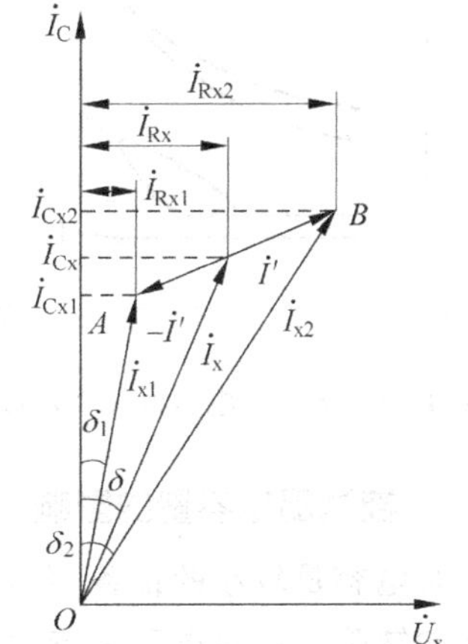

图 4-11　用倒相法消除干扰的相量图

倒相法是移相法中的一种特殊情况，测量时将电源正接和反接各测一次，得到两组测量结果 C_1、$\tan\delta_1$ 和 C_2、$\tan\delta_2$，根据这两组数据计算出电容 C_x、$\tan\delta$。为了便于分析，假设电源的相位不变，而干扰的相位改变 180°，所得到的结果与干扰相位不变而电源相位改变 180°是完全一致的，由图 4-11 可得：

$$\tan\delta=\frac{C_1\tan\delta_1+C_2\tan\delta_2}{C_1+C_2} \tag{4-12}$$

$$C_x=\frac{C_1+C_2}{2} \tag{4-13}$$

当干扰较弱时(即 $\tan\delta_1$ 与 $\tan\delta_2$ 相差不大，C_1 与 C_2 也相近)，式(4-12)可简化为

$$\tan\delta = \frac{\tan\delta_1 + \tan\delta_2}{2} \tag{4-14}$$

2. 外界磁场的干扰

如果试验现场有母线电抗器、通信滤波器和其他漏磁通较大的设备，则电桥受到磁场的干扰，有可能在电桥闭合环路内引起感应电动势和感应环流，因而造成测量误差。为此，在设计电桥时，要尽可能布置紧凑，以缩小环路，减小磁场干扰，理想情况下是将测量部分屏蔽起来，但是想把整个测量臂都用笨重的铁磁体屏蔽起来实际上是不可能做到的。在现场遇到磁干扰时，只能使电桥远离磁场或转动电桥方向，以求得干扰最小的方位。若不能做到，还可以改变检流计的极性开关进行两次测量，然后用两次测量的平均值作为测量结果，以此来减小磁场干扰的影响。

3. 温度的影响

温度对 $\tan\delta$ 有直接影响，影响的程度随材料、结构的不同而异。一般情况下，$\tan\delta$ 是随温度上升而增加的。现场试验时，设备温度是变化的，为便于比较，应将不同温度下测得的 $\tan\delta$ 值换算至 20℃。应当指出，由于被试品真实的平均温度很难准确测定，换算方法也不很准确，故换算后往往有很大误差，因此，应尽可能在 10～30℃的温度下进行测量。

4. 试验电压的影响

一般来说，良好的绝缘在额定电压范围内，$\tan\delta$ 值几乎保持不变，仅在电压很高时才略有增加，如图 4-12 中的曲线 1 所示。当绝缘内部有缺陷时，当所加电压不足以使气隙发生电离时，其 $\tan\delta$ 值与电压的关系跟良好绝缘相比较没有差别，但是当外加电压升高到能够引起气隙电离或发生局部放电时，$\tan\delta$ 值开始随电压的升高而迅速增大，电压回落时的电离要比电压上升时更强一些，因而出现闭环曲线，如图 4-12 中的曲线 2 所示。曲线 3 是绝缘受潮的情况，在较低电压下，$\tan\delta$ 已较大，随电压的升高，$\tan\delta$ 继续增大，在逐步降压时，由于介质损失的增大已使介质发热温度升高，所以 $\tan\delta$ 不能与原数值重合，而以高于升压时的数值下降，形成开口环状曲线。

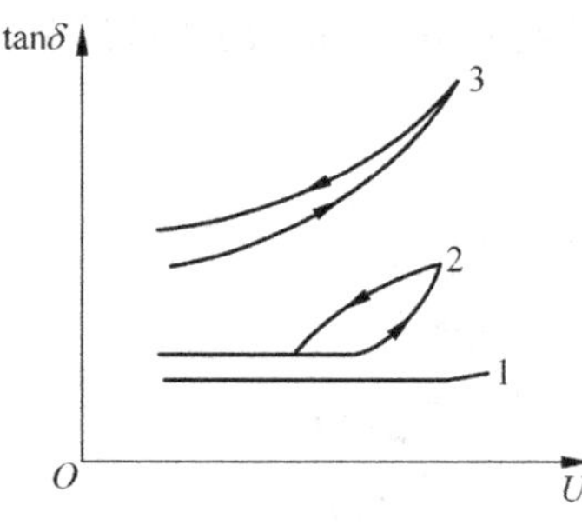

图 4-12 $\tan\delta$ 与电压的关系曲线

5. 被试品电容量的影响

对电容量较小的设备(套管、互感器等)，测量 $\tan\delta$ 能有效地发现局部集中性和整体分布性的缺陷。但对电容量较大的设备(如大中型发电机、变压器、电力电缆、电力电容器等)，测量 $\tan\delta$ 只能发现绝缘的整体分布性缺陷，因为局部集中性的缺陷所引起的损失增加仅占总损失的极小部分，因此用测量 $\tan\delta$ 的方法来判断设备的绝缘状态就很不灵敏了。对于可以分解为几个彼此绝缘的部分的被试品，应分别测量其各个部分的 $\tan\delta$ 值，这样能更有效地发现缺陷。

6. 被试品表面泄漏电流的影响

被试品表面泄漏可能影响反映被试品内部绝缘状况的 $\tan\delta$ 值。在被试品的 C_x 小时需特别注意。为了消除或减小这种影响，测试前应将被试品表面擦干净，必要时可加屏蔽。

4.4　局部放电的测量

常用的固体绝缘介质不可能十分纯净、致密，总会不同程度地包含一些分散性异物(如杂质、水分、气泡等)。由于这些异物的电导和介电常数与绝缘介质有很大不同，所以在外加电压作用下，这些异物附近会具有比周围更高的电场强度。当外加电压升高到一定数值时，外界场强超过了该物质的电离场强，该物质就会首先发生放电，产生局部放电。由于局部放电是分散发生在极其微小的空间内的，因此短期内基本不影响当时整体绝缘的击穿性能。但是局部放电所产生的带电粒子会反复冲击绝缘介质，使绝缘介质逐渐分解，产生导电性和化学活性的物质，使绝缘介质被氧化、腐蚀。同时该处的局部电场畸变得更强烈，进一步加剧局部放电强度。局部放电处也可能会产生局部高温，使绝缘介质老化和被破坏，发展到一定程度就可能会导致绝缘介质的击穿。因此，监测绝缘介质在不同电压下局部放电强度及其规律就能判断绝缘内部是否存在局部缺陷，预示绝缘的状况，估计绝缘电老化速度。

4.4.1　测量的基本原理

如图 4-13(a)所示，在固体或液体电介质内部某处存在一个气隙或气泡，C_g 为该气隙的电容，C_b 为与该气隙串联的绝缘部分的电容，C_a 为其余完好绝缘部分的电容，由此可得其等值电路如图 4-13(b)所示。其中 g 为放电间隙，Z 为对应于气隙放电脉冲频率的电源阻抗。在电源电压 $u=U_m\sin\omega t$ 的作用下，C_g 上分到的电压为

$$u_g = \frac{C_b}{C_b + C_g} U_m \sin\omega t \tag{4-15}$$

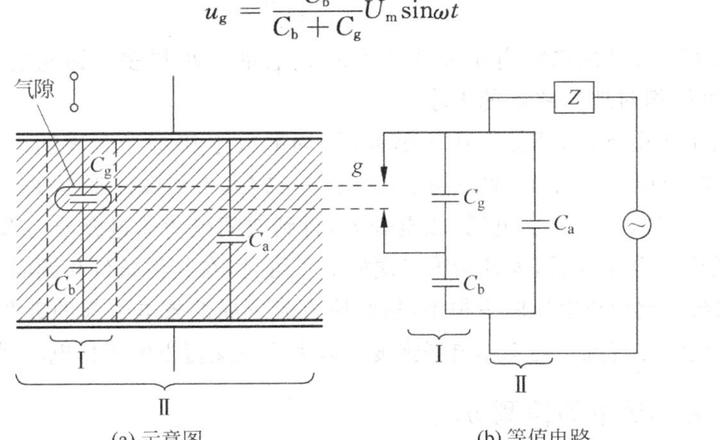

图 4-13　绝缘内部气隙局部放电的等值电路

如图 4-14(a)中虚线所示，当 u_g 达到该气隙的放电电压 U_s 时，气隙内发生火花放电，放电产生的空间电荷建立反电场，使 C_g 上的电压急剧下降到 U_f 时火花熄灭，完成一次局部放电。随着外加电压的继续上升，C_g 重新获得充电，当 u_g 达到 U_s 时，气隙发生第二次放电，以此类推。气隙每放电一次，其电压瞬间下降 $\Delta U_g = U_s - U_f$，同时产生一个对应的局部放电电流脉冲。由于发生一次局部放电过程的时间周期很短，约 10^{-8}s 数量级，可以认为是瞬

时完成的，故放电脉冲电流表现为与时间轴垂直的一条直线，如图 4-14(b)所示。

气隙放电时，其放电电荷量为

$$q_r = \left(C_g + \frac{C_a C_b}{C_a + C_b}\right)\Delta U_g \tag{4-16}$$

因为当气泡极小时，$C_a \gg C_b$，所以有：

$$\begin{aligned} q_r &= (C_g + C_b)\Delta U_g \\ &= (C_g + C_b)(U_s - U_f) \end{aligned} \tag{4-17}$$

式中：q_r 为实际放电量，因 C_g、C_b 等在实际中无法测定，因此 q_r 很难测得。

由于气隙放电引起的电压变动 ΔU_g 将按反比分配在 C_a 和 C_b 上(因从气隙两端看，C_a 和 C_b 串联连接)，因而 C_a 上的电压变动 ΔU_a 为

$$\Delta U_a = \frac{C_b}{C_a + C_b}\Delta U_g \tag{4-18}$$

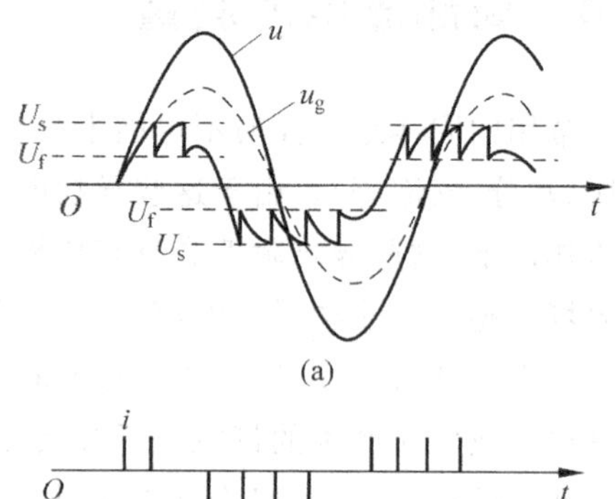

图 4-14 局部放电时的电压电流变化曲线

即当气隙放电时，被试品两端的电压会下降 ΔU_a，这相当于被试品放掉电荷 q，而：

$$q = \left(C_a + \frac{C_g C_b}{C_g + C_b}\right)\Delta U_a$$

因为当气泡极小时，$C_g \gg C_b$，所以有：

$$q = (C_a + C_b)\Delta U_a = C_b \Delta U_g = C_b(U_s - U_f) \tag{4-19}$$

式中：q 为视在放电量，通常以它作为衡量局部放电强度的一个重要参数。比较式(4-17)和式(4-19)可得：

$$q = \frac{C_b}{C_g + C_b} q_r \tag{4-20}$$

由于 $C_g \gg C_b$，所以视在放电量 q 要比实际放电量 q_r 小得多。因它们之间存在比例关系，因而 q 值可以相对地反映 q_r 的大小。

在交流电压作用下，当外加电压足够高时，局部放电在每半个周期内可以重复多次出现；而在直流电压作用下，情况就不同了，这时电压的大小和极性都不变，一旦气隙被击穿，空间电荷会在气隙内建立起反电场，放电熄灭，直到空间电荷通过介质内部电导相互中和而使反电场削减到一定程度后，才开始第二次放电。可见，在其他条件相同时，直流电压下单位时间的放电次数要比交流电压时少很多，从而使直流下局部放电引起的破坏作用也远较交流下小。这也是绝缘在直流下的工作电场强度可以大于在交流下的工作电场强度的原因之一。

4.4.2 局部放电的检测方法

电气设备绝缘内部发生局部放电时将伴随着出现许多现象，有些属于电现象，如产生电脉冲、介质损耗增大、电磁波辐射等。有些属于非电现象，如光、热、噪声、气压变化和化学变化等。可以利用这些现象对局部放电进行检测，根据被检测量的性质不同，局部放电的检测方法可分为非电检测法和电气检测法两大类。通常情况下，非电检测法的灵敏度较低，即只能判断是否存在局部放电，多用于定性检测。目前应用较广泛的是电气检测法，特别是测量绝缘内部气隙发生局部放电时所产生的电脉冲，不仅可以灵敏地检测出介质是否发生局部放电，还可以对具体的放电强弱程度进行判定。

1. 非电检测法

(1) 光检测法。利用光电式传感器对局部放电产生的光进行测定，以此来确定发生局部放电的位置及其发展过程。该方法灵敏度较低，局限性较大，适宜于暴露在外表面的电晕放电和沿面放电的检测。对于发生于绝缘介质内部的局部放电，只有介质透明时才能检测到。

(2) 热检测法。一般情况下，局部放电会伴随一定的发热现象产生，故障较严重时，局部热效应明显。可用预先埋入介质的热电偶传感器来测量各点温升，以此来确定发生局部放电的部位。这种方法灵敏度不高，因而已经很少在现场使用。

(3) 超声波法。利用超声波传感器来测定局部放电产生的超声波，可以分析放电的位置和放电的程度。该方法较简单，具有一定的抗干扰性，但灵敏度较低。为获得较准确的测量效果，通常需配合电气检测法使用，使两种方法的优点互补。

(4) 测分解物法。在局部放电作用下，可能有各种分解物或生成物出现，可以用各种色谱分析及光谱分析来确定各种分解物或生成物的成分和含量，从而判断设备内部隐藏的缺陷类型和强度。

2. 电气检测法

(1) 介质损耗法。局部放电会伴随能量损耗的产生，可以用西林电桥来测量被试品的 $\tan\delta$ 值随外加电压的变化，由局部放电能量损耗变化来分析被试品的绝缘状况。

(2) 无线电干扰测量法。可以利用无线电干扰仪测量局部放电的脉冲信号，该方法已列入 IEC 标准中，其灵敏度也较高。

(3) 脉冲电流法。如前所述，局部放电会使被试品两端出现电压脉动，并在检测回路中引起高频脉冲电流，因此在测量回路中的检测阻抗上就可获得代表局部放电的脉冲信号，从而进行测量。这种方法测量的是被试验品的视在放电量，其灵敏度较高，是目前国际电工委员会推荐的局部放电测试通用方法之一。

图 4-15 所示为两种测量局部放电的基本回路，它们都是将一定电压作用下的被试品 C_x 中产生的局部放电电流脉冲传递到检测阻抗 Z_m 的两端，然后把 Z_m 上的电压进行放大后送至测量仪器 M 进行测量。图中 C_x 为被试品，C_k 为耦合电容，它为被试品 C_x 与检测阻抗 Z_m 之间提供一条低阻抗通路，当 C_x 发生局部放电时，脉冲信号立即耦合到 Z_m 上，同时对电源的工频电压起隔离作用，从而大大降低作用于 Z_m 上的工频电压分量。为真正检测到 C_x 产生的局部放电，要求 C_k 内部不能有局部放电。Z 为低通滤波器，它可以让工频高电

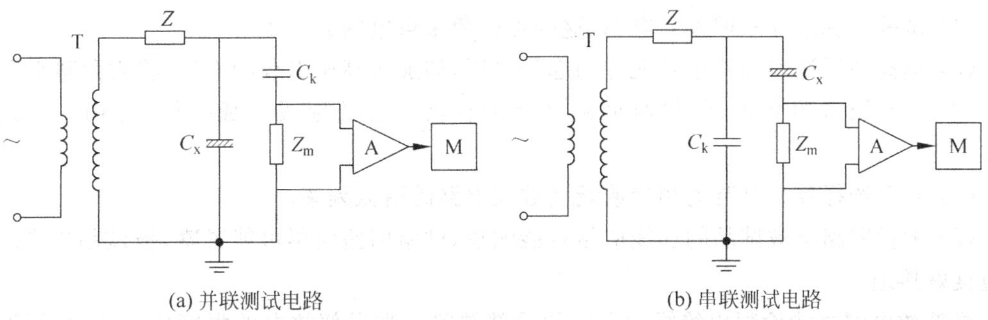

(a) 并联测试电路　　(b) 串联测试电路

图 4-15　测量局部放电的基本回路

压作用到被试品上去，同时又能阻止高压电源中的高频分量对测试回路产生干扰，也能防止局部放电脉冲分流到电源中去。一般希望 C_k 不小于 C_x 以增大检测阻抗上的信号。同时 Z 应比 Z_m 大，使 C_x 中发生局部放电时，C_x 与 C_k 之间能较快地转移电荷，而从电源重新补充电荷的过程减慢，以提高测量的准确度。

图 4-15(a)中被试品与检测阻抗并联，称为并联法，该接线适合于被试品一端接地的情况，它的优点是流过 C_x 的工频电流不流过 Z_m，在 C_x 较大的场合，这一优点尤为重要。图 4-15(b)中被试品与检测阻抗串联，称为串联法，适合于被试品两端都不接地的情况，不适用于现场试验。并联法和串联法均属于直接法，其缺点是抗干扰能力较差。为了提高抗干扰能力，可以采用图 4-16 所示的桥式测量电路。此时被试品 C_x 和耦合电容 C_k 的低压端均对地绝缘，检测阻抗 Z_{mx} 与 Z_{mk} 分别接在 C_x 和 C_k 的低压端与地之间。此时测量仪器 M 测得的是 Z_{mx} 与 Z_{mk} 上的电压差。与直接法相比，平衡法抗干扰能力好，因为外部干扰源在 Z_{mx} 与 Z_{mk} 上产生的干扰信号基本上相互抵消，而在 C_x 发生局部放电时，放电脉冲在 Z_{mx} 与 Z_{mk} 上产生的信号却是相互叠加的。

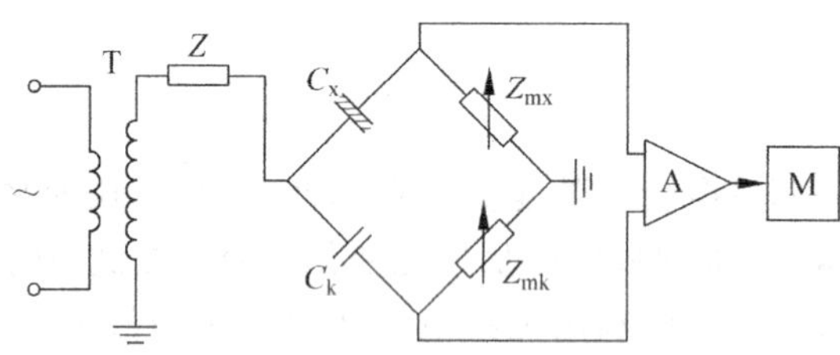

图 4-16 桥式测量电路

4.4.3 测量时的注意事项

电磁干扰严重影响局部放电测量，如不加以抑制，则可能得到错误的结论。一般可将干扰分为内部干扰和外部干扰两类。由高压试验回路本身引起的干扰称为内部干扰，如回路中某元件或高压引线发生电晕放电时引起的干扰。来源于高压试验回路以外的干扰称为外部干扰，如无线电在测量装置放大器上产生的固有噪声、来自供电网络的高频电流等。为避免干扰，可采取以下措施。

(1) 选用没有内部放电的试验变压器和耦合电容器，外露电极应有合适的屏蔽罩。

(2) 选用抗干扰能力强的测量回路，如平衡法测量回路。

(3) 对测量线路进行屏蔽，有条件时可将整个试验回路置于屏蔽室内进行测量。

(4) 试验电源最好采用独立电源，这样可避免来自电网的干扰。

(5) 提高高压试验回路中各元件的起晕电压，如加大高压引线的直径，将尖角整平等。

(6) 将高压试验变压器、检测回路和测量仪器三者的地线连成一体，并用一根地线相连。

(7) 合理选择放大电路的频带或调谐放大电路的谐振频率。

(8) 测量回路与被试品的连线应尽可能缩短，试验回路应尽可能紧凑，被试品周围的物体应良好接地。

局部放电测试能检测出绝缘中存在的局部缺陷。当局部放电的强度比较小时，说明缺陷不太严重，局部放电的强度比较大时，则说明缺陷已扩大到一定程度，而且局部放电对绝缘的破坏作用加剧。试验规程规定了某些设备在规定电压下的允许视在放电量，可将测量结果与规定值进行比较。如规程中没有给出规定值，则应在实践中积累数据，以获取判断标准。

习题

4-1　测量绝缘电阻时，什么情况下应考虑使用屏蔽环？

4-2　测量绝缘电阻能发现哪些绝缘缺陷？比较它与测量泄漏电流试验项目的异同。

4-3　画出进行泄漏电流测量时微安表的保护电路，并分析其保护原理。

4-4　简述西林电桥的工作原理。西林电桥测量 $\tan\delta$ 时有几种接线方式？各适用于什么场合？

4-5　简述局部放电测试的原理和测量方法。

第5章

高压试验设备及高电压的测量

高压试验设备是指产生交流、直流以及冲击等各种高电压的试验设备，它们产生的各种波形的高电压可用来模拟电气设备在运行中可能受到的各种作用电压，进行绝缘的耐压试验以检验绝缘耐受这些高电压作用的能力。

高电压的测量难度较大，对应于不同的测试对象有不同的测试方法。

5.1 工频高压试验设备及其测量

工频耐压试验是鉴定电气设备绝缘强度最有效和最直接的方法，它可以用来确定电气设备绝缘的耐受水平，可以判断电气设备能否继续运行。它是避免在运行中发生绝缘事故的重要手段。工频耐压试验时，对电气设备绝缘施加比工作电压高得多的试验电压，这些试验电压称为电气设备的绝缘水平。为避免试验时损坏设备，工频耐压试验必须在一系列非破坏性试验之后再进行，只有经过非破坏性试验合格后才允许进行工频耐压试验。

作为基本试验的工频耐压试验，如何选择恰当的试验电压是一个重要的问题，若试验电压过低，则设备绝缘在运行中的可靠性也降低，在过电压作用下发生击穿的可能性增加。若试验电压过高，则在试验时发生击穿的可能性增加，从而增加检修的工作量和检修费用。一般考虑到运行中绝缘的老化和累积效应、过电压的大小等，对不同的设备需要区别对待，这主要由运行经验决定，我国有关国家标准对各类电气设备的试验电压都有具体规定。

5.1.1 交流高压试验设备

交流高压试验设备主要指用于高压试验的特制变压器，即高压试验变压器。本小节除介绍高压试验变压器外，还介绍高压串联谐振试验装置。

1. 高压试验变压器

高压试验变压器的额定电压很高，容量不大，所以，从外观上看它的油箱体积不大，但是高压套管却比较高大。按照高压套管的数量，可以将高压试验变压器分为两种类型，一种是如图5-1(a)所示的单套管型，其高压绕组一端接地，另一端输出额定电压。这时其高压绕组和套管对铁心和油箱的绝缘均按额定电压要求来设计。另一种是如图 5-1(b)所示的双套管型,其高压绕组中点与铁心、油箱相连,两端各经一个套管引出,也是一端接地,另一端输出额定电压。但需要引起注意的是,此时铁心和油箱对地电压均升高为 0.5 倍额定电压,所以油箱不能放在地上,必须按 0.5 倍额定电压对地绝缘起来。采用双套管型的好处是可以用两个额定电压只有 $0.5U$ 的套管代替一个额定电压为 U 的套管,用油箱外部的绝缘支柱来减轻变压器和套管的制造难度和价格。单套管试验变压器额定电压一般不超过 250～300kV,而双套管试验变压器最高额定电压可达到 750kV。

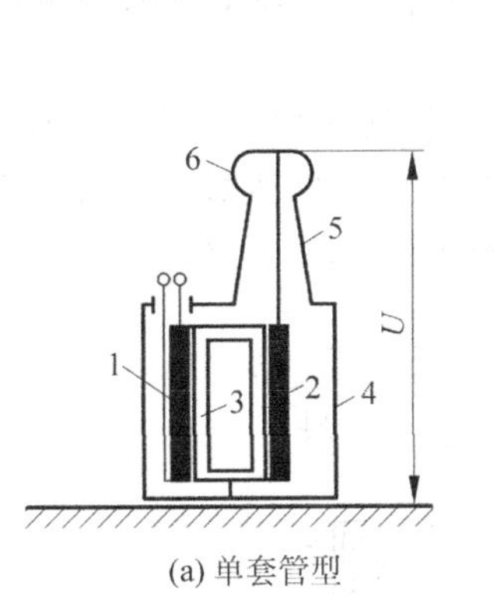

(a) 单套管型

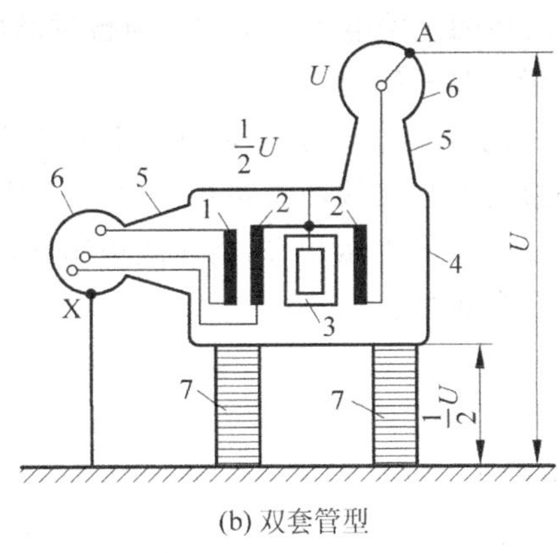

(b) 双套管型

图 5-1　高压试验变压器结构图

1—低压绕组；2—高压绕组；3—铁心；4—油箱；5—套管；6—屏蔽极；7—绝缘支柱

高压试验变压器进行试验时的接线如图 5-2 所示。通常被试验品都是电容性负载,试验时电压应从零开始逐渐升高。如果在工频试验,变压器一次绕组上不是由零逐渐升压,而是突然加压,则由于励磁涌流,会在试品上出现过电压。如果在试验过程中突然将电源切断,这时相当于切除空载变压器,也会引起过电压,因此必须通过调压器逐渐升压和降压。图中 T_1 为调压器,用来调节试验变压器的输入电压。T_2 为试验变压器,用来升高电压。C_x 为被试品。F 为保护球隙,用来限制试验时可能产生的过电压,以保护被试品。R 为球隙保护电阻,用来限制球隙击穿时流过球隙的短路电流,以保护球隙不被灼伤,一般取 0.1～0.5Ω/V。r 为保护电阻,用来限制被试品突然击穿时在试验变压器上产生的过电压及限制流过试验变压器的短路电流,一般取用 0.1～1Ω/V。

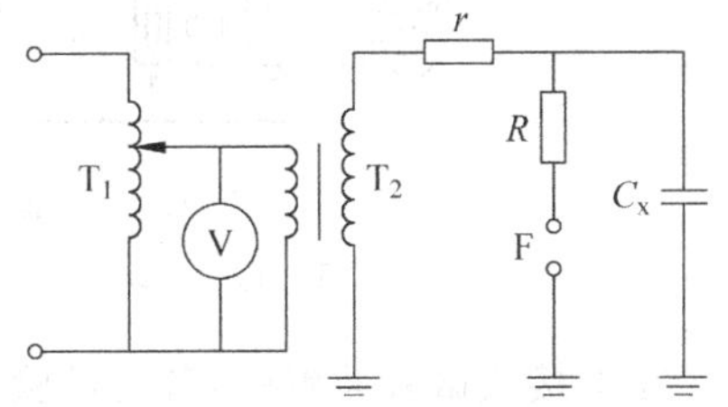

图 5-2　工频耐压试验接线图

高压试验变压器一般都是单相的,在原理上与电力变压器并无区别,但由于使用中的特殊要求,所以在结构和性能上有以下特点。

(1) 电压高,其高压绕组的额定电压应不小于被试品的试验电压值。

(2) 绝缘裕度小,只在试验条件下工作,不会遭受雷电过电压及电力系统内部过电压的作用。

(3) 连续运行时间短,发热较轻,不需要复杂的冷却系统,但由于其绝缘裕度小,散热条件又差,所以一般不允许在额定电压下长时间连续使用。

(4) 漏抗较大,高压试验变压器变比大,高压绕组电压高,所以需用较厚的绝缘层和较宽的间隙距离,漏抗较大。

(5) 容量小,被试品的绝缘一般为电容性的,在试验中,被试品放电或击穿前,试验变压器只需要为被试品提供电容电流和泄漏电流。如果被试品被击穿,开关立即切断电源,不会出现长时间的短路电流。所以试验变压器的容量一般不大,可按被试品的电容来确定,即:

$$S = 2\pi f C_x U^2 \times 10^{-3} \tag{5-1}$$

式中:U 为被试品的试验电压,kV; C_x 为被试品的电容,μF; f 为电源的频率,Hz; S 为试验变压器的容量,kV·A。

当需要更高的输出电压时,可将多台试验变压器串接起来使用。图 5-3 所示为常用的试验变压器串接的原理接线图。各台试验变压器高、低压绕组的匝数分别对应相等,故各台试验变压器高压绕组的电压相等,高压绕组串联起来输出高电压。这里,后级变压器的励磁电流由前级变压器提供。

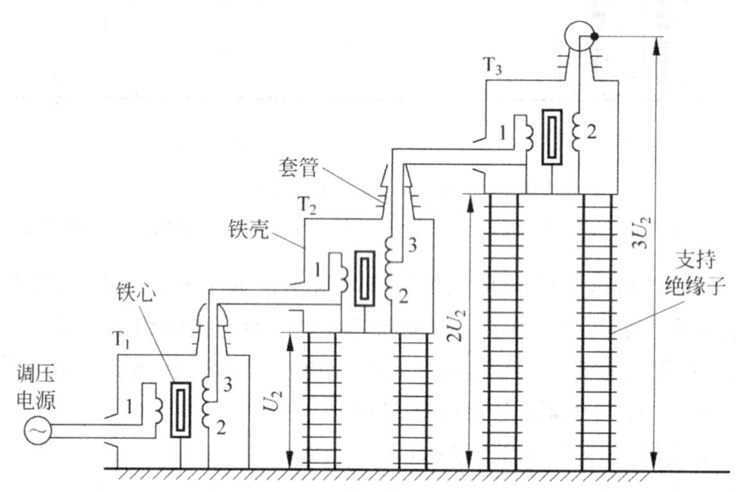

图 5-3 累接式串接试验变压器的原理接线

T_1、T_2、T_3—三级试验变压器; 1—低压绕组; 2—高压绕组; 3—累接绕组

在串接式试验装置中,各台试验变压器高压绕组的容量是相同的,但各低压绕组和累接绕组的容量并不相同。设该试验变压器串接装置的额定试验容量为 $3U_2I_2$,则最高一级变压器 T_3 的高压绕组额定电压为 U_2,额定电流为 I_2,T_3 的额定容量为 U_2I_2。中间级变压器 T_2 的额定容量应为 $2U_2I_2$,这是因为 T_2 除了要提供负荷所要求的 U_2I_2 容量外,还需要供给变压器 T_3 的励磁容量 U_2I_2。同理,第一级变压器 T_1 应具有的额定容量为 $3U_2I_2$,所以每级变压器的装置容量是不相同的。如上所述,当串级数为 3 时,试验变压器串级装置的输出额定容量为 $S_{输出}=3U_2I_2$,而试验变压器串级装置的装置总容量应为各变压器容量之和,即 $S_{总}=6U_2I_2$。由此可见,三级串接的试验变压器串级装置的利用系数为 50%。若串接台数为 n,则总输出容量为 nS_n,总的装置容量为

$$S_{总} = S_n + 2S_n + \cdots + nS_n = \frac{n(n+1)}{2}S_n \tag{5-2}$$

则 n 级串接装置容量的利用系数为

$$\eta=\frac{S_{输出}}{S_{总}}=\frac{nS_n}{\frac{n(n+1)}{2}S_n}=\frac{2}{n+1} \tag{5-3}$$

可见，随着试验变压器串接台数的增加，利用率降低。实际中，串接的试验变压器台数一般不超过三台。由图5-3还可看出，T_2、T_3的外壳对地电位分别为U_2和$2U_2$，因此二者应分别用具有相应绝缘水平的绝缘支架或支柱绝缘子支撑起来，保持对地绝缘。

2. 高压试验变压器的调压装置

高压试验变压器的调压装置应能从零值平滑地改变电压，最大输出电压应等于或稍大于试验变压器初级额定电压，输出波形应尽可能接近正弦波，漏抗应尽可能小，使调压器输出电压波形畸变小。常用的调压装置有自耦调压器、移圈式调压器、感应调压器和电动发电机组。

1）自耦调压器

自耦调压器的接线原理如图5-4所示，它实际上就是自耦变压器，只是它的二次侧电压抽头是不固定的，而是用滑动碳刷触头或滚动触头沿着绕组移动。小容量的自耦调压器容量一般≤20kV·A。用碳刷触头调压实际是分级调压，只不过每级分得较细，每级电压的变化不超过2%。这种小容量调压器价格不贵、携带方便、漏抗小、波形较好，在小容量试验中大量采用。用油绝缘的自耦调压器，容量可达50kV·A至几百千伏安。新型产品采用特殊的滚动触头调压。调压过程不产生火花。输出电压在50%额定电压以上时阻抗电压较低，输出电压波形畸变小，输出电压与输入电压同相位。

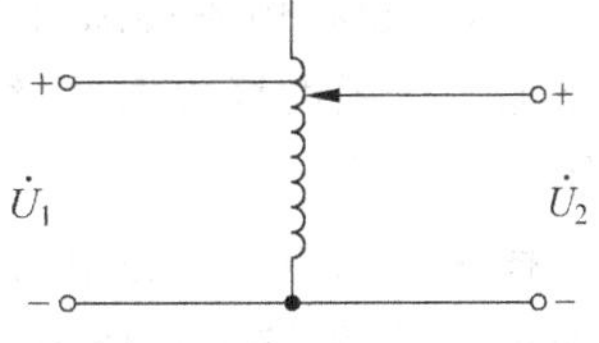

图5-4　自耦调压器接线原理

2）移圈式调压器

移圈式调压器的接线原理如图5-5(a)，结构如图5-5(b)所示。图中线圈C和D匝数相等而绕向相反，两线圈互相串联。线圈K是一个短路线圈，它套在线圈C和D之外，可以上下移动，由此而起调节电压的作用。K的匝数与C和D相同。

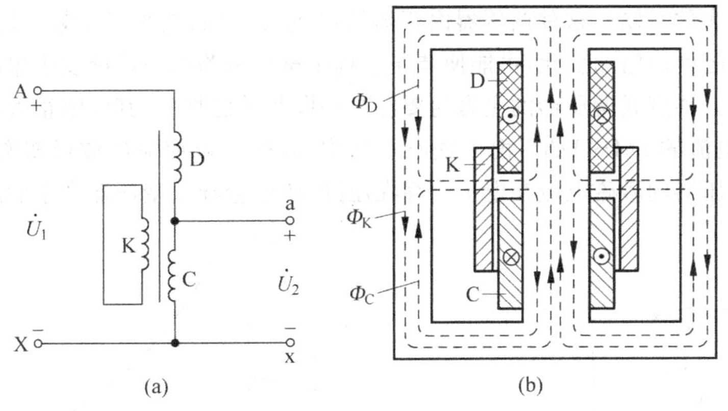

图5-5　移圈式调压器接线原理及结构

当AX端加上电源电压U_1后，假若不存在短路线圈K，则线圈C和D的电压降各为$U_1/2$。由于绕组相反，它们所产生的主磁通Φ_C和Φ_D的方向也相反，Φ_C和Φ_D只能分别穿过非导磁材料（干式主要是空气，油浸式则为油介质）自成闭合磁路，如图5-5(b)所示。现在线圈C、D旁还存在短路线圈K，当K的位置偏于一边时，主磁通Φ_C和Φ_D将分别在K中产生方向和大小都不相等的电动势，并在 K 中流过某一短路电流，此电流在铁心中产生闭合的磁通 Φ_K，Φ_K 也会在线圈 C 和 D 产生感应电动势，此感应电动势的方向和大小随 K 的位置变化而改变。如果在图 5-5 中移 K 至最下端，可认为这时只有线圈 C 的磁通 Φ_C 与 K 相交链，而线圈 D 的磁通 Φ_D 几乎不与 K 交链。因此，K 所产生的磁通 Φ_K 几乎与 Φ_C 大小相等方向相反，所以 Φ_K 在 C 中感应产生的电动势几乎与 C 中的原电动势数值相等而方向相反。因此这时在 C 上几乎没有电压降落，电源电压 U_1 几乎完全降落在线圈 D 上。与不存在 K 的情况相比，此时 K 所产生的磁通 Φ_K 起了加强 Φ_D 的作用。由接线图 5-5(a)可见，这时输出端 ax 上的电压 $U_2=0$。当短路线圈 K 移至最上端时，Φ_K 几乎和 Φ_D 大小相等而方向相反，所以 Φ_K 将在线圈 D 上产生一个感应电动势，它几乎和线圈 D 的原电动势大小相等方向相反。电源电压 U_1 几乎全部降在线圈 C 上，输出端 ax 间的电压 $U_2 \approx U_1$。当线圈 K 处于 C 与 D 的正中央时，由于 Φ_C 和 Φ_D 在 K 中产生的感应电动势大小相等方向相反，K 中不存在短路电流，所以不会产生 Φ_K，此时与不存在 K 的情况一样，输出端 ax 上的电压 $U_2 = U_1/2$。由上述过程可见，当短路线圈 K 由最下端连续而平稳地向上移动至最上端时，ax 端上的输出电压 U_2 也将由零逐渐升至电压的最大值。如果希望 U_2 的调节值超过 U_1，则可在线圈 C 上增加一个辅助线圈 E，主线圈 C 和线圈 E 之间可以相互自耦连接，构成自耦变压器关系，如图 5-6 所示。

移圈式调压器短路电抗不是固定数值，它随短路线圈 K 的位置不同而在很大范围内发生变化，所以短路电抗值与输出电压相关。如图 5-6 所示的调压器，其短路电抗就是 C 和 E 之间的漏抗加上线圈 D 的感抗。当短路线圈 K 处于最下位置即输出电压为零时，D 的感抗最大，这时即使把输出端 ax 短路，一次侧电流也不大，只有额定电流的几分之一，这表明调压器的短路等效电抗很大。随着短路线圈 K 向上移，D 的感抗减小，短路电抗也减小。当 K 处于最上端，即处在输出电压为最大值的位置时，D 的感抗最小，此时等效短路电抗也为最小。一台移圈式调压器的短路电抗与输出电压的关系曲线如图 5-7 所示，图中 $U_K\%$ 为短路电压(抗)的标幺值，S 为线圈 K 的行程，$S=1$ 相当于 K 处于最上端(见图 5-6 中)，即相当于输出电压为最大的时候。这种调压器由于短路电抗大，因而减小了工频高压试验下的短路容量。短路电抗随调压值而变化，可能使调压过程中整个试验回路系统发生串联谐振，由此会形成过电压事故。移圈式调压器的主磁通要经过一段非导磁材料，其磁阻很大，因此空载电流很大，约为额定电流的 1/4～1/3。由于铁心不易饱和，这一点使输出波形畸变的因素有所减弱。但因试验变压器的激磁电流在电抗上存在压降，所以会导致变压器产生的波形有所畸变。

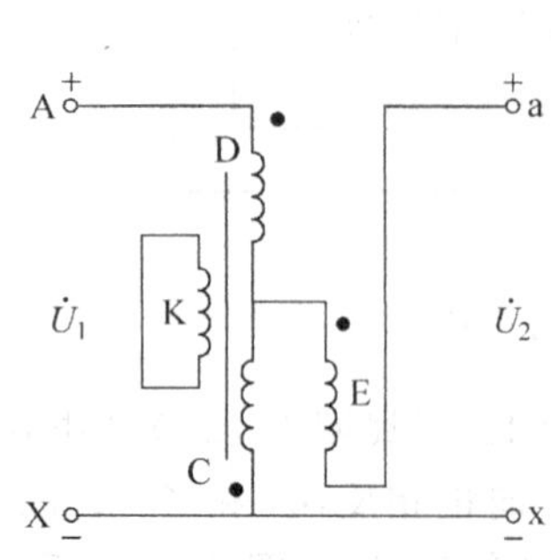

图 5-6 具有自耦辅助线圈的移圈式调压器

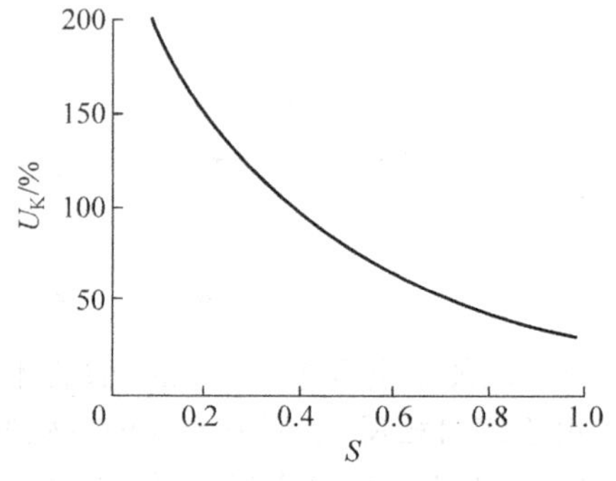

图 5-7 短路电压与线圈 K 行程 S 的关系曲线
(S=1 时输出电压为最大)

移圈式调压器没有滑动触头，容量能做得较大，容量范围可达几十千伏安到几千千伏安。目前我国已能生产 10kV/2500kV·A 的移圈式调压器，这种调压器的缺点之一是体积大。容量较大的移圈式调压器，常做成三个铁心，它们各有自己的线圈，三个短路线圈由同一个升降机构带动，可由一个电动机经蜗轮蜗杆来移动短路线圈。作为单相调压器使用时，三个一次侧线圈和三个二次侧线圈分别并联，三个线圈拆开可按星形连接作为三相调压器使用。

3）电动发电机组

由电动机带动同步发电机的转子旋转，通过调节发电机的激磁电流来调节发电机组的输出电压。这种方法的优点是可以均匀平滑地调压，可不受电网电压波动的影响，并可以供给正弦的电压波形(见图 5-8)。

采用电动发电机组时应注意下列几点。

(1) 为了供给正弦波形的电压波，发电机必须是特殊设计的正弦波发电机。

(2) 为了消除由于激磁的剩磁所引起的残压，使调压从零开始，最好采用跨接在恒定直流电源间的滑动式双电位计来调节激磁。

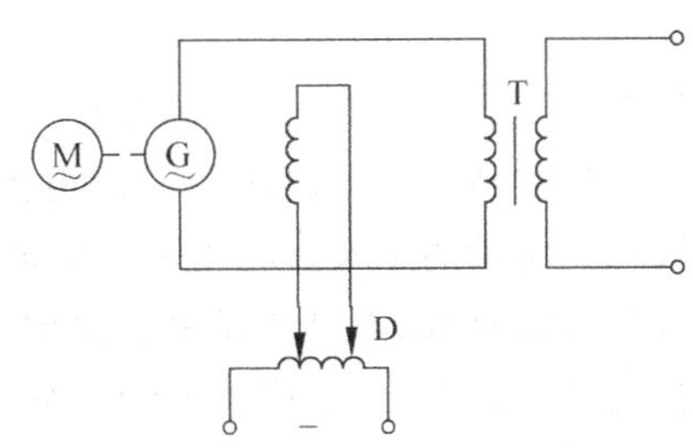

图 5-8　电动发电机组调压示意图

M—电动机；G—发电机；T—变压器；D—双电位计

(3) 一般情况下只需要单相发电机，但串级试验变压器有时可做三相运行，所以此时需要三相发电机。由于大多数情况下还是在单相运行，因此要求发电机不仅能满足串级试验变压器三相运行时的功率需要，还得满足单相运行时的功率需要。通常采用三相发电机两相运行，其两相运行时的输出容量为发电机额定容量的 $1/\sqrt{3}$，它应等于试验变压器的容量。

(4) 拖动发电机所用的电动机可分为异步电动机、同步电动机及直流电动机三种。如用异步电动机，就无法供给电网频率的输出电压，但其频率可接近电网频率；如用同步电动机，则频率受电网频率限制；如用直流电动机则可任意改变转速，获得所需的各种频率。

(5) 做高压试验时，发电机输出端常常为电容负荷，必须防止自激现象。由于容性负载电流大于一定值时，容性电流起助磁作用，虽然激磁电流并无增加，但发电机的输出电压却失去控制突然成倍上升，这种现象称为发电机自激。为避免发电机自激，在容性负载大时，可在发电机端并联补偿电抗器。在有电抗器补偿时，对容性试品来说，发电机容量可以选小一点，但其容量与电抗器容量之和仍不应小于变压器的额定容量。电动发电机组价格很贵，因此只有在对试验要求较高或有特殊要求的试验室里才采用这种调压装置。

3. 串联谐振试验装置

在现场耐压试验中，当被试品的试验电压较高或电容值较大，试验变压器的额定电压或容量不能满足要求时，可采用串联谐振试验装置进行试验。试验的原理接线图和等值电路如图 5-9 所示。等值电路中 R 为代表整个试验回路损耗的等值电阻，L 为可调电感和电源设备漏感之和，C 为被试品电容，U 为试验变压器空载时高压端对地电压。

当调节电感使回路发生谐振时，$X_L = X_C$，被试品上的电压 U_C 为

$$U_C = IX_C = \frac{U}{R}\frac{1}{\omega C} = \frac{1}{\omega CR}U = QU \tag{5-4}$$

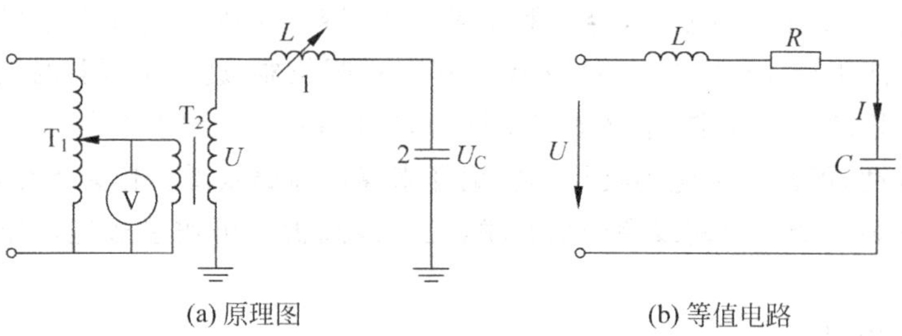

(a) 原理图　　(b) 等值电路

图 5-9　串联谐振试验的原理接线图和等值电路

1—外加可调电感；2—被试品

式中：Q 为谐振回路的品质因数，是谐振时感抗（容抗）与回路中电阻 R 的比，所以也有 $Q=\omega L/R$。

谐振时 ωL 远大于 R，即 Q 值较大，故用较低的电压 U 便可在被试品两端获得较高的试验电压。谐振时高压回路流过相同的电流 I，而 $U=U_C/Q$，所以试验变压器的容量在理论上仅需被试品容量的 $1/Q$。利用串联谐振电路进行工频耐压试验，不仅试验变压器的容量和额定电压可以降低，而且被试品击穿时，由于 L 的限流作用使回路中的电流很小，可避免被试品被烧坏。此外，由于回路处于工频谐振状态，电源中的谐波成分在被试品两端大为减小，故被试品两端的电压波形较好。

5.1.2　工频高电压的测量

在工频耐压试验中，试验电压的准确测量也是一个关键的环节。工频高压试验的测量应该既方便又能保证有足够的准确度，其幅值或有效值的测量误差应不大于 3%。测量工频高压的方法很多，概括起来可以分为两类：低压侧测量和高压侧测量。

1. 低压侧测量

低压侧测量的方法是在工频试验变压器的低压侧或测量线圈（一般工频试验变压器中设有仪表线圈或称测量线圈，它的匝数一般是高压线圈的 1/1000）的引出端接上相应量程的电压表，然后通过换算，确定高压侧的电压。在一些成套工频试验设备中，还常常把低压电压表的刻度直接用千伏表示，使用更方便。这种方法在较低等级的试验设备中应用很普遍。由于这种方法只是按固定的匝数比来换算的，实际使用中会有较大误差，一般在试验前应对高压与低压之比予以校验。有时也将此法与其他测量装置配合，用于辅助测量。

2. 高压侧测量

进行工频耐压试验时，被试品一般均属电容性负载，试验时的等值电路如图 5-10 所示。电路图中 r 为工频试验变压器的保护电阻，X_L 表示试验变压器的漏抗，C_x 为被试品的电容。在对重要设备、特别是容量较大的设备进行工频耐压试验时，由于被试品的电容 C_x 较大，流过试验回路的电流为一电容电流 I_C，I_C 在工频试验变压器的漏抗 X_L 上将产生一个与被试品上的电压 U_{Cx} 反方向的电压降落 $I_C X_L$，如图 5-11 所示，从而导致被试品上的电压比工频试验变压器高压侧的输出电压还高，此种现象称为容升现象，也称为电容效应。由于电容效应的存在，就要求直接在测试品的两端测量电压，否则将会产生很大的测量误差，也可能会人为造成绝缘损伤。被试品的电容量及试验变压器的漏抗越大，则电容效应越显著。

1）球隙

测量球隙是由一对相同直径的铜球构成。当球隙之间的距离 S 与铜球直径 D 之比不大时，两铜球间隙之间的电场为稍不均匀电场，放电时延很小，伏秒特性较平，分散性也较小。在一定的球隙距离下，球隙间具有相当稳定的放电电压值。因此，球隙不但可以用来测量交流电压的幅值，还可以用来测量直流高压和冲击电压的幅值。

测量球隙可以水平布置（直径 25cm 以下都用水平布置），也可以垂直布置。使用时，一般一极接地。测量球隙的球表面要光滑，曲率要均匀，对球隙的结构、尺寸、导线连接和安装空间的尺寸如图 5-12 所示。使用时下球极接地，上球极接高压。

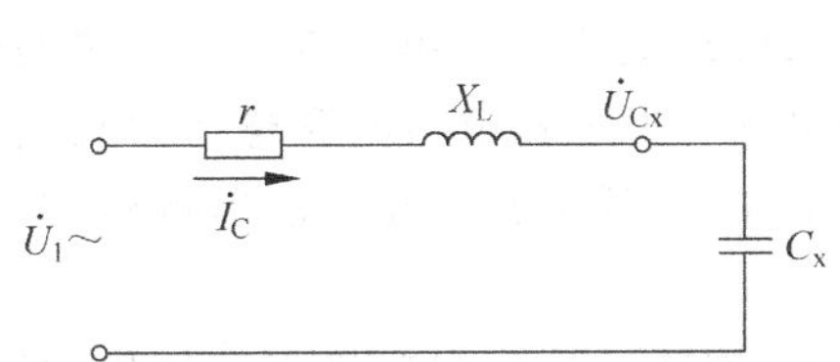

图 5-10　工频试验变压器耐压试验时的简化等值电路

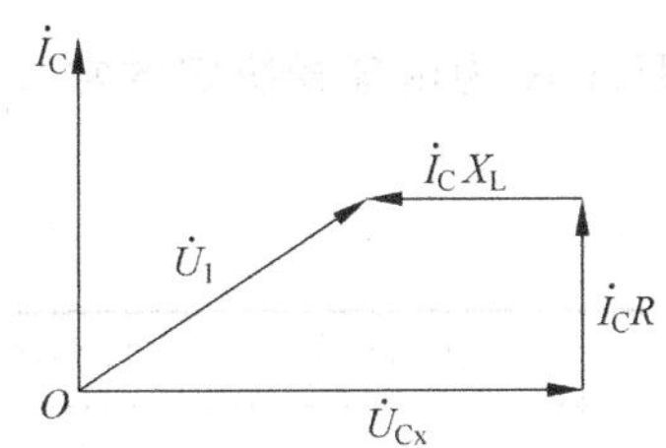

图 5-11　电容效应引起的电压升高

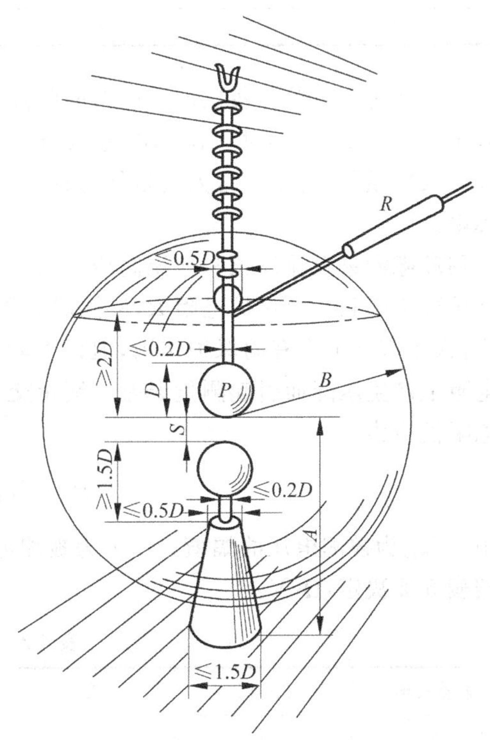

图 5-12　垂直球隙应保证的尺寸

P—高压球的放电点；R—球隙保护电阻

标准球径的球隙放电电压与球间隙距离的关系已制成国际通用的标准表（见附表 1、附表 2）。当 $S/D \leqslant 0.5$ 且满足其他有关规定时，用球隙测量的准确度可保持在±3%以内；当 S/D 为 0.5～0.75 时，其准确度较差，所以附表中的数值加括号；当 $S/D > 0.75$ 时，准确度更差，所以表中不再列出放电电压值。由此可见，测量较高的电压应使用直径较大的球隙。球隙放电点 P 对地面的高度 A 以及对其他带电或接地物体的距离 S 应满足表 5-1 的要求，以免影响球隙的电场分布及测量的准确度。

用球隙测量高压时，通过球隙保护电阻 R 将交流高电压加到测量球间隙上，调节球间隙的距离，使球间隙恰好在被测电压下放电，根据球隙距离 S、球直径 D，即可求得所加的交流高压值。由于空气中的尘埃或球面附着的细小杂物的影响（球隙表面需要擦干净），使球隙最初几次的放电电压可能偏低且不稳定。故应先进行几次预放电，最后取三次连续读数

表 5-1 球隙对地和周围空间的要求

球极直径 D/cm	A 的最小值	A 的最大值	B 的最小值
≤6.25	$7D$	$9D$	$14S$
10～15	$6D$	$8D$	$12S$
25	$5D$	$7D$	$10S$
50	$4D$	$6D$	$8S$
75	$4D$	$6D$	$8S$
100	$3.5D$	$5D$	$7S$
150	$3D$	$4D$	$6S$
200	$3D$	$4D$	$6S$

的平均值作为测量值。各次放电的时间间隔不得小于 1min，每次放电电压与平均值之间的偏差不得大于 3%。气体间隙的放电电压受大气条件的影响，附表中的击穿电压值只适用于标准大气条件，若测量时大气条件与标准大气条件不同，必须进行校正，以求得测量时的实际电压。

用球隙测量直流高压和交流高压时，为了限制电流，使其不致引起球极表面烧伤，必须在高压球极串联一个保护电阻 R，R 同时在测量回路中起阻尼振荡的作用。这个电阻不能太小，太小起不了应有的保护作用，但也不能太大，以免球隙击穿之前流过球隙的电容电流在电阻上产生压降而引起测量误差。测量交流电压时，这个压降不应超过 1%，由此得出保护电阻值应为

$$R = K\left(\frac{50}{f}\right)U_{\max} \tag{5-5}$$

式中：$U_{\max}$为被测电压的幅值，V；f 为被测电压的频率，Hz；K 为由球径决定的常数，其值可按表 5-2 决定，Ω/V。

表 5-2 K 的取值

球径/cm	2～15	25	50～75	100～150	170～200
K/(Ω/V)	20	5	2	1	0.5

2）高压静电电压表

加电压于两个相对的电极，由于两电极上分别充上异性电荷，电极就会受到静电力的作用。测量此静电力的大小，或是测量由静电力产生的某一极板的偏移（或偏转）来反映所加电压大小的表计称为静电电压表。早在 1884 年，凯尔文（Kelvin）就设计了以这种测量原理为基础的静电电压表。静电电压表已广泛应用于测量低电压，并且也用它直接测量稳态高电压。由于它的内阻极大，可以把它并在分压器的低压臂上，通过它的电压读数乘以分压比来测量高电压。

若有一对平板电极，电极间距离为 l，电容为 C，所加电压的瞬时值为 u，则此对极板间的电场能量 W 为

$$W = Cu^2/2 \tag{5-6}$$

当 C 的单位以 F 计，u 的单位以 V 计，则 W 的单位为 J。设所接电源的电压恒定，则按电工基础理论中常电位系统的分析法，当极板作无穷小的移动 $\mathrm{d}l$ 时，外源供给两份相等的

能量，一份用来增加电场能量 dW，另一份用来补偿电场做功的消耗 $f\mathrm{d}l$，故可得电极受到的作用力 f 为

$$f = \mathrm{d}W/\mathrm{d}l = 0.5u^2\mathrm{d}C/\mathrm{d}l \tag{5-7}$$

若所加电压 u 较快地作周期性变化，则在变化的一周期内，由于极板的惯性质量较大，极板的位置不会发生瞬间变化。在此条件下，一个周期 T 内，力的平均值 F 可通过下式表达：

$$F = \left(\int_0^T f\mathrm{d}t\right)\Big/T$$

将式(5-7)关系代入上式得

$$F = \frac{1}{2}\frac{\mathrm{d}C}{\mathrm{d}l}\left(\frac{1}{T}\int_0^T u^2\mathrm{d}t\right) \tag{5-8}$$

若 u 作正弦周期性变化，则根据电工原理，式(5-8)中括号内的值即为电压有效值 U 的平方。亦即

$$F = (U^2/2)(\mathrm{d}C/\mathrm{d}l) \tag{5-9}$$

在电极上加直流电压时，只要直流电压是十分平稳的，它的直流电压值就为 U，则所产生的力也可用式(5-9)来表达。若不是理想的直流电压，则式(5-9)中的 U 是它的方均根值。

在平板电极情况下，只要极板间确实为均匀电场，则 $\mathrm{d}C/\mathrm{d}l$ 很容易求出。若能测得 f，就可求出电压 U。在图 5-13 中，中心极板的有效面积为 S，其周围是为均匀电场而设置的屏蔽环，此时极板间电容为

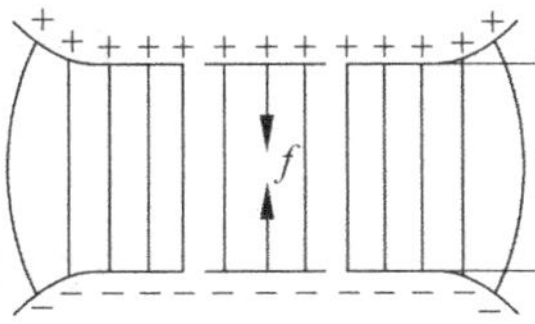

$$C = \varepsilon_0\varepsilon_r S/l$$

图 5-13　平板电极间的电场和静电吸力

式中：ε_0 为真空的介电系数，$\varepsilon_0 = 1/(4\pi\times 9\times 10^9)$，单位为 F/m；$\varepsilon_r$ 为介质的相对介电系数。静电电压表中都是用气体作为介质的，此时 $\varepsilon_r\approx 1$。则

$$|\mathrm{d}C/\mathrm{d}l| = S\varepsilon_0/l^2 \tag{5-10}$$

根据式(5-9)可得作用力 F 的大小为

$$|F| = (\varepsilon_0 S/2)(U/l)^2 \tag{5-11}$$

其中，若 U、l、S 分别以 kV、cm、cm^2 作为单位，并代入 ε_0 值，不计力的方向，则力的大小可表达为

$$F = 4.42\times 10^6 S(U/l)^2\quad (\mathrm{N}) \tag{5-12}$$

或

$$U = l\sqrt{10^6 F/4.42S} \approx 475.6l\sqrt{F/S}\quad (\mathrm{kV}) \tag{5-13}$$

由式(5-12)可见，电场作用力与电压的平方成正比。

3) 交流峰值电压表

决定绝缘击穿的是交流高电压的峰值，所以峰值电压表比静电电压表更具有重要的意义。目前应用下列几种类型的峰值电压表。

(1) 利用电容电流整流测量电压峰值。

利用电容电流整流测量电压峰值的接线图和原理图如图 5-14 及图 5-15 所示。与

图 5-15 所示的波形相对应，所加电压 $u(t)$ 可写为

$$u(t)=U_m\sin(\omega t-\pi/2)=-U_m\cos\omega t \tag{5-14}$$

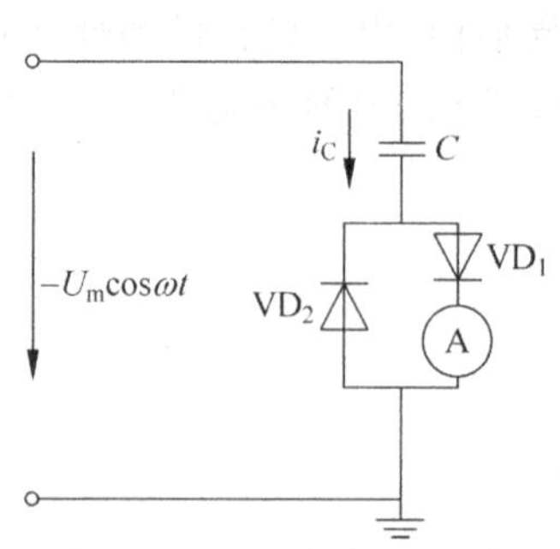

图 5-14 利用电容电流整流测量电压峰值的接线图

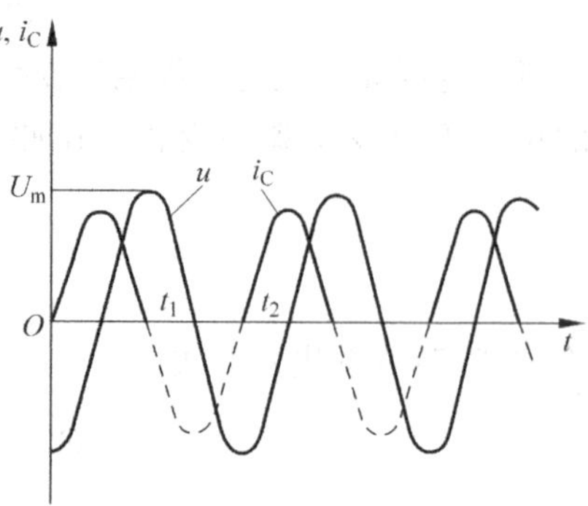

图 5-15 利用电容电流整流测量电压峰值的原理图

在图 5-14 中，C 为高压标准电容，VD_1 及 VD_2 为整流用二极管，A 为动圈式电流表。当流过不同方向的电流时，分别由 VD_1 或 VD_2 导通。当测量高电压时，这些二极管的压降完全可以忽略，测量仪表可以接入两个支路中的任一支路。在一周期 T 内流过电流表的平均电流为

$$I_d=(1/T)\int_0^{t_1}i_C\mathrm{d}t=(1/T)\int_0^{T/2}\left(\frac{C\mathrm{d}u}{\mathrm{d}t}\right)\mathrm{d}t \tag{5-15}$$

即

$$I_d=(C/T)\int_0^{\pi}U_m\sin\omega t\,\mathrm{d}(\omega t)=2CU_m/T=2CU_mf \tag{5-16}$$

所以电流表所测得的平均电流分别和 C、f 及 U_m 成正比。标准电容器的 C 值及测量频率是可以准确知道的，测量电流平均值一般在毫安范围，因此可由测得的 I_d 值求得电压峰值。

用这种方法测量的电压波形从原理上讲应正、负完全对称，而且半周期内的电压波形不能有两个高峰值或多个高峰值。若半周期内电流过零不止一次，则测得的电流会加大，会引起测量误差。因此，在正常测量过程中，国家标准不允许采用含有较高谐波分量的试验电压波形。

(2) 利用整流充电电压测量电压峰值。

这种方法在低压侧测交流电压值时广泛使用，在高电压下经常与电容分压器联合起来应用。暂且不考虑连接分压器的情况，先分析图 5-16 所示的基本测量回路的原理。

由图 5-16 所示电路可见，只要用高内阻的电压表测量滤波电容 C 上的直流充电电压，就可得到交流的峰值电压，由于有可能紧接着要测量较低的峰值电压，所以 C 上必须接有并联电阻 R，使它能及时把刚测过的电压从电容 C 上放掉，为此也可以用一个与 R 相串联的微安表读数 I_d 来反映峰值电压。由于电容 C 对电阻 R 的放电，如图 5-17 所示，电容 C 上的电压是脉动的，所以微安表反映的是脉动电压平均值 U_d 而不是峰值，即 $U_d=I_dR$。自时间 $t=0$ 至时间 $t=T_1$ 的时间间隔内，电容上的电压 u_d 随时间 t 的变化关系应为

$$u_d=U_m\exp(-t/RC) \tag{5-17}$$

波动电压的最大值为 U_m，最小值为 $U_m\exp(-T_1/RC)$。由于 $T_1\approx T$，T 为交流的周期，可以近似地认为

$$U_d\approx[U_m+U_m\exp(-T/RC)]/2 \tag{5-18}$$

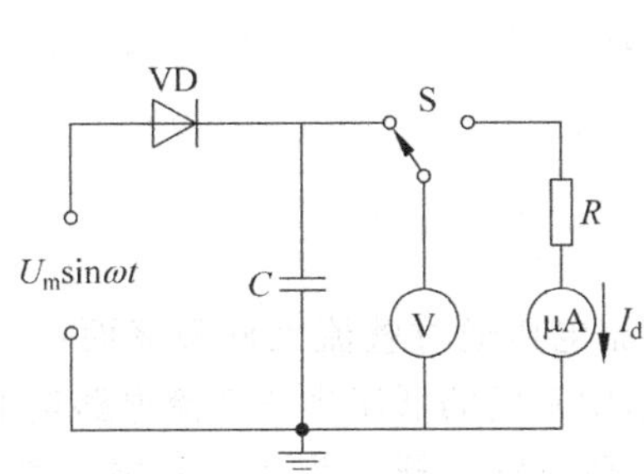

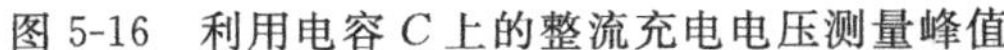
图 5-16 利用电容 C 上的整流充电电压测量峰值

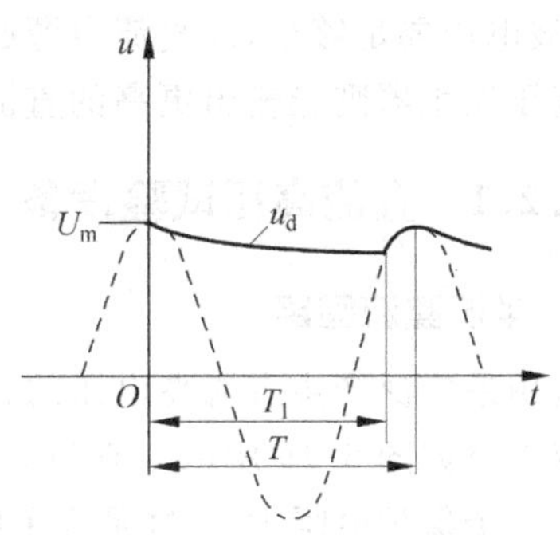

图 5-17 电容 C 的电压波形

故可应用马克劳林公式：

$$\exp(-T/RC)=1-T/RC+(T/RC)^2/2-\cdots\approx 1-T/RC$$

因此

$$U_m=U_d/(1-T/2RC) \tag{5-19}$$

由此可见，只要测得 U_d 即可得被测交流电压峰值 U_m。

4) 高压交流分压器

分压器的原理如图 5-18 所示，其中，Z_1 为分压器高压臂的阻抗，Z_2 为分压器低压臂的阻抗。大部分的被测电压降落在 Z_1 上，Z_2 上仅有一小部分电压，用低量程电压表测量得 Z_2 上的电压乘上一个常数即可得被测电压，这个常数叫作分压比。

$$U_2=U_1Z_2/(Z_1+Z_2)$$

分压比

$$K=U_1/U_2=(Z_1+Z_2)/Z_2\approx Z_1/Z_2 \tag{5-20}$$

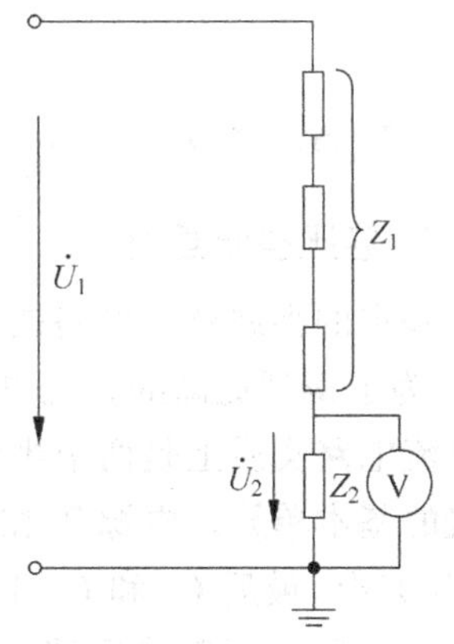

图 5-18 交流分压器接线图

要求被测电压与 Z_2 上的电压仅在幅值上差 K 倍，相角应完全相同(或相角差极小)，一般 $K\gg1$。从原理上来说，图 5-18 中的 Z_1 及 Z_2 可由电容元件、电阻元件或阻容元件构成。实际上交流分压器主要是采用电容式分压器。只有在电压不很高、频率不过高时才采用电阻分压器。在工频电压下，电阻分压器可用于电压不高于 100kV 的情况。无论是电阻或是电容分压器，其高、低压臂都应做成无感的。

5.2 直流高压试验设备及其测量

一些高压试验设备，如冲击电压发生器和冲击电流发生器，需要直流高压作电源。而直流高电压在其他科技领域也有广泛应用，其中包括静电喷漆、静电纺织、静电除尘、X射线发生器、等离子体加速以及原子核物理研究中都使用直流高压作为电源。为了获得直流高电压，最常用的就是变压器和整流装置的组合，另外还有通过静电方式产生直流高压。直流电压的特性由极性、平均值、纹波系数等来表示。高压试验室中常采用将工频高电压经高压整流器变换成直流高电压的方法来获取直流高电压。高压试验的直流电源在为负载提供电流时，纹波电压要足够小，即直流电源必须有一定的负载能力。利用倍压整流原理设计的串级直流高压发生器则能输出更高的直流试验电压。

5.2.1 直流高压试验设备

1. 半波整流回路

应用最广泛产生直流高电压的方法是将交流电压通过整流元件整流而获得，基本的半波整流电路如图 5-19 所示。它与电力电子技术中常用的低压半波整流电路基本相同，只是增加了一个保护电阻 R_b。这是为了限制被试验品或电容器 C 发生击穿或闪络时通过高压硅堆和变压器的电流，以免损坏高压硅堆和变压器。

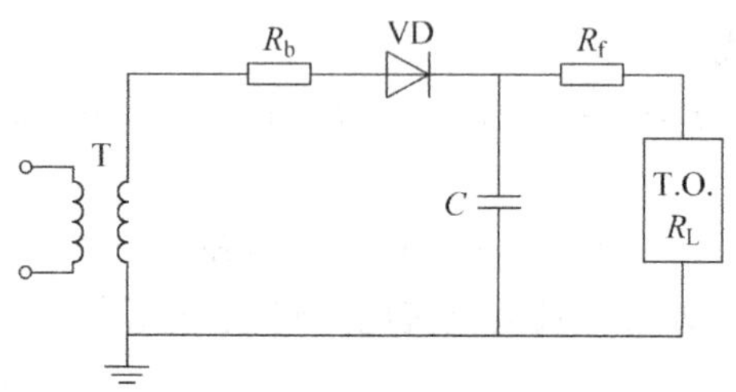

图 5-19 基本的半波整流电路

T—高压试验变压器；VD—整流器件；C—稳压电容；T. O. —被试品；R_b—保护电阻；R_f—限流电阻

2. 倍压整流回路

基本的半波整流电路能获得的最高直流电压为工频试验变压器输出交流电压的峰值 U_m。为了得到更高的直流电压，可采用图 5-20 所示的倍压整流电路。图 5-20(a)所示的倍压整流电路实质上是两个半波整流电路的叠加，它已广泛地作为绝缘芯式变压器直流高压装置的基本单元。电源 T 在正半波期间经整流器 VD_1 向电容 C_1 充电，负半波时则经 VD_2 向 C_2 充电，最后 C_1 和 C_2 上电压均可达 U_m，它们叠加起来可在输出端获得 $2U_m$ 的直流电压。这种倍压整流回路实质上是两个半波整流回路的叠加，变压器二次侧绕组对地是绝缘的。

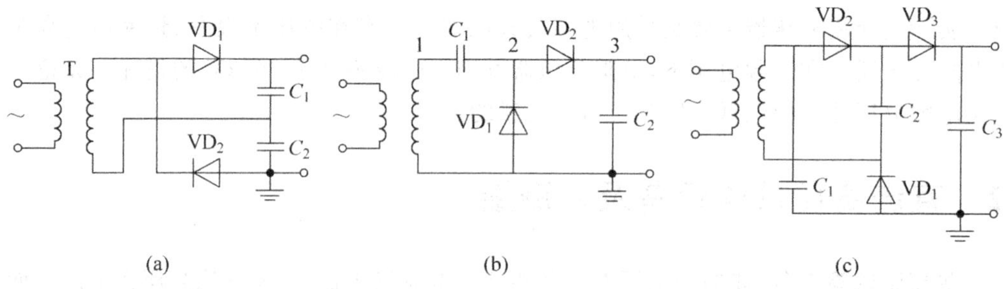

图 5-20 倍压整流电路

在图 5-20(b)中，负半波期间充电电源经 VD_1 向 C_1 充电达 U_m，正半波期间充电电源与 C_1 串联起来经 VD_2 向 C_2 充电达 $2U_m$，这种电路的优点是便于得到更高的直流电压，已成为目前直流高压串级发生器的基本单元。图 5-20(c)所示的三倍压整流电路实质上是由图 5-20(b)所示的电路演变而来，可获得 $3U_m$ 的直流电压。

3. 串接直流高压发生器

如果需要更高的电压,可采用图 5-21 所示的串接整流电路,它是以图 5-20(b)所示的倍压整流电路为基本单元的。其工作原理与图 5-20 所示的倍压整流电路类似。电源为负半波时依次给左柱电容器充电,而电源为正半波时依次给右柱电容器充电。空载时,n 级串接的整流电路可输出 $2nU_m$ 的直流电压。但随着串接级数的增多,接入负载时的电压脉动和电压降迅速增大。

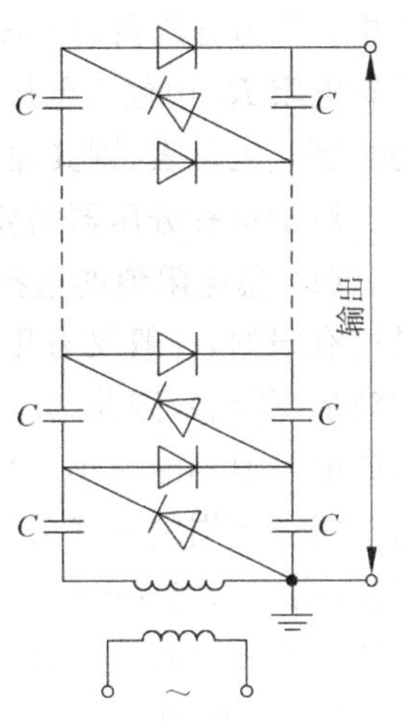

图 5-21　串接整流电路

5.2.2　直流高压的测量

1. 高电阻串接微安表测量

图 5-22 所示为高电阻串接微安表测量直流高压的示意图,这种测量方法应用很广,能测量数千伏至数万伏的电压。图中被测量直流电压加在高值电阻 R 上,则 R 中便有电流产生,与 R 串联的微安表指示即为在该电压下流过 R 的平均电流值。因此,可以根据微安表指示的电流值来表示被测直流电压的数值。这种测量电压的方法是将微安表刻度直接转换成相应的电压刻度,或事先校验出直流电压与微安表的关系曲线,使用时根据微安表的数值在这条曲线上查出相应的电压值。被测直流电压的平均值为

$$U_{av} = RI_{av} \tag{5-21}$$

式中:R 为高值电阻,MΩ;I_{av}为微安表读数,μA。

高值电阻 R 可以根据被测电压 U_{av}和 I_{av}大小决定。电流 I_{av}取 100～500μA。当被测电压较高时,电流宜适当选大些,以减少杂散电流带来的误差。一般 R 取 2～10MΩ/kV,微安表选 0～100μA。

2. 高压电阻分压器配低压仪表测量

图 5-23 所示为高压电阻分压器配低压仪表组成的测量系统的原理接线图。图中的电压表可以是低压静电电压表,也可以是数字式电压表。由低压电表 PV 的指示值 U_2 得到被测电压为

$$U_1 = \frac{R_1 + R_2}{R_2} U_2 \tag{5-22}$$

$$K = \frac{U_2}{U_1} = \frac{R_2}{R_1 + R_2}$$

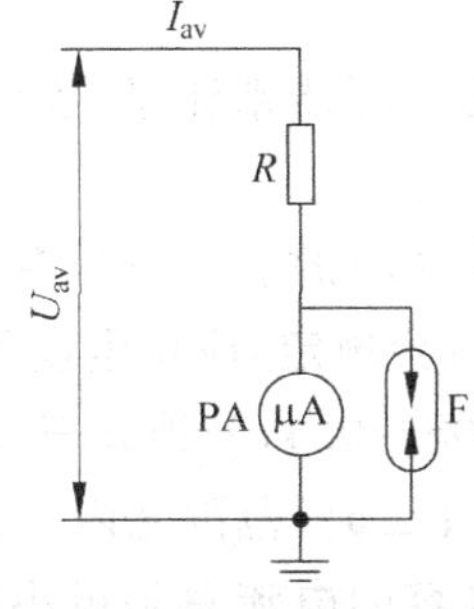

图 5-22　高电阻串接微安表接线图

F—保护微安表的放电管;R—高值电阻

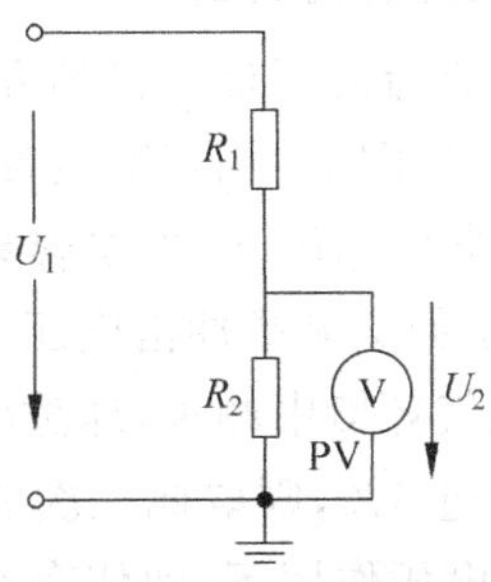

图 5-23　高压电阻分压器配低压仪表原理接线图

式中：K 为分压器的分压比；R_1、R_2 分别为电阻分压器的高压臂电阻和低压臂电阻，此低压臂电阻 R_2 中包含低压电压表的输入电阻。如果低压电表是静电电压表或是高输入电阻的数字式电压表，则其输入电阻的影响可以忽略。

对于这种分压器需要注意以下几点。

(1) 总电阻值的选择。总电阻值不能太小，这是因为大多数高压直流电源的输出功率是极有限的，一般仅为几毫安到几十毫安。分压器的接入应很少影响被试品上的电压幅值和波形(脉动)，因此，允许分压器摄取的电流总是很小的，通常不超过 1mA，这就要求分压器的电阻值不能太小。另一方面，分压器电阻总需要固定在某个绝缘支架上，支架的绝缘电阻可能受到周围大气条件和电压大小的影响，如果分压器电阻值不比支架的绝缘电阻值小很多，则支架绝缘电阻值的变化将会影响分压比的稳定，从这方面又限制了分压器的电阻值不能太大。为此，一般认为，在分压器额定全电压时流过分压器的电流不小于 5mA。

(2) 电阻值的稳定性。由于直流分压器可能持续工作一段时间，在此时间内，分压器的功率损耗会变成温升，因此要求分压器的分压比在其工作电压和工作温度范围内有足够的稳定性，一般要求其误差不得大于 1%。

(3) 电晕的消除。高压臂各点的电晕会造成漏导，影响分压比，而且这种影响的强弱是随电晕点的位置而改变的，同时也受所加电压大小的影响，这是不允许的。另外，电晕又会产生化学腐蚀和高频干扰，这也是不容许的。将分压器的电阻元件封装在绝缘油中，并装设适当形式的防晕屏蔽环或屏蔽罩是消除电晕的有效方法。同时绝缘油还能使电阻元件免受大气条件的影响，并能起到冷却作用以改善电阻元件的热稳定性。

(4) 残余电感的消除和对地杂散电容的补偿。虽然对于直流电压来说，电感和电容是不起什么作用的，但是，由交流整流得到的直流电压都存在不同程度的脉动成分。因此，应该尽量把分压器主电路中的残余电感减到最低程度，并应对分压器对地的杂散电容作适当的补偿。最简单的补偿办法是在分压器高压端装设一个适当形式的屏蔽环和屏蔽罩。当然，对测量直流电压的分压器来说，这方面的要求比测量冲击电压的分压器要低得多。

3. 高压静电电压表直接测量

可采用适当量程的高压静电电压表直接测量输出电压的有效值，对于脉动系数不大于 2%的直流电压可以近似地认为有效值 U 等于平均值 U_{av}，即：

$$U = U_{-} + \sqrt{U_1^2 + U_2^2 + U_3^2 + \cdots} \tag{5-23}$$

式中：U_1、U_2、U_3 分别为脉动部分各次谐波的有效值，U_{-} 为脉动直流中的纯直流分量。

4. 用球隙测量直流高压

球隙是测量直流高压最直接的方法。即使利用如上所述的分压器来测量，也仍然需要用球隙来标定其分压比。用球隙测量直流高压时应注意以下两点。

(1) 在直流电压作用下，尘埃容易吸附到球极上，往往会使球隙的击穿电压有些降低，分散性也增大，不如交流或冲击电压下稳定。因此国际电工委员会规定，应在尘埃和纤维含量尽可能少的大气环境中测量，球隙距离与球径的比值应为 0.05～0.4，若连续三次击穿电压的相差值不超过 3%，则取此三次的平均值，其测量误差一般在±5%范围之内。

(2) 在直流电压作用下，即使存在一定的脉动，流过球隙电容的电流总是极小的，不会在球隙电阻上造成显著的压降。所以测量直流电压时，球隙电阻可取得比测量工频电压时所用的值更大一些。

5.3　冲击高压试验设备及其测量

冲击高压试验设备主要指冲击电压发生器，它是一种产生脉冲波的高电压发生装置，能模拟产生电气设备在运行中遭受的雷电冲击电压波和操作冲击电压波。冲击电压是一种非周期性快速变化的脉冲电压，冲击电压的测量包括峰值测量和波形记录两个方面。

5.3.1　雷电冲击电压的产生

1. 基本回路

用于试验的标准雷电冲击全波是非周期性双指数波，它是由两个指数函数叠加而成的，如图 5-24 所示，其表达式如下：

$$u(t) = A(\mathrm{e}^{-\frac{t}{\tau_1}} - \mathrm{e}^{-\frac{t}{\tau_2}}) \tag{5-24}$$

式中：τ_1 为波尾时间常数；τ_2 为波前时间常数，通常 $\tau_1 \gg \tau_2$。所以在波前范围内，$\mathrm{e}^{-\frac{t}{\tau_1}} \approx 1$，式(5-24)可以近似为

$$u(t) \approx A(1 - \mathrm{e}^{-\frac{t}{\tau_2}}) \tag{5-25}$$

其波形如图 5-25 所示，该波形与图 5-26(a)所示直流电源 U_0 经电阻 R_1 向电容 C_2 充电时 C_2 上的电压波形一致，由此可见，用图 5-26(a)所示的回路可以获得冲击电压波前。同理，在波尾范围内，$\mathrm{e}^{-t/\tau_2} \approx 0$，则式(5-25)可以近似为

$$u(t) = A\mathrm{e}^{-\frac{t}{\tau_1}} \tag{5-26}$$

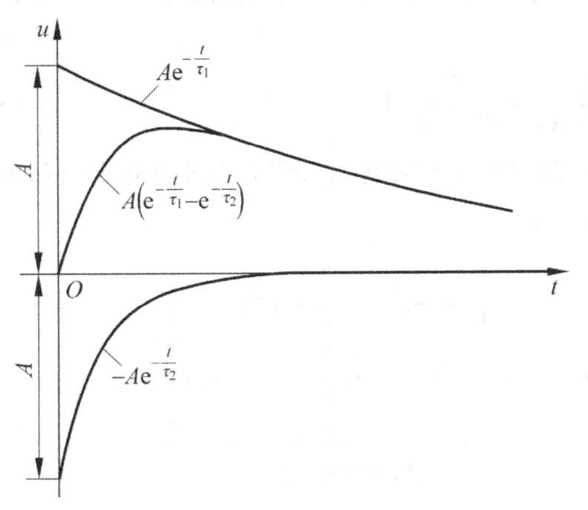

图 5-24　双指数函数冲击电压波

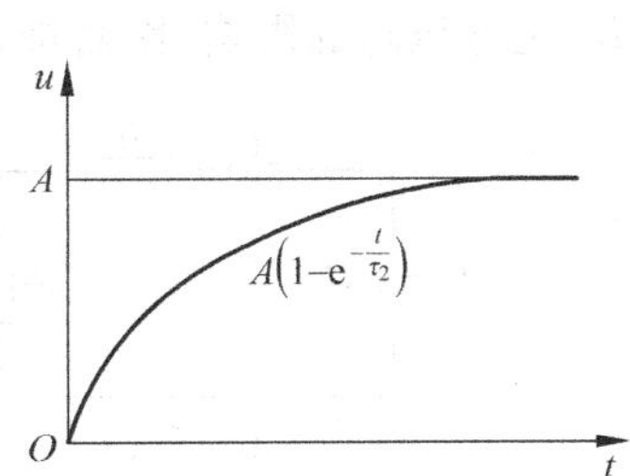

图 5-25　式(5-25)的波形图

式(5-26)所对应的波形如图 5-24 中最上面的曲线，该波形与图 5-26(b)所示的充电到 U_0 的电容器 C_1 对电阻 R_2 放电时的电压波形一致，由此可见，用图 5-26(b)所示回路可以获得冲击电压波尾。

将图 5-26(a)、(b)两个回路组合起来构成图 5-27(a)所示回路即可获得完整的雷电冲击电压波形。这里用充电到 U_0 的高压大容量电容 C_1 来代替图 5-26(a)中的直流电源不会

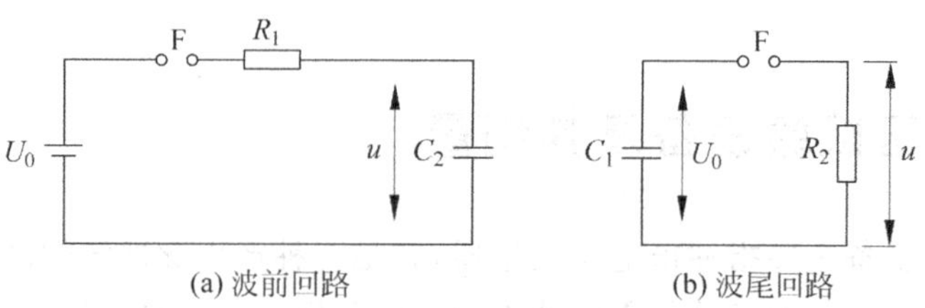

图 5-26 获得冲击电压波前与波尾的回路

对冲击电压波形造成影响。冲击电压发生器是利用高压电容器 C_1 通过球隙对电阻电容回路放电来产生雷电冲击电压的。主电容 C_1 在被球间隙 F 隔离的状态下由整流电压充电到稳态电压 U_0。间隙 F 被点火击穿后，电容 C_1 上的电荷一方面经过 R_2 放电，同时 C_1 通过 R_1 对电容 C_2 充电，在被试品(与 C_2 并联)上形成上升的电压波前。当 C_2 上的电压被充到最大值后，反过来又与 C_1 一起对 R_2 放电，在被试品上形成下降的电压波尾。被试品的电容可以等值地并入电容 C_2 中。一般选择 R_2 比 R_1 大得多，C_1 比 C_2 大得多，这样就可以在 C_2 上得到所要求的波前较短(波前时间常数 $\tau_1 = R_1C_2$ 较小)而半峰值时间较长(波尾时间常数 $\tau_2 = R_2C_1$ 较大)的冲击电压波形。R_1 和 C_2 影响冲击电压的波前时间，分别称为波前电阻和波前电容。R_2 和 C_1 影响波尾时间，分别称为波尾电阻和主电容。在图 5-27(a)所示的电路中，间隙 F 击穿前，C_1 上的电荷量为 C_1U_0。间隙 F 击穿后，在 C_1 向 C_2 充电过程中(波头范围内)，如果忽略 C_1 经 R_2 放掉的电荷，C_1 在分给 C_2 一部分电荷后，C_1 和 C_2 上的电压最大可达：

$$U_{2m} \approx \frac{C_1U_0}{C_1 + C_2} \tag{5-27}$$

而在图 5-27(a)所示的电路中，除了电容上的电荷分布外，实际上还有 R_1 和 R_2 的分压作用，因此 C_2 上的最大电压应为

$$U_{2m} \approx \frac{R_2}{R_1 + R_2} \cdot \frac{C_1}{C_1 + C_2}U_0 \tag{5-28}$$

如果将 R_1 移到 R_2 的后面，即可得图 5-27(b)所示回路，它所能得到的冲击电压幅值基本不受 R_1 上电压降的影响，因而符合式(5-27)。

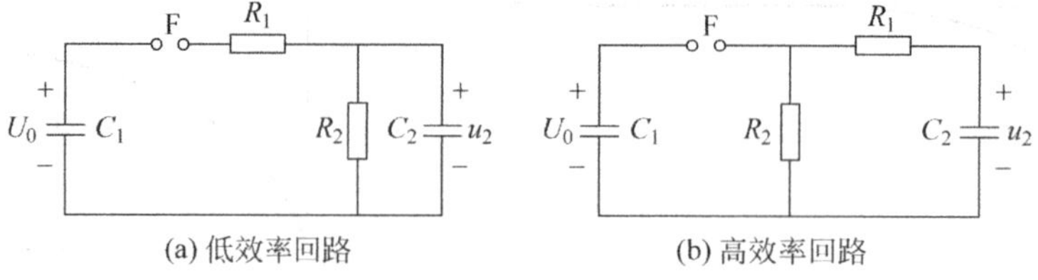

图 5-27 冲击电压发生器的基本回路

输出电压峰值 U_{2m} 与 U_0 之比称为冲击电压发生器的利用系数 η，为了提高冲击电压发生器的利用系数，应该选择 C_1 比 C_2 大得多。由上可知，图 5-27(b)的利用系数要比图 5-27(a)的利用系数高，所以称为高效率回路，其 η 值可到达 0.9 以上。图 5-27(a)称为低效率回路，其 η 值一般只有 0.7～0.8。

为了满足结构布局等方面的要求，实际冲击电压发生器通常采用图 5-28 所示的回路，

这里 R_1 被拆为 R_{11} 和 R_{12} 两部分，分置在 R_2 前后，其中 R_{11} 为阻尼电阻，主要用来阻尼回路中的寄生振荡；R_{12} 用来调节波前时间，因而称之为波前电阻。这种回路的利用系数显然介于上面两种回路之间，可近似地用下式求得：

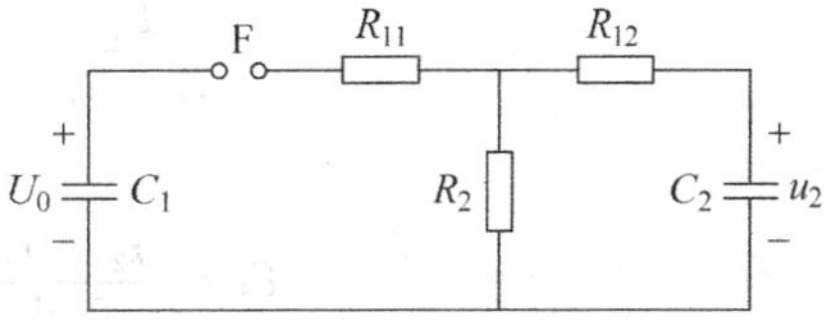

$$\eta \approx \frac{R_2}{R_{11}+R_2} \cdot \frac{C_1}{C_1+C_2} \tag{5-29}$$

图 5-28　冲击电压发生器常用回路

2. 冲击电压发生器的近似计算

下面以图 5-28 所示回路为基础来分析回路元件参数与输出冲击电压波形的关系。为使问题简化，在决定波前时间时忽略 R_2 的作用，于是可得此时 C_2 上的电压为

$$u_2(t) = U_m(1 - e^{-\frac{t}{\tau_2}}) \tag{5-30}$$

波前的时间常数 τ_2 为

$$\tau_2 = (R_{11}+R_{12})\frac{C_1C_2}{C_1+C_2}$$

因为 $C_1 \gg C_2$，所以可以认为

$$\tau_2 \approx (R_{11}+R_{12})C_2$$

根据冲击波视在波前 T_1 的定义（见图 5-29），可知当 $t=t_1$ 时，$u(t_1)=0.3U_m$；$t=t_2$ 时，$u(t_2)=0.9U_m$，所以有：

$$0.3U_m = U_m(1 - e^{-\frac{t_1}{\tau_2}})$$

$$0.9U_m = U_m(1 - e^{-\frac{t_2}{\tau_2}})$$

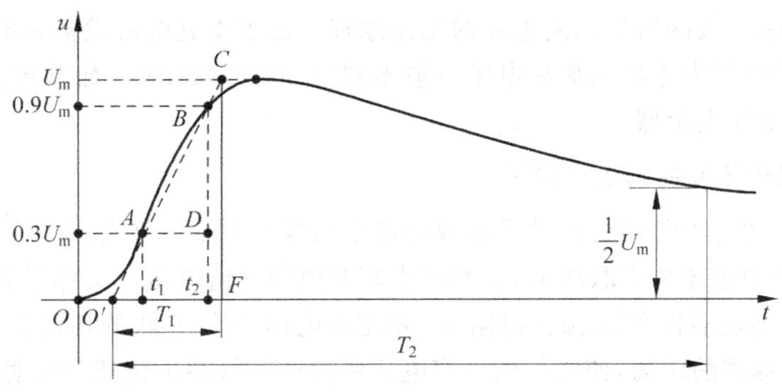

图 5-29　冲击电压波形定义

即

$$e^{-\frac{t_1}{\tau_2}} = 0.7 \tag{5-31}$$

$$e^{-\frac{t_2}{\tau_2}} = 0.1 \tag{5-32}$$

由式(5-31)、式(5-32)可得：

$$t_2 - t_1 = \tau_2 \ln 7$$

图 5-29 中，$\triangle ABD$ 与 $\triangle O'CF$ 相似，所以有：

$$\frac{T_1}{t_2-t_1}=\frac{U_m}{0.9U_m-0.3U_m}=\frac{1}{0.6}$$

即：

$$T_1=\frac{t_2-t_1}{0.6}=\frac{\tau_2\ln 7}{0.6}\approx 3(R_{11}+R_{12})C_2 \tag{5-33}$$

当考虑半峰值时间 T_2 时，为简化分析，忽略 R_{11} 和 R_{12} 的作用，近似认为 C_1 和 C_2 并联起来对 R_2 放电，此时 C_2 上的电压可表达为

$$u_2(t)=U_m e^{-\frac{t}{\tau_1}} \tag{5-34}$$

式中：波尾的时间常数 $\tau_1=R_2(C_1+C_2)$，根据半峰值时间 T_2 的定义，可得：

$$0.5U_m=U_m e^{-\frac{T_2}{\tau_1}} \tag{5-35}$$

由此得：

$$T_2=\tau_1\ln 2=0.7\tau_1\approx 0.7R_2(C_1+C_2) \tag{5-36}$$

上述分析的冲击电压波形与回路参数之间的近似关系不仅适用于雷电冲击电压波，也适用于后续要介绍的操作冲击电压波。由式(5-33)和式(5-36)可以由所要求的电压波形(比如标准雷电冲击电压波形的 1.2/50μs)求出各个回路各元件的参数值，或者在已知某回路参数的情况下，对其所能输出的波形参数进行计算。不过当需要根据电压波形参数确定回路元件参数时，由于只有两个波形参数 T_1、T_2 已知，需要计算的回路元件参数却有 5 个，因此必须先确定其中另外 3 个参数。一般情况下，C_1 和 C_2 的容量是根据实际情况预先选定的，根据具体的冲击放电能量要求选定 C_1，为了保证冲击电压发生器有足够大的利用系数一般取 $C_1\geqslant(5\sim10)C_2$。在保证不出现寄生振荡的基础上，R_{11} 的值要尽量选得小一点(通常为几十欧姆)，在高效率回路中可取为零。

以上介绍的是单级冲击电压发生器的工作原理。由于受到整流设备和电容器额定电压的限制，单级冲击电压发生器的最高电压一般不超过 200～300kV。如需更高的冲击电压，可采用多级冲击电压发生器。

3. 多级冲击电压发生器工作原理

图 5-30 所示为一种常用的高效率多级冲击电压发生器。其工作原理是利用多级电容器并联充电，然后通过球隙串联放电，从而产生高幅值的冲击电压。具体过程为：先由工频试验变压器 T 经整流器件 VD、保护电阻 R_0 和充电电阻 R 给并联的各级主电容 C_1' 充电到 U_0'。事先调整各球隙的距离，使它们的击穿电压稍大于 U_0'(冲击电压发生器的第一级球隙一般是一个点火球隙，在其中一个球内安放有一个针极，当需要发生器动作时，可向点火球隙的针极送去一个合适的脉冲电压，使球间隙点火击穿)。启动点火装置使点火球隙 F_1 击

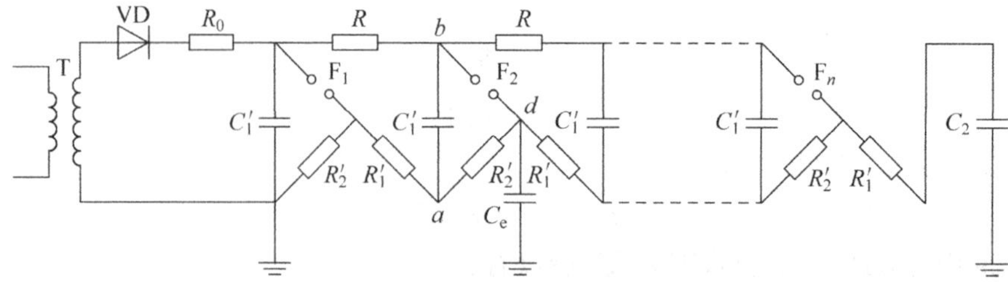

图 5-30　高效率多级冲击电压发生器电路图

穿，a 点电位由零迅速升高到 U_0'，b 点电位则由原来 U_0' 迅速升高到 $2U_0'$。当 a 点的电位突然变化时，经过 R_2' 也会对 d 点的对地杂散电容 C_e 充电，因 R_2' 较大，对 C_e 的充电需要一定的时间，故在 b 点的电位达到 $2U_0'$ 时，d 点基本上仍保持零电位。这样，在球隙 F_2 上就出现了接近等于 $2U_0'$ 的电压，从而导致 F_2 击穿。同理，其他球隙也相继很快击穿，结果使原来并联充电到 U_0' 的各个主电容串联起来向 C_2 放电。电阻 R 在充电时起电路的连接作用，在放电时起隔离作用，C_1' 经 R 的放电不应显著影响输出电压波形，为此要求 R 要比 R_2' 大得多。

5.3.2　操作冲击电压的产生

利用冲击电压发生器产生操作冲击电压的原理与产生雷电冲击电压的原理是一样的，只不过操作冲击电压的波前和半峰值时间比雷电冲击电压的长得多，所以要求发生器的放电时间常数比产生雷电冲击电压时间长得多。增大发生器放电回路中的各种电容（主电容、波前电容）和各种电阻（波前电阻、波尾电阻和隔离电阻），即可获得满足要求的操作冲击电压波形。

操作冲击电压还可以利用冲击电压发生器和变压器联合产生，即用一个小型的冲击电压发生器向变压器低压绕组放电，在变压器高压绕组感应出幅值很高的操作冲击电压波。图 5-31 所示为 IEC 推荐的一种操作波发生装置的接线图，具体波形通过 R 和 C_1 调节。

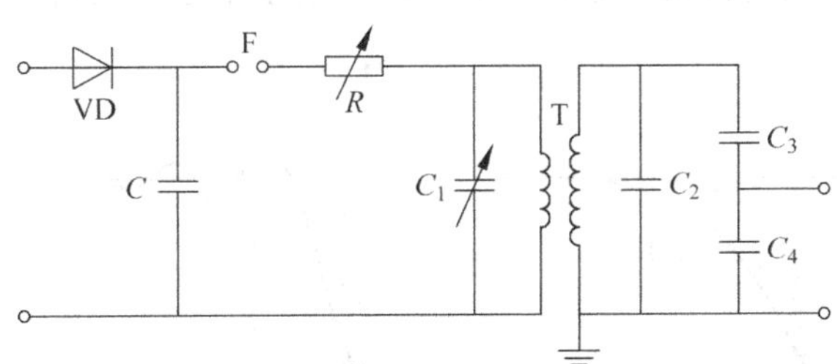

图 5-31　冲击电压发生器与变压器联合接线图

5.3.3　冲击高电压的测量

目前常用的测量冲击高电压的装置有球隙、分压器-峰值电压表和分压器-示波器。球隙和分压器-峰值电压表只能测量冲击电压的峰值，而分压器-示波器不仅能指示峰值，还能显示冲击电压的波形。

1. 用球隙测量

用球隙测量冲击电压时，除了球隙的有关结构、布置、连接和使用等要符合规定外，还应注意以下特点。

(1) 由于在冲击电压作用下球隙的放电具有分散性，球隙测量时所确定的电压应为球隙的 50%放电电压。调节球隙距离至加 10 次被测的冲击电压，能有 4～6 次使球隙击穿，此时根据球隙距离查表并进行大气条件校正后所得的电压值就是被测冲击电压的峰值。

(2) 球隙放电电压表中的冲击放电电压值是标准雷电冲击全波或长波尾冲击电压下球隙的 50%放电电压。由于规定测量球隙为稍不均匀电场，所以操作冲击电压下球隙的放电电压与雷电冲击电压下球隙的放电电压相同。又由于球隙的伏秒特性在放电时间大于 1μs

时几乎是一条直线，故用球隙实际上可测量波前时间不小于 1μs、半峰值时间不小于 5μs 的任意冲击全波或波尾截断的截波的峰值。

(3) 在小间隙中为加速有效电子的出现，使放电电压稳定，所用球径小于 12.5cm，不论测量何种电压或使用任何球径来测量峰值小于 50kV 的任何电压时，都必须用短波光源照射球隙。

(4) 测量冲击电压时，与球隙串联的保护电阻的作用是减小球隙击穿时加在被试品上的截波电压陡度，同时减小阻尼回路内可能发生的振荡。由于球隙击穿前通过它的电容电流较大，所以其阻值不能太大，否则会引起不允许的测量误差。一般要求不超过 500Ω，且其本身的电感不超过 30μH。

2. 用分压器测量系统测量

分压器测量系统包括从被试品到分压器高压端的高压引线、分压器、连接分压器输出端与示波器的同轴电缆以及示波器。如果只要求测量冲击电压的峰值，则可用峰值电压表代替示波器。

(1) 测量系统的方波响应。测量系统性能的优劣通常用方波响应来衡量。在测量系统的输入端施加一个单位方波电压时，在理想的情况下，输出电压也应该是方波，只是幅值按分压器的分压比缩小而已。但由于系统的测量误差，实际的输出并非方波，而是一个按指数规律平缓上升或衰减振荡的波形。指数型和衰减振荡型单位方波响应如图 5-32 所示。

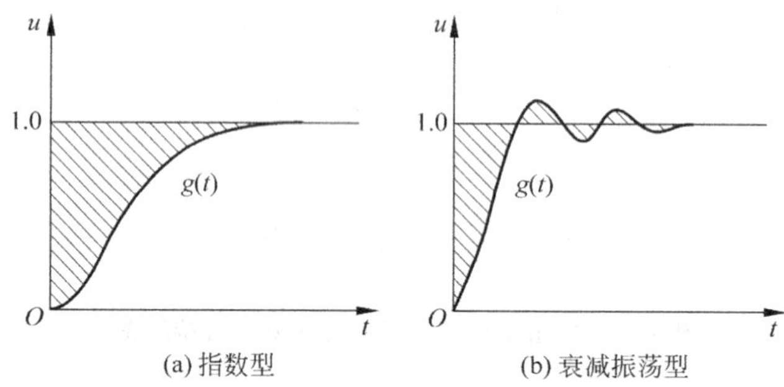

图 5-32 冲击测量系统的方波响应

方波响应的重要参数之一是它的响应时间 T。单位方波和单位方波响应 $g(t)$ 之间包围的面积称为方波响应时间，即：

$$T=\int_0^{\infty}[1-g(t)]\mathrm{d}t \tag{5-37}$$

响应时间 T 的大小反映了测量系统误差的大小。

(2) 冲击分压器。冲击分压器按其结构可分为电阻分压器、电容分压器、串联阻容分压器和并联阻容分压器。各种分压器的原理电路如图 5-33 所示。

① 电阻分压器高、低压臂均为电阻，为使阻值稳定，电阻通常用康铜电阻丝等以无感绕法绕制。和测量稳态电压(直流电压与工频交流电压统称为稳态电压)的同种分压器相比，其阻值要小得多。电阻分压器的误差主要是由于分压器各部分的对地杂散电容引起的，这些杂散电容对变化速度很快的冲击电压来说，会形成不可忽略的电纳分支，而且电纳值与被测电压中各谐波频率有关，这将使输出波形失真，并产生幅值误差。电阻分压器在测量

1MV 左右及 1MV 以下的冲击电压时，采取一定的措施可以达到较高的准确度，故使用很普遍。

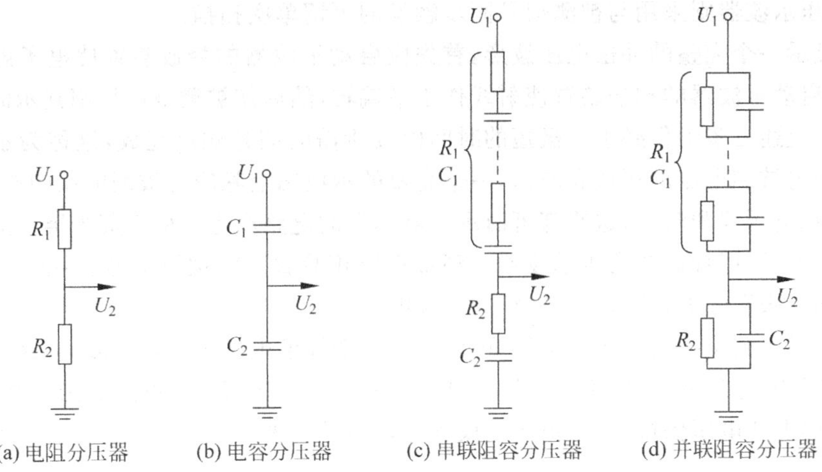

图 5-33　不同类型冲击分压器的原理电路图

② 电容分压器高、低压臂均为电容，各部分对地也存在杂散电容，会在一定程度上影响分压比，但因分压器本体也是电容，故只要周围环境不变，这种影响将是恒定的，不随被测电压的波形、幅值而变，因此电容分压器不会使输出波形发生畸变。对分压器进行准确校验，则幅值误差也可消除。用电容分压器可测量数兆伏的冲击电压。

③ 并联阻容分压器和串联阻容分压器是作为上述两种分压器的改进型而发展起来的。并联阻容分压器在测量快速变化过程时，沿分压器各点的电压按电容分布，它像电容分压器，大大减小了对地杂散电容对电阻分压波形的畸变，避免了电阻分压器的主要缺点。测慢速变化过程时，沿分压器各点的电压主要按电阻分布，它又像电阻分压器，避免了电容器的泄漏电阻对分压比的影响。如果使高压臂和低压臂的时间常数相等，则可实现分压比不随频率而变。但这种分压器结构比较复杂，而且和电容分压器一样，在电容量较大时会妨碍获得陡波前的波形，高压引线中需串接阻尼电阻。串联阻容分压器是在各级电容器中串接电阻，它可以抑制电容分压器本体电容与整个测量回路的电感配合而产生的主回路振荡及分压器本体各级电容器中的寄生电感与对地杂散电容配合形成的寄生振荡，但串接电阻后将使分压器的响应时间增大，如果在低压臂中也按比例地串入电阻，则可保持响应时间不变。串联阻容分压器可以用来测量雷电冲击、操作冲击和交流高电压，电压可达数兆伏。在串联阻容分压器的基础上，再加上高值并联电阻，还可测量直流高电压，构成通用分压器，故串联阻容分压器的应用较为广泛。

(3) 测量冲击电压用的示波器和峰值电压表。冲击电压是变化速度很快的脉冲电压，要把这样的信号在示波管的荧光屏上清楚地显示出来，用普通的示波器是做不到的，因为普通示波器的加速电压一般只有 2～3kV，其电子射线的能量不够。高压示波器的加速电压可达 20～40kV(热阴极管)及 20～100kV(冷阴极管)，适合于记录这种快速变化的一次过程。由于高压示波器电子射线的能量很高，长时间射到荧光屏上会损坏屏上的荧光层，故电子射线平时是闭锁的，只有在被测信号到达前的瞬间，通过启动示波器的释放装置才能射到荧光屏，被测信号消失后，电子射线将被自动闭锁。

要显示被测信号的波形，电子射线除了要按被测信号作垂直偏转外，还应按时间基轴作水平偏转，所以示波器的水平偏转板上必须有扫描电压。普通示波器中采用重复的锯齿形扫描，而高压示波器则采用与被测信号同步触发的可调单次扫描。

为了显示一个完整的冲击电压波形，首先应启动示波器的释放装置使电子射线到达荧光屏，其次启动示波器的扫描装置使射线作水平偏转，然后使被测电压作用到示波器的垂直偏转板上。上述三步动作必须在极短的时间内按所需时间差顺序完成，这称为示波器的同步。为了确定被测电压的幅值和波形，一个完整的示波图上除应有被测电压的波形外，还应有零线、校幅电压线和时标，这些都可由示波器本身的电路产生。由于荧光屏上显示的被测电压瞬间即逝，所以普通的高压示波器上都带有照相装置。将被测信号、零线、校幅电压线分别拍在同一张底片上，即可得到完整的示波图。

如果只需要测量冲击电压的峰值，可以使用冲击峰值电压表代替示波器，这种电压表的原理：被测电压上升时，通过整流元件将电容器充电到电压峰值；被测电压下降时，整流元件闭锁，电容上的电压保持不变，由指示仪表稳定指示出来。

习题

5-1 试验变压器有何特点？

5-2 工频高电压有哪些测量方法？用静电电压表进行测量时测出的是电压有效值还是最大值？

5-3 什么是冲击电压发生器的利用系数？简述冲击电压发生器的工作原理。

5-4 球隙串联电阻的作用是什么？测量不同波形的电压时对球隙电阻有何不同要求？

第6章

线路和绕组中的波过程

电力系统事故绝大多数是绝缘事故，而过电压是使绝缘损坏的主要原因。超过系统最高运行电压从而对绝缘有危害的电压升高称为过电压。根据发生过电压的原因不同，将过电压分为两大类：①外部过电压，它是由于外部因素(雷击)作用于电力系统而引起的过电压；②内部过电压，它是由于电力系统内部在故障或开关操作时发生电磁振荡而引起的过电压。

过电压作用的时间通常很短，但其幅值却大大超过正常工作电压，因而对电力系统的绝缘构成很大的威胁。所以，为了保证电力系统的安全运行，必须研究过电压发生的机理、发展过程、影响因素和限制措施。本章主要介绍过电压波在线路和绕组上传播的基本规律和计算方法，它是研究过电压的理论基础。

6.1 均匀无损单导线线路中的波过程

实际电力系统的线路都属于多导线系统，但为了更清晰地分析波过程的物理本质和基本规律，这里先考虑单导线线路的波过程，同时暂时忽略线路的电阻和电导损耗，假设沿线各处参数相同。

6.1.1 波过程的基本概念

1. 行波

从电能生产过程来看，电力系统是由发电、变电、用电设备经各类输配电线路连接而成的统一体。从电路的观点来看，电力系统是由电源和 R、L、C 等元件组合而成的一个复杂电路。由电路理论可知，当线路很长(比如远距离输电线路)或电源频率很高(如在雷电或操作冲击电压作用下)时，此时线路的实际长度与电源波长相当，电路中的元件就不能按集中参数电路来分析，必须按分布参数电路来分析。也就是说，在某一时刻，电路上不同位置的电压、电流的数值不相同，电压和电流既是时间的函数也是空间的函数。分布参数电路中的电磁暂态过程属于电磁波的传播过程，我们就把这种传播过程简称为波过程。

对如图 6-1 所示的单根无穷长均匀无损线进行分析，将传输线假设为由无数个很小的

长度单元 Δx 构成，设单位长度线路的电感和对地电容分别为 L_0 和 C_0。设 $t=0$ 时线路首端合闸于直流电压源 E，$t=0$ 以后，近处的电容立即充电，而远处的电容由于电感的存在需隔一段时间才能充上电，并向更远处的电容放电。即一个电压波以一定速度沿 x 方向传播，在导线周围逐步建立起电场的过程。在电容充、放电时，将有电流流过导线的电感，所以也有一个电流波同时沿 x 方向传播，在导线周围逐步建立起磁场的过程。实质上，电压波与电流波的流动就是电磁波沿线路的传播过程。这种电压波和电流波以波的形式沿导线传播通常称为行波。

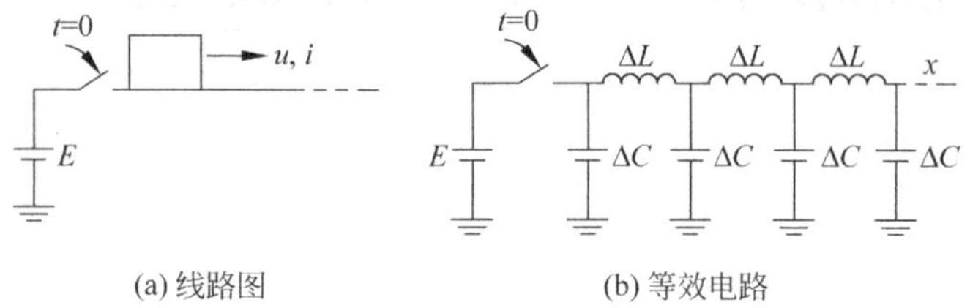

图 6-1 均匀无损单导线线路

2. 波阻抗

假设线路为零状态，在某一时刻 t 时，电磁波到达 x 点，则长度为 x 的导线对地电容为 C_0x，此电容充电到 u，即获得电荷 C_0xu，这些电荷是在时间 t 内经电流波 i 传送过来的，因此有

$$C_0xu = it \tag{6-1}$$

另外，在 t 时间内，长度为 x 的导线上已建立起电流 i，电感为 L_0x，磁链为 L_0xi，导线上的感应电动势为

$$u = \frac{L_0}{t}xi \tag{6-2}$$

从式(6-1)和式(6-2)中消去 t，可以得到同一时刻、同一地点、同一方向电压波与电流波的比值 Z 为

$$Z = \frac{u}{i} = \sqrt{\frac{L_0}{C_0}} \tag{6-3}$$

即线路的波阻抗，通常以 Z 表示，单位为欧姆。对于单位长度导线的电容和电感为

$$C_0 = \frac{2\pi\varepsilon_0\varepsilon_r}{\ln\frac{2h_d}{r}} \tag{6-4}$$

$$L_0 = \frac{\mu_0\mu_r}{2\pi}\ln\frac{2h_d}{r} \tag{6-5}$$

式中：ε_0 为真空介电常数；ε_r 为导线相对介电常数；μ_0 为真空磁导率；μ_r 为导线相对磁导率；h_d 为导线对地平均高度；r 为导线半径。

可见 Z 与导线长度无关，一般架空单导线 $Z\approx 500\Omega$，考虑冲击电晕将使 C_0 增大，此时波阻抗将减小，$Z\approx 400\Omega$。分裂导线因其等效半径增大，C_0 增大，L_0 减小，故其波阻抗减小，$Z\approx 300\Omega$。电缆相对磁导率 $\mu_r=1$，磁通主要分布在电缆芯和铅包外壳之间，故 L_0 较小，又因固体介质相对介电常数较空气大，电缆芯和外皮距离很近，故 C_0 比架空线路大得多，此电缆的波阻抗比架空线要小得多，数值通常在几欧姆到几十欧姆之间。

应注意的是，分布参数电路中的波阻抗与集中参数电路中的电阻完全不同，二者的主要区别在于：

(1) 电磁波通过波阻抗为 Z 的无损线时，其能量以电磁能的形式储存在周围介质中，而不像通过电阻那样被消耗掉。

(2) 波阻抗 Z 的数值只与导线单位长度的电感 L_0 和电容 C_0 有关，而与线路长度无关。

3. 波速

从式(6-1)和式(6-2)中消去 u 和 i，可得行波的传播速度：

$$v = \frac{x}{t} = \frac{1}{\sqrt{L_0 C_0}} \tag{6-6}$$

把 L_0、C_0 代入式(6-6)得：

$$v = \frac{1}{\varepsilon_0 \varepsilon_r \mu_0 \mu_r} = \frac{3 \times 10^8}{\sqrt{\varepsilon_r \mu_r}} \tag{6-7}$$

从式(6-7)可以看出，波的传播速度与导线几何尺寸、悬挂高度无关，而仅由导线周围的介质所确定。对于架空线路，$\varepsilon_r=1$，$\mu_r=1$，所以 $v=3\times10^8\,\text{m/s}$；对于电缆，$\varepsilon_r\approx4$，$\mu_r=1$，所以 $v=1.5\times10^8\,\text{m/s}$，等于光速的一半。

4. 电磁场能量

对波的传播也可以从电磁能量的角度来分析。在单位时间里，波走过的长度为 l，在这段导线的电感中流过的电流为 i，导线周围建立起磁场，相应能量为 $0.5lL_0 i^2$。由于电流对线路电容充电，使导线获得电位，故其能量为 $0.5lC_0u^2$。根据式(6-3)可得：

$$u = iZ = i\sqrt{\frac{L_0}{C_0}} \tag{6-8}$$

即 $C_0u^2=L_0i^2$，所以有：

$$\frac{1}{2}L_0 li^2 = \frac{1}{2}C_0 lu^2 \tag{6-9}$$

这就是说，电压、电流沿导线传播的过程就是电磁场能量沿导线传播的过程，而且导线在单位时间内获得的电场能量和磁场能量相等。

6.1.2　波过程的基本规律

如图 6-2 所示，为了求出单根无损导线上行波的传播规律(即数学表达式)，设 L_0、C_0 为单位长度线路的电感和电容，x 为线路首端到线路中任一点的距离，$\mathrm{d}x$ 单元长度线路的电感和电容大小分别为 $L_0\mathrm{d}x$ 和 $C_0\mathrm{d}x$。线路上任意一点的电压和电流都是时间和距离的函数。

对图 6-2 所示电路列出 KCL、KVL 方程式如下：

$$i = C_0\mathrm{d}x\frac{\partial\left(u+\frac{\partial u}{\partial x}\mathrm{d}x\right)}{\partial t} + \left(i+\frac{\partial i}{\partial x}\mathrm{d}x\right)$$

$$u = L_0\mathrm{d}x\frac{\partial i}{\partial t} + \left(u+\frac{\partial u}{\partial x}\mathrm{d}x\right)$$

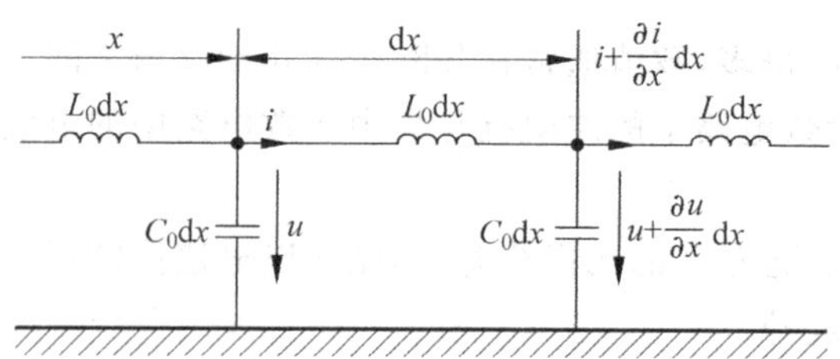

图 6-2 均匀无损单导线的单元等值电路

整理可得：

$$\begin{cases}\dfrac{\partial i}{\partial x}+C_0\dfrac{\partial u}{\partial t}=0\\[2ex]\dfrac{\partial u}{\partial x}+L_0\dfrac{\partial i}{\partial t}=0\end{cases}\tag{6-10}$$

式(6-10)中第一个方程对 x 求导，第二个方程对 t 求导，然后消去 u，用类似的方法消去 i，可得式(6-11)：

$$\begin{cases}\dfrac{\partial^2 u}{\partial x^2}=L_0C_0\dfrac{\partial^2 u}{\partial t^2}\\[2ex]\dfrac{\partial^2 i}{\partial x^2}=L_0C_0\dfrac{\partial^2 i}{\partial t^2}\end{cases}\tag{6-11}$$

此方程即为均匀无损单导线的波动方程，利用电路理论中的运算微积法求解该方程，得：

$$\begin{cases}u(x,i)=u_f\left(t-\dfrac{x}{v}\right)+u_b\left(t+\dfrac{x}{v}\right)\\[2ex]i(x,t)=i_f\left(t-\dfrac{x}{v}\right)+i_b\left(t+\dfrac{x}{v}\right)\end{cases}\tag{6-12}$$

式(6-12)就是均匀无损单导线线路波动方程的解。其中，v 就是波的传播速度。

事实表明，采用上述解析法可以求解简单分布参数电路的暂态过程，但是对于工程上遇到的实际电路，采用解析法很难求出。鉴于此，下面介绍一种更为实用的分析方法(行波法)。首先对式(6-12)中电压 u 的第一个分量 $u_f(t-x/v)$ 进行讨论。设任意波形的电压波 $u_f(t-x/v)$ 沿线路 x 传播，如图 6-3 所示。假设当 $t=t_1$ 时，线路上任意位置 x_1 点的电压值为 u_a，当 $t=t_2$ 时($t_2>t_1$)，电压值为 u_a 的点到达 x_2，则 x_2 应满足：

$$t_1-\frac{x_1}{v}=t_2-\frac{x_2}{v}$$

即

$$x_2-x_1=v(t_2-t_1)$$

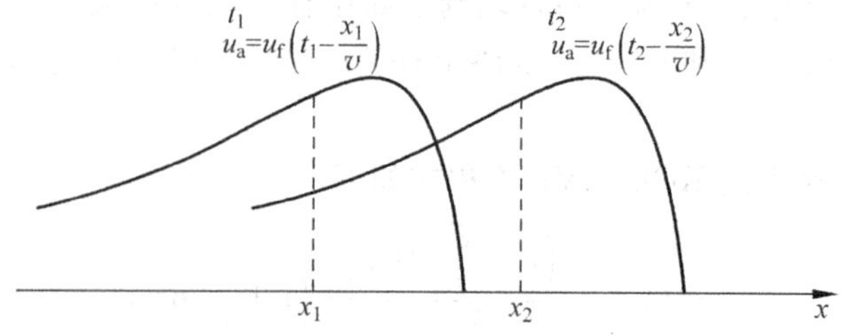

图 6-3 行波运动

因为波速 v 为正，且 $t_2 > t_1$，所以显然 $u_f(t-x/v)$ 可视为沿 x 正方向行进的电压波，称为前行电压波。同样，可以证明 $u_b(t+x/v)$ 可视为沿 x 反方向行进的电压波，称为反行电压波。$i_f(t-x/v)$ 与 $i_b(t+x/v)$ 亦然。

这样一来，我们就可以利用行波的概念得出波动方程解的物理意义：线路上传播的任意波形的电压与电流可分解成向前传播的前行波与反方向传播的反行波的叠加。或者说，线路上某点、某时刻的电压（或电流）为通过该点的前行电压波（电流波）与反行电压波（电流波）的代数和。电压波正、负号只决定于导线对地等效电容上相应电荷的正、负，与运动方向无关。电流波的正、负号不但与相应电荷的正、负有关，而且与运动方向有关。我们一般以 x 正方向作为电流的正方向。于是在此规定下，前行波电压及其伴随的前行波电流总是同号，而反行波电压及其伴随的反行波电流总是异号，即：

$$\begin{cases}\dfrac{u_f(x,t)}{i_f(x,t)} = Z \\ \dfrac{u_b(x,t)}{i_b(x,t)} = -Z\end{cases} \tag{6-13}$$

综上所述，就可以写出如下 4 个方程式（为了方便起见，均略去自变量 x 与 t，下同）：

$$\begin{cases}u = u_f + u_b \\ i = i_f + i_b \\ u_f = i_f Z \\ u_b = -i_b Z\end{cases} \tag{6-14}$$

式(6-14)就是反映均匀单根无损导线波过程基本规律的 4 个基本方程式。从这些基本方程式出发，再加上初始条件和边界条件，就可计算线路上任一时刻、任一点的电压或电流了。

6.2　波的折射与反射

实际上，电力系统中无限长的线路是不存在的，经常会遇到诸如架空线路和电力电缆相连接之类的情况。由于架空线路的波阻抗与电力电缆波阻抗不同，因而两者的连接点（简称"节点"）实际上是两个不同波阻抗值的分界点。当行波沿架空线路传播到节点时，会产生一个电磁波能量重新分配的过程，即在节点处产生行波的折射和反射。

6.2.1　行波的折射与反射

如图 6-4 所示，两段波阻抗分别为 Z_1 和 Z_2 的线路相连，其节点为 A。当有一电压波 u_{1f} 沿波阻抗为 Z_1 的导线向节点 A 运动时，我们称电压波 u_{1f} 为入射波。从节点 A 反方向运

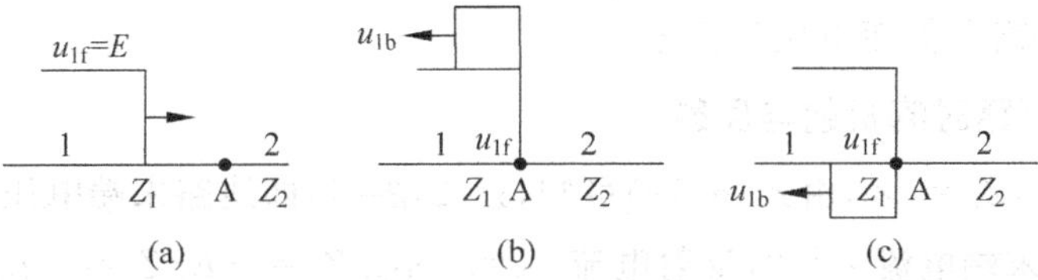

图 6-4　行波通过节点的折射与反射

动的电压波 u_{1b}称为反射波，反射波是由入射波反射所产生的。由于入射波 u_{1f}的折射作用，将有一个前行电压波 u_{2f}传到波阻抗为 Z_2 的导线上，我们称该波为折射波。如果 Z_2 线路为有限长，该折射波又将会在其线路的末端再次发生反射。为了便于讨论波在节点 A 发生反射与折射的规律，这里假设尚无反射波沿 Z_2 线路传播到节点 A。

通过上述分析可知，当行波到达节点 A 后，图 6-4 中的线路 1 上总的电压和电流为

$$\begin{cases} u_1 = u_{1f} + u_{1b} \\ i_1 = i_{1f} + i_{1b} \end{cases} \tag{6-15}$$

在线路 2 上只有前行波而没有反行波时，线路 2 上的电压和电流为

$$\begin{cases} u_2 = u_{2f} \\ i_2 = i_{2f} \end{cases} \tag{6-16}$$

由于在节点 A 处只能有一个电压值和一个电流值，据此可得

$$\begin{cases} u_{2f} = u_{1f} + u_{1b} \\ i_{2f} = i_{1f} + i_{1b} \end{cases} \tag{6-17}$$

将 $u_{1f}/i_{1f}=Z_1$，$u_{1b}/i_{1b}=-Z_1$，$u_{2f}/i_{2f}=Z_2$，$u_{1f}=E$ 代入式(6-17)联合求解后可得

$$\begin{cases} u_{2f} = \dfrac{2Z_2}{Z_1+Z_2}E = \alpha E \\ u_{1b} = \dfrac{Z_2-Z_1}{Z_1+Z_2}E = \beta E \end{cases} \tag{6-18}$$

式中：α 为折射系数；β 为反射系数。

$$\begin{cases} \alpha = \dfrac{2Z_2}{Z_1+Z_2} \\ \beta = \dfrac{Z_2-Z_1}{Z_1+Z_2} \\ \alpha = 1+\beta \end{cases} \tag{6-19}$$

式(6-18)反映的是电压波的折射与反射规律，以同样的方法对电流波的折射与反射进行分析可以得到相同的结论。

以上波的折射、反射系数也适用于线路末端接有不同集中负载的情况。下面结合一些典型情况计算折射、反射波，并分析其物理意义。

1. 线路末端短路时的折射与反射

当末端短路时，$Z_2=0$，由式(6-19)可知，$\alpha=0$，$\beta=-1$，即线路末端电压 $U_2=u_{2f}=0$，反射电压 $u_{1b}=-E$，反射电流 $i_{1b}=-u_{1b}/Z_1=E/Z_1=i_{1f}$。在反射波所走过的范围之内，线路上各点电流为 $i_1=i_{1f}+i_{1b}=2i_{1f}$。将上述分析结果用图 6-5 表示，由于末端的反射，在反射波所到之处电流提高一倍而电压降为零。

2. 线路末端开路时的折射与反射

当末端开路时，$Z_2=\infty$，由式(6-19)可知，$\alpha=2$，$\beta=1$，即线路末端电压 $U_2=u_{2f}=2E$，反射电压 $u_{1b}=E$，而末端电流 $i_2=0$，反射电流 $i_{1b}=-u_{1b}/Z_1=-E/Z_1=-i_{1f}$。将上述分析结果用图 6-6 表示，由于末端的反射，在反射波所到之处电压提高一倍而电流降为零。

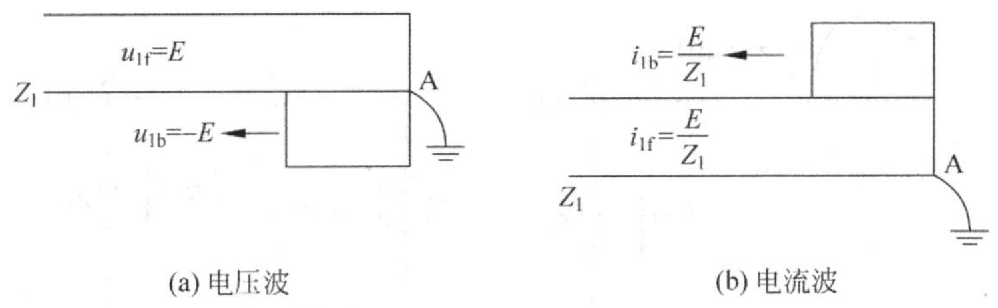

(a) 电压波　　(b) 电流波

图 6-5　线路末端短路时波的折射与反射

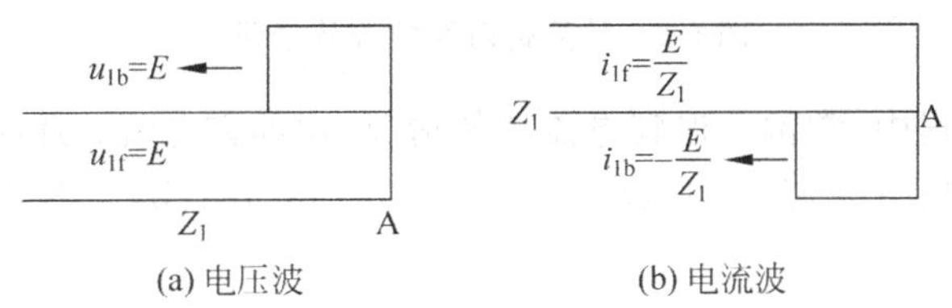

(a) 电压波　　(b) 电流波

图 6-6　线路末端开路时波的折射与反射

3. 末端接集中负载时的折射与反射

当末端接集中负载 $R\neq Z_1$ 时，波将在集中负载上发生折射与反射。而当 $R=Z_1$ 时，没有反射电压波和反射电流波，由 Z_1 传输过来的能量全部消耗在 R 上，其结果如图 6-7 所示。

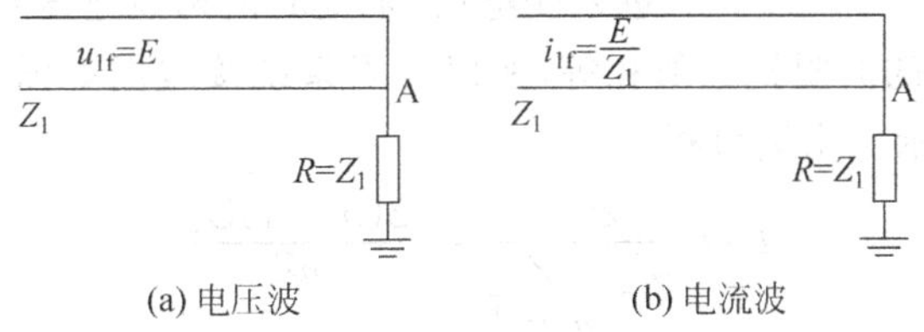

(a) 电压波　　(b) 电流波

图 6-7　线路末端接集中负载 $R=Z_1$ 时波的折射与反射

6.2.2　彼德逊法则

如图 6-8(a)所示，任意波形的前行波 u_{1f} 到达节点 A 后(Z_2 可为长线路，也可是任意的集中阻抗)，对于节点 A 的波形变化情况，根据式(6-14)有：

$$\begin{cases} u_2 = u_{1f} + u_{1b} \\ i_2 = i_{1f} + i_{1b} \end{cases} \tag{6-20}$$

将 $i_{1f}=u_{1f}/Z_1$，$i_{1b}=-u_{1b}/Z_1$ 代入式(6-20)，解得

$$2u_{1f} = u_2 + Z_1 i_2 \tag{6-21}$$

由式(6-21)可知，当计算节点 A 电压时，可将图 6-8(a)所示的分布参数等值电路转化为图 6-8(b)所示的集中参数等效电路。其中，波阻抗 Z_1 用数值相等的等效阻抗来代替，把入射电压波 u_{1f} 的 2 倍作为等值电压源，这就是计算节点电压 u_2 的等值电路法则，也称作彼德逊法则。利用这一法则，就可以把分布参数电路的波过程中许多问题简化成我们熟悉的集中参数电路的暂态计算。

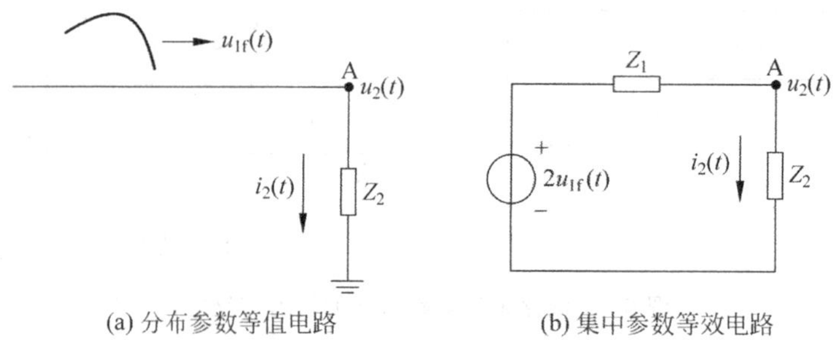

(a) 分布参数等值电路　　(b) 集中参数等效电路

图 6-8　计算折射波的等效电路

在实际的计算过程中，常常会遇到电流源的情况，比如雷电流。此时采用如图 6-9 所示的电流源等效电路比较方便，其中 $i_{1f}(t)=u_{1f}(t)/Z_1$。图 6-8(b)与图 6-9 所示的电路是等效的。

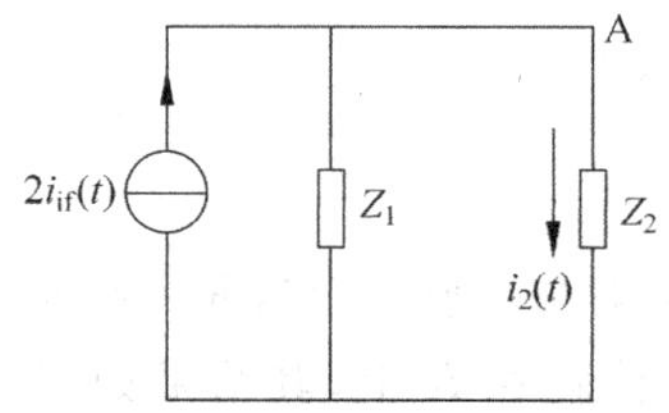

图 6-9　集中参数等效电路(电流源)

彼德逊法则只适用于一定条件下：①入射波必须是沿着一条分布参数线路传播过来；②只适用于节点 A 之后的任何一条线路末端产生的反射波尚未回到节点 A 之前。

例　设某变电所母线上共有 n 条架空线路，当其中一条线路遭受雷击时，即有一过电压波 U_0 沿着该线进入变电所，求此时的母线电压 U_{bb}。

解：因为架空线路的波阻抗近似相等，所以可得系统接线图如图 6-10(a)所示，系统等值电路如图 6-10(b)所示。由图可得：

$$I=\frac{2U_0}{Z+\dfrac{Z}{n-1}}=\frac{2(n-1)U_0}{nZ}$$

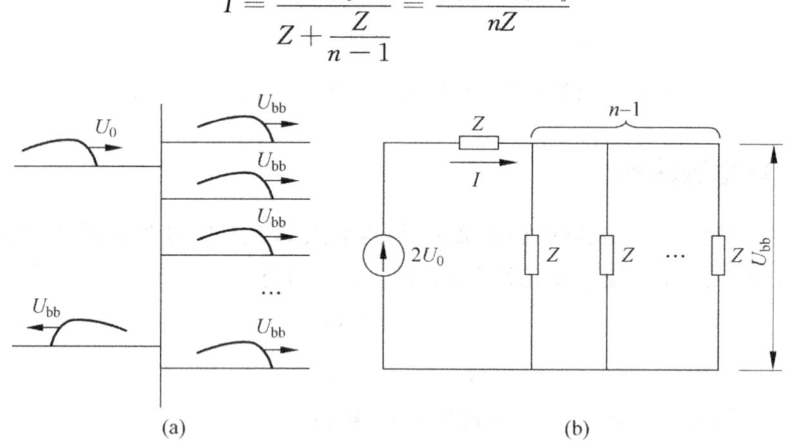

(a)　(b)

图 6-10　有多条出线的变电所母线电压计算

所以有：

$$U_{bb}=I\frac{Z}{n-1}=\frac{2U_0}{n}\quad \text{或}\quad U_{bb}=2U_0-IZ=\frac{2U_0}{n}$$

由此可见，变电所母线所接线路数越多，则母线上的过电压越低，在变电所的过电压防护中对此应有考虑。

1. 波通过并联电容

如图 6-11(a)所示的线路中，节点 A 处并联有集中参数元件 C，侵入波为无限长直角波，下面结合彼德逊法则对节点 A 的电压进行分析。

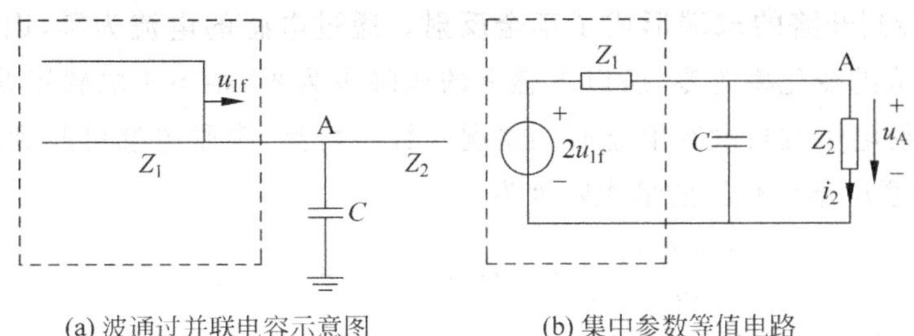

(a) 波通过并联电容示意图　　(b) 集中参数等值电路

图 6-11　波通过并联电容

根据彼德逊法则，画出如图 6-11(b)所示的集中参数等值电路。根据电路知识，由“三要素”法求得：

$$u_A = \frac{2Z_2}{Z_1 + Z_2} u_{1f}(1 - e^{-\frac{t}{T_C}}) = \alpha u_{1f}(1 - e^{-\frac{t}{T_C}}) \tag{6-22}$$

式中：T_C为等值电路的时间常数，$T_C = CZ_1Z_2/(Z_1+Z_2)$；α 为无电容 C 时的折射系数，$\alpha = 2Z_2/(Z_1+Z_2)$。

由式(6-22)可知，当 $t=0$ 时，$u_A=0$，这是由于电容电压不能突变，此时电容相当于短路，随后波的折射、反射才以指数规律变化。当 $t\to\infty$时，电容被充电到稳定电压，充电电流为零，电容相当于开路，此时波在节点 A 的折射、反射电压就与没有电容时的情况一样，即 $u_A = \alpha u_0$。可见并联电容可起到削弱来波陡度的作用，通过并联电容后行波的最大陡度为

$$\left.\frac{du_A(t)}{dt}\right|_{max} = \alpha u_{1f} \left.\frac{1}{T_C}\right|_{t=0} = \frac{2u_{1f}}{CZ_1} \tag{6-23}$$

可见，C 值越大，折射电压的陡度越小。

2. 波通过串联电感

如图 6-12(a)所示，在节点 A 前串联有集中参数元件 L，侵入波为无限长直角波，下面结合彼德逊法则对节点 A 的电压进行分析。

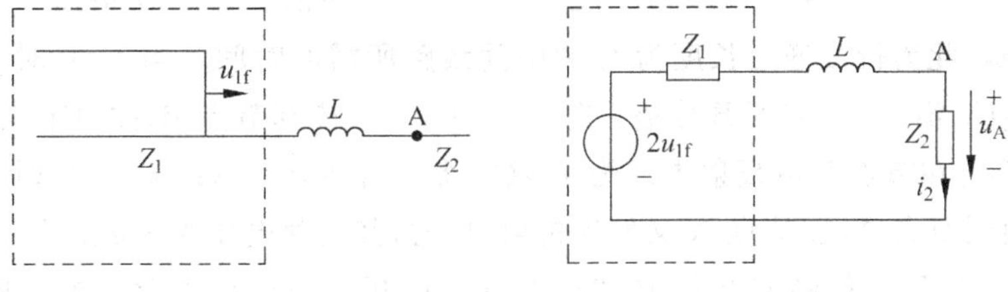

(a) 波通过串联电感示意图　　(b) 集中参数等值电路

图 6-12　波通过串联电感

根据彼德逊法则，可画出如图 6-12(b)所示的集中参数等值电路。根据电路知识，由“三要素”法可得：

$$u_A = \frac{2Z_2}{Z_1 + Z_2} u_{1f}(1 - e^{-\frac{t}{T_L}}) = \alpha u_{1f}(1 - e^{-\frac{t}{T_L}}) \tag{6-24}$$

式中：T_L 为等值电路的时间常数，$T_L=L/(Z_1+Z_2)$；α 为无电感 L 时的折射系数，$\alpha=2Z_2/(Z_1+Z_2)$。

由式(6-24)可知，当 $t=0$ 时，$u_A=0$，这是因为通过电感的电流不能突变，电感相当于开路，即相当于波传到开路的末端形成了正全反射。通过电感的电流为零，因此 $u_A=0$。当 $t\to\infty$ 时，由于电流的变化率为零，所以电感上的压降也为零，相当于电感短路，此时波在节点 A 的折射、反射电压就与没有电感时的情况一样。可见，串联电感可起到削弱来波陡度的作用。通过串联电感后行波的最大陡度为

$$\left.\frac{\mathrm{d}u_A(t)}{\mathrm{d}t}\right|_{\max}=\alpha u_{1f}\left.\frac{1}{T_L}\right|_{t=0}=\frac{2Z_2}{L}u_{1f}\tag{6-25}$$

可见，L 值越大，折射电压的陡度越小。

由上述两例可知，侵入波通过并联电容或串联电感后，均由直角波变成了指数波，波头均被拉长。因此，在防雷保护中常用来限制雷电波的陡度，以保护电机的绝缘，只要加大 C 或 L 的值，即可将侵入波陡度限制在一定的允许范围内。但是由于波刚到电感时会发生电压的正全反射而危及电感首端处的绝缘，并且采用电容较为经济，所以一般都采用并联电容的方法来限制侵入波陡度。

6.3 波的多次折射与反射

在实际电网中，线路的长度总是有限的，例如两段架空导线中间连接一段电缆线或用一段电缆将发电机连接到架空线路上。在这些情况下，波将在两个节点之间发生多次的折射、反射现象。用网格法可以简单清晰地计算波的多次折射、反射过程。下面将用网格法来分析波在阻抗不同的串联三导线两节点之间的多次折射、反射现象。

如图 6-13(a)所示，设无限长直角波电压 U_0 自波阻抗为 Z_1 的线路经一段长度为 l_0、波阻抗为 Z_0 的短线向波阻抗为 Z_2 的线路侵入，波将在两个节点 A、B 之间发生多次的折射、反射。

显然两个节点间的折射、反射系数分别为

$$\alpha_1=\frac{2Z_0}{Z_1+Z_0},\alpha_2=\frac{2Z_2}{Z_0+Z_2};\quad \beta_1=\frac{Z_1-Z_0}{Z_1+Z_0},\beta_2=\frac{Z_2-Z_0}{Z_0+Z_2}$$

令 $\tau=l_0/v_0$，此为行波通过长度为 l_0 的中间线路所需的时间。当 $t=0$ 时，波传到节点 A，折射电压 α_1U_0 沿 Z_0 向节点 B 传播；当 $t=\tau$ 时，α_1U_0 传到节点 B，此时节点 B 电压即折射电压为 $\alpha_1\alpha_2U_0$，在节点 B 的反射电压为 $\alpha_1\beta_2U_0$ 将返回到节点 A；当 $t=2\tau$ 时，节点 B 的反射波 $\alpha_1\beta_2U_0$ 回到节点 A，在节点 A 又发生折射、反射，其反射电压为 $\alpha_1\beta_1\beta_2U_0$；当 $t=3\tau$ 时，反射电压波 $\alpha_1\beta_1\beta_2U_0$ 又传到节点 B，在节点 B 又发生折射、反射，如此类推。从图 6-13(b)中可以看到，经过 n 次折射、反射后，节点 B 的电压为

$$\begin{aligned}u_B(t)&=\alpha_1\alpha_2U_0+\alpha_1\alpha_2\beta_1\beta_2U_0+\alpha_1\alpha_2\beta_1^2\beta_2^2U_0+\cdots+\alpha_1\alpha_2\beta_1^{n-1}\beta_2^{n-1}U_0\\&=\alpha_1\alpha_2U_0[1+\beta_1\beta_2+(\beta_1\beta_2)^2+\cdots+(\beta_1\beta_2)^{n-1}]\\&=\alpha_1\alpha_2U_0\frac{1-(\beta_1\beta_2)^n}{1-\beta_1\beta_2}\end{aligned}\tag{6-26}$$

当 $t\to\infty$ 时，$n\to\infty$，因为 $|\beta_1\beta_2|<1$，所以 $(\beta_1\beta_2)^n=0$，于是，节点 B 的电压为

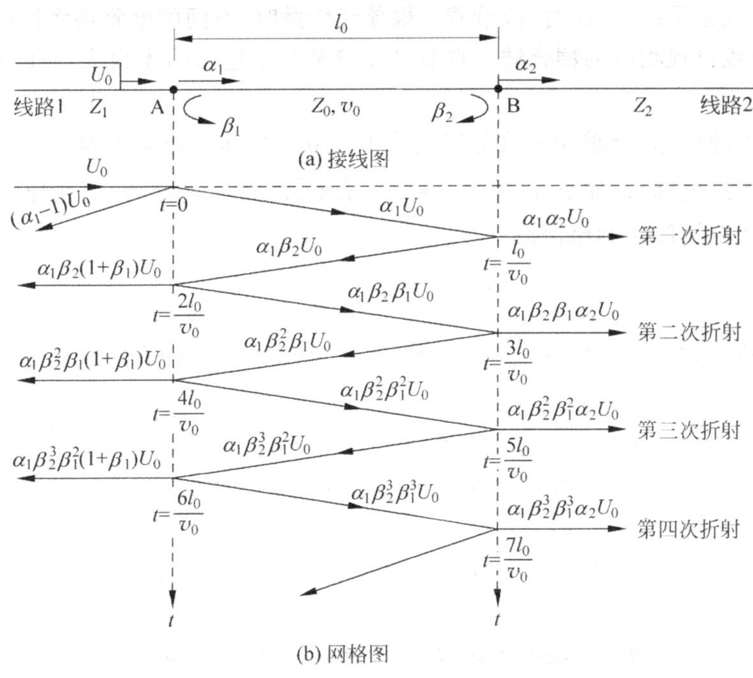

图 6-13 网格法

$$u_B = \alpha_1\alpha_2 U_0 \frac{1}{1-\beta_1\beta_2} = \frac{2Z_2}{Z_1+Z_2}U_0 = \alpha U_0 \tag{6-27}$$

式(6-27)中的 α 即为波从波阻抗为 Z_1 的线路直接向波阻抗为 Z_2 的线路传播时的折射系数。这说明折射到线路 Z_2 的电压最终值只由波阻抗 Z_1 和 Z_2 所决定，而与中间线路的波阻抗 Z_0 无关。

串联三导线的中间线路的存在只影响折射波的波头。依据与之串联的另外两导线波阻抗 Z_1、Z_2 参数的不同配合，其影响的程度是不同的。如果中间线路的波阻抗 Z_0 比 Z_1 和 Z_2 小得多(例如在两段架空线之间插接一段电缆)，反射系数 β_1、β_2 均大于零，因而各次折射波都为正，总的电压 u_B 逐次叠加增大，如果 Z_0 远远小于 Z_1 和 Z_2，表示中间线路段的电感较小，对地电容较大(电缆就属这种情况)，在近似计算中，可忽略电感，而将中间线路用一个等效并联电容 C 来替代，从而使波前陡度下降；反之，如果 Z_0 比 Z_1 和 Z_2 大得多(例如在两段电缆线路中插接一段架空线)，反射系数 β_1、β_2 均小于零，但其乘积仍为正值，因而折射电压 u_B 逐次叠加增大，如果 Z_0 远远大于 Z_1 和 Z_2，表示中间线路段的电感较大，对地电容较小，在近似计算中，可忽略电容，而将中间线路用一个等效串联电感 L 来代替，同样可以使波前陡度减小。而当 Z_0 处于 Z_1 和 Z_2 之间时，中间线路的存在将使折射到 Z_2 上的电压波发生振荡，振荡围绕其最终值 αU_0 进行，逐渐衰减。

6.4 无损平行多导线系统中的波过程

前面分析的都是以大地为回路的单导线线路的波过程，实际上线路都是由多根平行导线组成的，例如三相输电线路就有三根平行导线，如果带有避雷线，就有四根(单避雷线)或五根平行导线(双避雷线)。此时,波沿着一根导线传播时,空间的电磁场将作用于其他平行导线,使其他导线出现相应的耦合波。本节将介绍平行于地面的无损多导线系统中波的传播规律。

根据静电场的概念,当单位长度导线上有电荷 q_0 时,其对地电压为 $u=q_0/C_0$(C_0 为单位长度导线的对地电容)。如 q_0 以速度 $v=1/\sqrt{L_0C_0}$ 沿着导线运动,则在导线上将有一个以速度 v 传播的电压波 u 和电流波 i:

$$i = qv = uC_0\frac{1}{\sqrt{L_0C_0}} = \frac{u}{Z}$$

根据麦克斯韦方程和线性系统的迭加原理,可以写出与地面平行的 n 根导线中各导线的对地电位为

$$\begin{cases} u_1 = a_{11}q_1 + a_{12}q_2 + \cdots + a_{1k}q_k + \cdots + a_{1n}q_n \\ u_2 = a_{21}q_1 + a_{22}q_2 + \cdots + a_{2k}q_k + \cdots + a_{2n}q_n \\ \cdots \\ u_k = a_{k1}q_1 + a_{k2}q_2 + \cdots + a_{kk}q_k + \cdots + a_{kn}q_n \\ \cdots \\ u_n = a_{n1}q_1 + a_{n2}q_2 + \cdots + a_{nk}q_k + \cdots + a_{nn}q_n \end{cases} \tag{6-28}$$

式中:$u_k(k=1,2,\cdots,n)$为导线 k 的对地电位;$q_k(k=1,2,\cdots,n)$为导线 k 单位长度上的电荷;$a_{kk}(k=1,2,\cdots,n)$为导线 k 单位长度的自电位系数;a_{kn} 为导线 k 与导线 n 单位长度间的互电位系数。

自电位系数 a_{kk} 的含义可用下式表示:

$$a_{kk} = \frac{u_k}{q_k}\bigg|_{q_1=q_2=\cdots=q_{k-1}=q_{k+1}=\cdots=q_n=0} \tag{6-29}$$

即在一个系统中,第 k 根导线的自电位系数表示为:除其自身导线以外,其他$(n-1)$根导线上的电荷全为零时,第 k 根导线电位 u_k 与第 k 根导线电荷 q_k 的比值。因为第 k 根导线单位长度对地电容 $C_k=q_k/u_k$,所以 $a_{kk}=1/C_k$。即自电位系数实际上就是第 k 根导线单位长度对地电容的倒数。这样,自电位系数 a_{kk} 可表示为

$$a_{kk} = \frac{1}{2\pi\varepsilon_0\varepsilon_r}\ln\frac{2h_k}{r_k} \tag{6-30}$$

互电位系数 a_{kn} 的含义可用下式表示:

$$a_{kn} = \frac{u_k}{q_n}\bigg|_{q_1=q_2=\cdots=q_k\cdots=q_{n-1}=0} \tag{6-31}$$

即在一个系统中,第 k 根导线与第 n 根导线的互电位系数表示为:除第 n 根导线以外,其他$(n-1)$根导线上的电荷全为零时,由 q_n 在第 k 根导线上产生的电位 u_k 与 q_n 的比值。如图 6-14 所示,根据电磁场理论可知,第 n 根线上的电荷 q_n 在第 k 根导线上产生的电位为

$$u_k = \frac{q_n}{2\pi\varepsilon_0\varepsilon_r}\ln\frac{d'_{kn}}{d_{kn}} \tag{6-32}$$

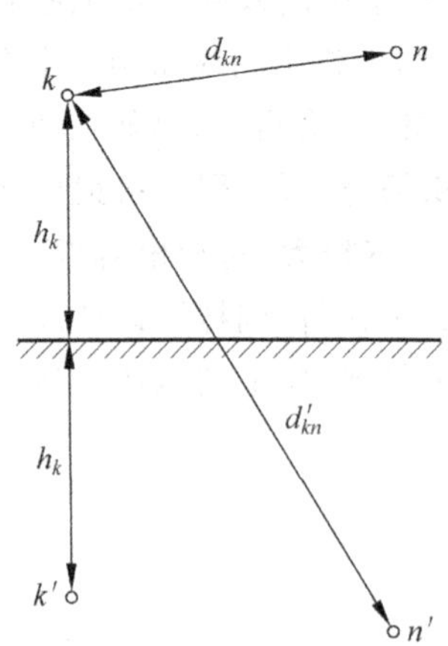

图 6-14 平行多导线系统及其镜像

所以:

$$\alpha_{kn} = \frac{1}{2\pi\varepsilon_0\varepsilon_r}\ln\frac{d'_{kn}}{d_{kn}} \tag{6-33}$$

式中：d_{kn}为导线k与导线n间的距离；d'_{kn}为导线k与导线n镜像n'间的距离。

在式(6-28)右边各项分别乘以v/v，其中v为波的传播速度，并以$i_k=q_kv$，$Z_{kn}=a_{kn}/v$代入，可得：

$$\begin{cases} u_1 = Z_{11}i_1 + Z_{12}i_2 + \cdots + Z_{1k}i_k + \cdots Z_{1n}i_n \\ u_2 = Z_{21}i_1 + Z_{22}i_2 + \cdots + Z_{2k}i_k + \cdots Z_{2n}i_n \\ \cdots \\ u_k = Z_{k1}i_1 + Z_{k2}i_2 + \cdots + Z_{kk}i_k + \cdots Z_{kn}i_n \\ \cdots \\ u_n = Z_{n1}i_1 + Z_{n2}i_2 + \cdots + Z_{nk}i_k + \cdots Z_{nn}i_n \end{cases} \tag{6-34}$$

式中：Z_{kk}为导线的自波阻抗，Ω；Z_{kn}为导线k与n之间的互波阻抗，Ω。对于架空线路来说：

$$Z_{kk} = \frac{a_{kk}}{v} = 60\ln\frac{2h_k}{r_k} \tag{6-35}$$

$$Z_{kn} = \frac{a_{kn}}{v} = 60\ln\frac{d'_{kn}}{d_{kn}} \tag{6-36}$$

导线k与n靠得越近，则Z_{kn}越大。

上述平行多导线的电位方程仅考虑线路上只有前行波时的情况，若导线上同时有前行波和反行波存在时，则n根导线系统中的每一根导线(如第k根导线)可以列出下列方程组：

$$\begin{cases} u_k = u_{kf} + u_{kb}, \quad i_k = i_{kf} + i_{kb} \\ u_{kf} = Z_{k1}i_{1f} + Z_{k2}i_{2f} + \cdots + Z_{kk}i_{kf} + \cdots + Z_{kn}i_{nf} \\ u_{kb} = -(Z_{k1}i_{1b} + Z_{k2}i_{2b} + \cdots + Z_{kk}i_{kb} + \cdots + Z_{kn}i_{nb}) \end{cases} \tag{6-37}$$

式中：u_{kf}、u_{kb}为导线k上的前行电压波和反行电压波；i_{kf}、i_{kb}为导线k上的前行电流波和反行电流波。n根导线就可以列出n个方程组，加上边界条件就可以分析多导线中波的传播问题。

6.5 波的衰减与畸变

在前面的讨论中，我们均忽略了线路电阻和线路的对地泄漏电导，也不考虑大地电阻和冲击电晕的影响。而实际上这些影响因素都是客观存在的，因此波在线路上传播时总会发生不同程度的衰减与畸变。下面对其逐一分析。

6.5.1 导线电阻和泄漏电导的影响

考虑导线电阻R_0和线路对地电导G_0时，单根有损输电线路的单元等值电路如图6-15所示。导线电阻和对地电导都会产生能量损耗，因而一般情况下都会引起传输过程中波的衰减与畸变。

$$\frac{R_0}{G_0} = \frac{L_0}{C_0} \tag{6-38}$$

但是当线路参数满足式(6-38)所示条件时，波在线路中传播只会衰减而不会畸变。因为此时，在波的传播过程中每单位长度线路上的磁能和电能之比恰好等于电流波在导线电

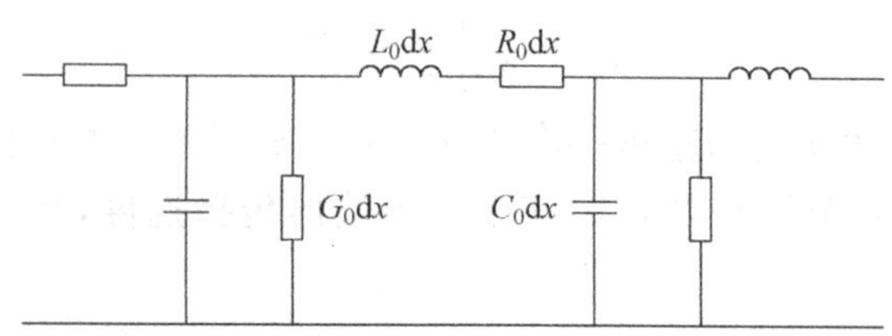

图 6-15 单根有损长线的单元等值电路

阻上的热损耗和电压波在线路电导上的热损耗之比，即：

$$\frac{\frac{1}{2}L_0 i^2}{\frac{1}{2}C_0 u^2} = \frac{R_0 i^2 t}{G_0 u^2 t} \tag{6-39}$$

所以，电阻和电导的存在不会引起波传播过程中电能与磁能的相互交换，电磁波只是衰减而并不畸变。式(6-38)称为波传播的无畸变条件。当满足此条件时，电压波与电流波可以表示为

$$\begin{cases} u(x,t) = e^{\beta t}(u_f + u_b) \\ i(x,t) = \dfrac{1}{Z}e^{\beta t}(u_f - u_b) \end{cases} \tag{6-40}$$

式中：β 为衰减系数。

事实上，输电线路并不满足上述无畸变条件，所以波在传播过程中，不但会衰减，而且还会畸变。集肤效应会导致导线的电阻随频率的增加而增加。任意波形的电磁波可以分解成不同频率的分量，因为各种频率下的电阻不同，波的衰减程度不同，因此会引起波传播过程中的畸变。

6.5.2 冲击电晕的影响

经分析计算表明，导线电阻、导线泄漏电导及大地电阻等对波过程的影响相对较小。而强烈的冲击电晕是造成波衰减与畸变的重要原因。冲击电晕对导线波过程的影响主要表现在以下三个方面。

1. 导线的波阻抗和波速减小

当高幅值的冲击电压波作用于导线时，导线周围局部空气将产生局部放电，即电晕放电。线路发生冲击电晕后，在导线周围沿导线径向形成导电性的电晕层，电晕层内充满电荷，相当于增大了导线的半径，导线的对地电容也随之增大，于是线路的波阻抗减小，波速也下降。

2. 使导线的耦合系数增大

导线上出现冲击电晕后，相当于增大了导线的半径，因而与其他导线之间的耦合系数也将增大。因电晕效应而增大的耦合系数可按下式进行校正：

$$k = k_0 k_1 \tag{6-41}$$

式中：k_0 为导线与避雷线间的几何耦合系数，决定于导线与避雷线的几何尺寸及其相对位置；k_1 为电晕效应校正系数，一般取 1.1～1.5。由于电晕效应使导线之间的耦合系数增大

了，所以，当雷击塔顶或避雷线档距中间时，作用在绝缘子上的电位差将减小，这对线路的防雷是有利的。

3. 使波在传播过程中发生衰减与变形

冲击电晕的强烈程度与电压大小有关，因而高电压部分行波比低电压部分行波的传播速度要慢一些。如图 6-16 所示，曲线 1 表示原始波形，曲线 2 表示行波传播距离 l 后的波形，从图可以看到当电压高于电晕起始电压 u_k 后，波形就开始出现剧烈的畸变。这可以看成是电压高于 u_k 的各点由于电晕使线路对地电容增大从而以小于光速的速度向前运动所产生的结果。图中低于 u_k 的部分，由于不发生电晕而仍以光速前进，图中 A 点由于产生了电晕，它就以比光速小的速度 v_k 前进，在行经 l 距离后它就落后了 $\Delta\tau$ 时间而变成图中 A' 点。也就是说冲击电晕不仅消耗了能量，使过电压波的幅值衰减，同时也使行波的波头被拉长了，即降低了波的陡度。显然，$\Delta\tau$ 与行波传播距离 l 和电压 u 有关，一般可用如下的经验公式计算。

$$\Delta\tau = l\left(0.5 + \frac{0.008u}{h}\right) \tag{6-42}$$

式中：l 为行波的传播距离，km；u 为行波的电压幅值，kV；h 为导线的平均悬挂高度，m。实测结果表明，电晕在波尾上将停止发展，并且电晕层逐渐消失，衰减后的波形与原始波形的波尾交点即可近似为衰减后波形的幅值，如图 6-16 中 B 点所示，其波尾与原始波形波尾基本相同。利用冲击电晕会使行波衰减和畸变的特性，设置进线保护段作为变电所防雷保护的一个主要保护措施。

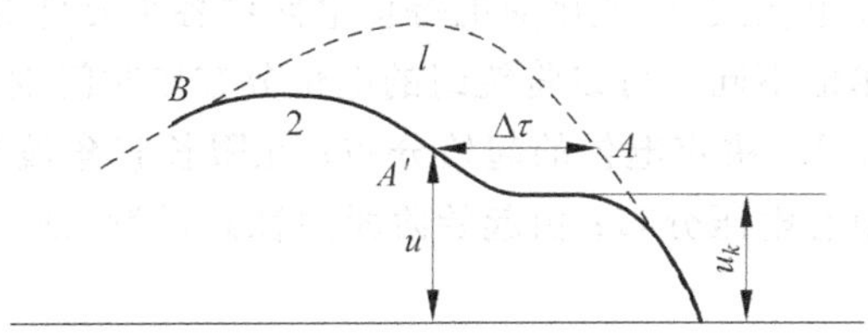

图 6-16 由电晕引起的行波的衰减与畸变

6.6 绕组中的波过程

过电压波可以从一条线路传播到相连的另一条线路，也可以从线路传播到变压器、旋转电机等重要电气设备。变压器、发电机绕组的结构很复杂，而且绕组参数也是非线性的，所以其波过程要比线路复杂得多。完全依靠理论分析难以达到要求，为了求在不同波形的冲击电压作用下绕组各点的电压分布规律，多借助于瞬变分析仪、实体模型试验或计算机仿真来求解。尽管如此，通过简化的网络模型进行研究，从而找出变压器、发电机绕组中波过程的基本规律，还是很有必要的。

在冲击波作用下，变压器绕组内部将出现复杂的电磁暂态过程，使其主绝缘(绕组对地、绕组之间)和纵绝缘(绕组的匝间、层间或线饼间)上可能受到很高的过电压而损坏。这主要是由绕组内部的电磁振荡过程和绕组之间的静电感应、电磁感应过程所引起。

6.6.1 变压器绕组中的波过程

1. 变压器绕组的简化等值电路

变压器绕组每匝都具有自感，相互之间有互感，而且绕组对地具有电容，相互之间也有纵向电容。此外，绕组还具有代表铜损和铁损的有效电阻以及代表绝缘损耗的漏电导。为了研究方便，先以单相绕组为研究对象，假设绕组的结构绝对均匀，并且不计匝间的互感和绕组的损耗，可以得到变压器绕组的简化等值电路如图 6-17 所示。图中 K_0、C_0、L_0 分别为绕组单位长度的纵向（段间）电容、对地电容、电感。l 是绕组长度（不是导线长度）。绕组末端（中性点）可能接地，也可能不接地（接地与否可用图中开关 S 的不同位置来表示）。

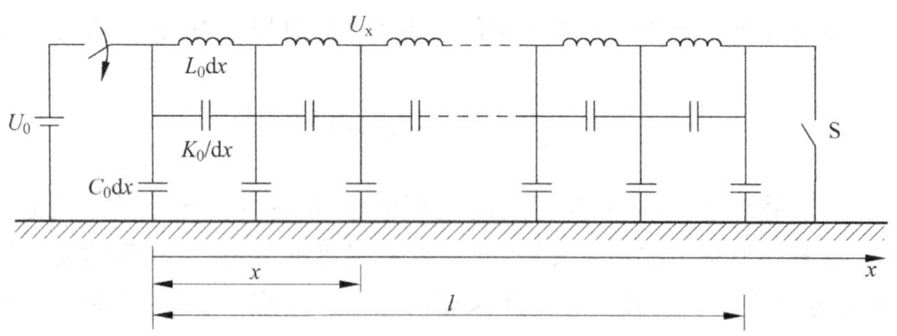

图 6-17 变压器绕组等值电路

由于冲击波作用于绕组在波首、波尾时的等值电路中各个元件的作用会发生变化，与其相对应的波过程变化规律也不同。可以将绕组的电位分布按时间划分为三个不同阶段：直角波开始作用瞬间，由 C_0、K_0 决定电位的起始分布；无限长直角波长期作用时($t\to\infty$)，只由绕组的直流电阻决定稳态电压分布；由起始阶段向稳态过渡，即 $t=0$ 起到时间趋向无穷大阶段。

2. 绕组中的初始电压分布

当绕组电压突然合闸于如图 6-17 所示的等值电路时，由于电感中电流不能突变，故在合闸瞬间($t=0$)电感中不会有电流流过，则图 6-17 的等值电路可以进一步简化为图 6-18 所示的等值电路。

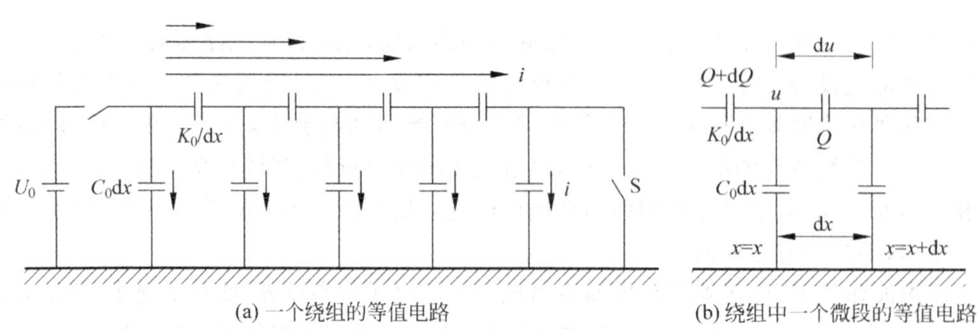

图 6-18 决定电压初始分布的变压器绕组等值电路

若距离绕组首端为 x 处的电压为 u，纵向电容 $K_0/\mathrm{d}x$ 上的电荷为 Q，对地电容 $C_0\mathrm{d}x$ 上的电荷为 $\mathrm{d}Q$，则可列出如下方程式：

$$Q=\frac{K_0}{\mathrm{d}x}\mathrm{d}u \tag{6-43}$$

$$\mathrm{d}Q=uC_0\mathrm{d}x \tag{6-44}$$

将式(6-43)对 x 的微分：

$$\frac{\mathrm{d}Q}{\mathrm{d}x}=K_0\frac{\mathrm{d}^2u}{\mathrm{d}x^2}$$

将式(6-44)代入得：

$$\frac{\mathrm{d}^2u}{\mathrm{d}x^2}-\frac{C_0}{K_0}u=0 \tag{6-45}$$

其解为

$$u=A\mathrm{e}^{\alpha x}+B\mathrm{e}^{-\alpha x} \tag{6-46}$$

其中，$\alpha=\sqrt{\dfrac{C_0}{K_0}}$，$A$、$B$ 由初始条件决定。

1) 绕组末端接地(图 6-17 中开关 S 闭合时)

在绕组首端($x=0$ 处)，$u=U_0$。在绕组末端($x=l$ 处)，$u=0$，于是：

$$\begin{cases}A+B=U_0\\ A\mathrm{e}^{\alpha l}+B\mathrm{e}^{-\alpha l}=0\end{cases} \tag{6-47}$$

解上面的方程得：

$$A=-\frac{U_0\mathrm{e}^{-\alpha l}}{\mathrm{e}^{\alpha l}-\mathrm{e}^{-\alpha l}},\quad B=\frac{U_0\mathrm{e}^{\alpha l}}{\mathrm{e}^{\alpha l}-\mathrm{e}^{-\alpha l}} \tag{6-48}$$

将 A 和 B 代入式(6-46)得：

$$u=\frac{U_0}{\mathrm{e}^{\alpha l}-\mathrm{e}^{-\alpha l}}\left[\mathrm{e}^{\alpha(l-x)}-\mathrm{e}^{-\alpha(l-x)}\right] \tag{6-49}$$

或

$$u=U_0\frac{\mathrm{sh}\alpha(l-x)}{\mathrm{sh}\alpha l} \tag{6-50}$$

它是无限长直角波到达绕组的瞬间($t=0$)绕组上的各点对地电位分布，称为起始电位分布。图 6-19(a)表示绕组末端接地情况下，不同的 αl 值时绕组起始电压的分布曲线。

2) 绕组末端开路(图 6-17 中开关 S 打开时)

在绕组首端($x=0$ 处)，$u=U_0$。在绕组末端($x=l$ 处)，$K_0/\mathrm{d}x$ 上的电荷为零，即 $K_0\left.\dfrac{\mathrm{d}u}{\mathrm{d}x}\right|_{x=l}=0$，于是：

$$\begin{cases}A+B=U_0\\ A\mathrm{e}^{\alpha l}-B\mathrm{e}^{-\alpha l}=0\end{cases} \tag{6-51}$$

解上式得：

$$A=\frac{U_0\mathrm{e}^{-\alpha l}}{\mathrm{e}^{\alpha l}+\mathrm{e}^{-\alpha l}},\quad B=\frac{U_0\mathrm{e}^{\alpha l}}{\mathrm{e}^{\alpha l}+\mathrm{e}^{-\alpha l}} \tag{6-52}$$

将 A 和 B 代入式(6-46)可得：

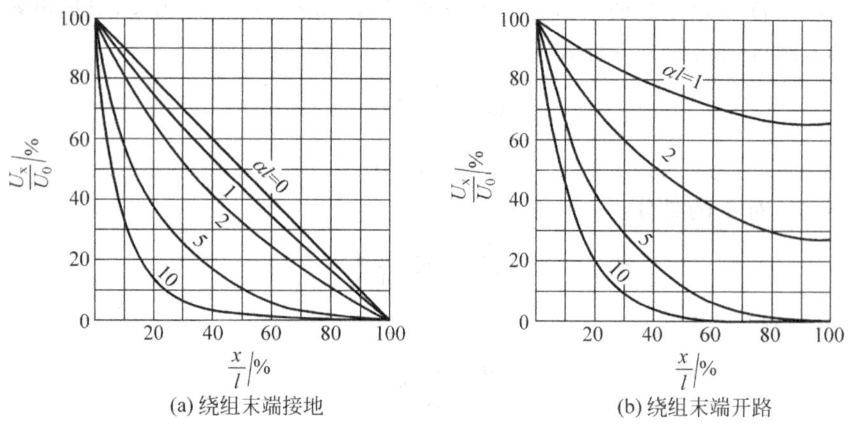

图 6-19　电压沿绕组的起始分布

$$u = \frac{U_0}{e^{\alpha l} + e^{-\alpha l}}\left[e^{\alpha(l-x)} + e^{-\alpha(l-x)}\right] \tag{6-53}$$

或

$$u = U_0 \frac{\mathrm{ch}\alpha(l-x)}{\mathrm{ch}\alpha l} \tag{6-54}$$

图 6-19(b)表示绕组末端开路情况下，不同的 αl 值时绕组起始电压的分布曲线。由式(6-50)、式(6-54)以及图 6-19(a)、(b)可见，绕组的起始电压分布与绕组的 αl 值有关，一般变压器的 αl 值为 5～10，当 αl 值为 10 时，$e^{-\alpha l}$ 与 $e^{\alpha l}$ 相比是很小的，可以将其忽略，因此 $\mathrm{sh}\alpha l \approx \mathrm{ch}\alpha l \approx e^{\alpha l}/2$。于是，绕组末端不管接地与否，可以用一个公式表示，即：

$$u = U_0 e^{-\alpha x} = U_0 e^{-\alpha l \frac{x}{l}} \tag{6-55}$$

由式(6-55)可知，绕组中的起始电压分布是很不均匀的，其不均匀程度与 αl 有关。把 αl 改写成 $\alpha l = \sqrt{C_0 l/(K_0/l)}$，可见绕组中的起始电压分布取决于全部对地电容 $C_0 l$ 与全部纵向电容 K_0/l 的相对比值。同时可以看到，较大部分的电压降落发生在绕组首端附近，并且在 $x=0$ 处电位梯度最大。由式(6-55)可以求出首端梯度的绝对值为

$$\left.\frac{\mathrm{d}u}{\mathrm{d}x}\right|_{x=0} = U_0\alpha = \frac{U_0}{l}\alpha l \tag{6-56}$$

式中：U_0/l 为绕组的平均电位梯度。

式(6-56)表明，$t=0$ 瞬间，绕组首端的电位梯度将比平均值大 αl 倍。因此对绕组首端的绝缘需要采取保护措施，可通过补偿对地电容 $C_0\mathrm{d}x$ 的影响或增大纵向电容 $K_0/\mathrm{d}x$，来改善起始电位分布。

试验表明，变压器绕组中的电磁振荡过程在 10μs 以内尚未发展起来，在这期间，变压器绕组电感中电流很小，可以忽略，这样绕组电位分布仍与起始分布相近。因此在雷电冲击波作用下分析变电所防雷保护时，变压器对于变电所中波过程的影响可以用一个集中电容 C_T 来表示，C_T 称为变压器的入口电容。入口电容是对整个电容链的等效，考虑到 $K_0 \gg C_0$ 的关系，因此它在 U_0 直角波作用下所吸收的电荷几乎等于绕组首端线饼纵向电容所吸收的电荷，即：

$$C_T = \frac{Q_{x=0}}{U_0} \approx \frac{1}{U_0} K_0 \left(\frac{\mathrm{d}u}{\mathrm{d}x}\right)_{x=0} \tag{6-57}$$

将式(6-56)代入可得：

$$C_T = \frac{1}{U_0}K_0U_0\alpha = K_0\alpha = \sqrt{C_0 l \frac{K_0}{l}} = \sqrt{CK} \tag{6-58}$$

可见变压器入口电容是绕组全部对地电容与全部匝间电容的几何平均值。它与变压器电压和容量有关，各种电压等级的变压器入口电容值可参考表 6-1。

表 6-1　变压器入口电容

变压器额定电压/kV	35	110	220	330	500
入口电容/pF	500～1000	1000～2000	1500～3000	2000～5000	4000～6000

3. 绕组中的稳态电压分布

1) 绕组末端接地

当 $t\to\infty$ 时，在电压 U_0 的作用下，绕组的稳态电压按绕组的电阻分配，由于绕组电阻是均匀的，所以其稳态电压分布也是均匀的，如图 6-20(a)中的曲线 2，其电压分布可以用式(6-59)表示。

$$u = U_0\left(1 - \frac{x}{l}\right) \tag{6-59}$$

2) 绕组末端开路

当 $t\to\infty$ 时，绕组各点电位均为 U_0，即：

$$u = U_0 \tag{6-60}$$

如图 6-20(b)中的曲线 2。

4. 绕组中的振荡过程

由于变压器绕组中的初始电压分布与稳态分布不同，因此从初始分布到稳态分布必然有一个过程，此过程因电感、电容间的能量转换而具有振荡性质，振荡的激烈程度与起始分布和稳态分布的差值有直接关系。将振荡过程中绕组各点出现的最大电位记录下来并连起来成为最大电位包络线。作为定性分析，通常将稳态分布与初始分布的差值分布，如图 6-20(a)、(b)中的曲线 4，叠加在稳态分布上，形成如图 6-20(a)、(b)中的曲线 3，用于近似描述绕组中各点最大电位包络线，即：

$$u_{max} = (u_\infty - u_0) + u_\infty = 2u_\infty - u_0 \tag{6-61}$$

式中：u_∞ 与 u_0 分别表示稳态电压与初始电压。

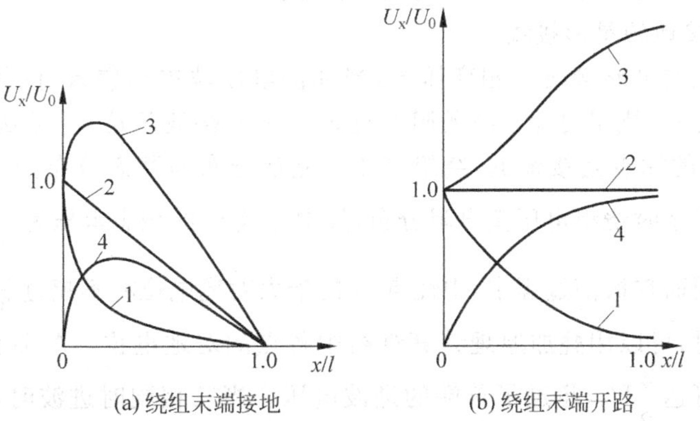

图 6-20　单相绕组中起始电压分布、稳态电压分布和最大对地电位包络线

显然可以将式(6-61)用于对绕组中各点最大电位的定性分析。从图 6-20 可知，对末端接地的绕组，最大电位将出现在绕组首端附近，其值可达 1.4 U_0 左右，实际上由于绕组的损耗，最大值将低于上述数值。

5. 侵入波波形对振荡过程的影响

变压器绕组在侵入波的影响下，其振荡过程与侵入波电压的陡度有关。当侵入波波头较长时陡度较小，上升速度也较慢，则绕组的初始电压分布受电阻和电感的影响，更接近于稳态分布，振荡就会缓和一些，绕组各点对地电位和电位梯度的最大值也将会降低。反之，当侵入波波头短时，陡度较大，上升速度快，绕组内的振荡过程将很激烈。

此外，在运行中，变压器绕组可能受到截断波的作用，例如雷电波侵入变电所后，若由于排气式避雷器动作或其他电气设备的绝缘闪络而使侵入波突然截断，如图 6-21 所示，此时变压器的入口电容与线路 l 的电感将会形成振荡回路。此截断波可以看成两个分量 u_1 与 u_2 的叠加，u_2 的幅值接近 u 截断值的两倍，而且陡度很大，会在绕组中产生很大的电位梯度危及绕组纵绝缘。实测表明，截波作用下绕组内的最大电位梯度将比全波作用时大。

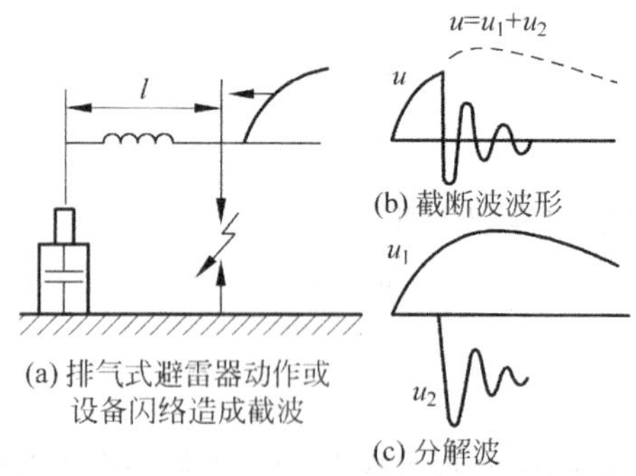

图 6-21 冲击截波及其波形分解

6. 三相绕组中的波过程

以上分析了变压器单相绕组的波过程，三相绕组波过程的基本规律与单相绕组相同。根据三相绕组的不同接线方式，下面分别进行介绍。

1) 中性点接地的星形接线

当变压器高压绕组为中性点接地的星形接线时，可以看成三个独立的绕组，不论单相、两相或三相进波都可看作与单相绕组的波过程相同。

2) 中性点不接地的星形接线

中性点不接地的星形接线三相变压器，当冲击电压波单相侵入时(例如 A 相侵入，如图 6-22(a)所示)，因为绕组对冲击波的阻抗远远大于线路波阻抗，故可认为在冲击波作用下，B、C 两相绕组的端点是接地的，绕组电压的起始分布与稳态分布如图 6-22(b)中的曲线 1、2 所示。因稳态时绕组电压按电阻分布，故中性点 N 的稳态电压为$\frac{1}{3}U_0$(U_0 为 A 绕组首端进波电压)，因而在振荡过程中，中性点 N 的最大对地电位将不超过$\frac{2}{3}U_0$。当冲击电压波沿着两相侵入时，可以用叠加原理计算绕组中各点的对地电位。A、B 两相同时进波时，中性点最大电位可达$\frac{4}{3}U_0$，超过了首端的进波电压。当三相同时进波时，与末端不接地的单相绕组的波过程相同，中性点最大电位可达首端进波电压的两倍。

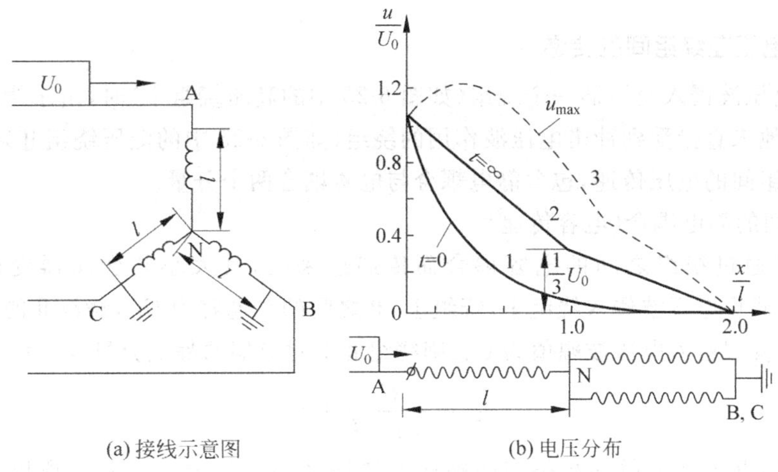

(a) 接线示意图　　(b) 电压分布

图 6-22　星形接线单相进波时的电压分布曲线

1—初始分布；2—稳态分布；3—最大电位包络线

3）三角形接线

当一相进波时（比如导线 1），导线 2、3 与变压器绕组的接点 B、C 也相当于接地（如图 6-23 所示），因此 AB、BC 两相绕组内的波过程与末端接地的单相绕组相同，而 BC 相绕组中没有波的进入。

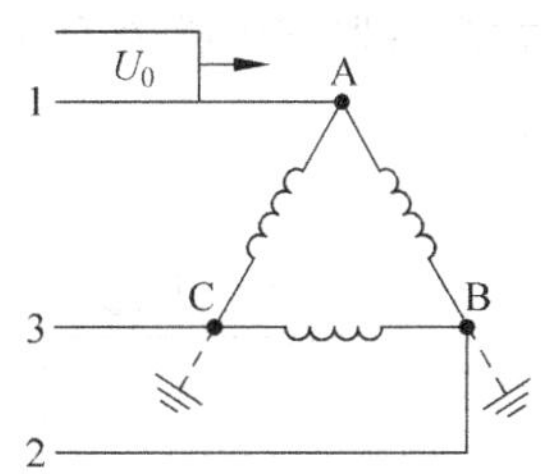

图 6-23　三角形接线一相进波时的等值电路

两相或三相进波时，可以用叠加原理进行分析。例如图 6-24(a)表示三相进波时的情况，图 6-24(b)中虚线 1 和 2 分别表示 AB 相绕组的一端进波时的电压初始分布和稳态分布，实线 3 和 4 表示每相两端均进波时的合成电压初始分布和稳态分布，可见在振荡中最大的电压 U_{max} 将出现在每相绕组的中部 M 处，其值接近 $2U_0$。

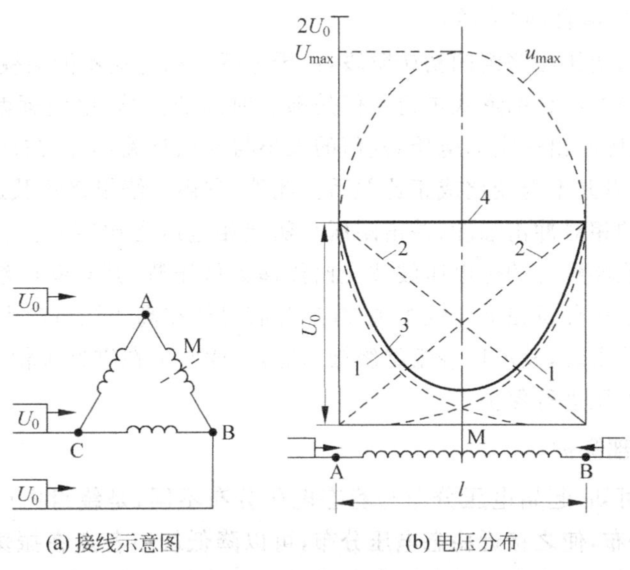

(a) 接线示意图　　(b) 电压分布

图 6-24　三相进波时星形接线绕组的电压分布曲线

7. 冲击电压在绕组间的传递

当冲击电压波侵入变压器一个绕组(如图 6-25 中的高压绕组Ⅰ)时,由于绕组间的电磁耦合,会在其他未直接受到冲击电压波作用的绕组(如图 6-25 中的低压绕组Ⅱ)中出现过电压,这就是绕组间的电压传递,包含静电耦合与电磁耦合两个分量。

1) 绕组间的静电耦合(电容传递)

该分量是通过绕组之间的电容耦合而传递过来的,其大小与变压器变比无关。如图 6-25 所示,假设电压波侵入绕组Ⅰ,绕组Ⅰ、Ⅱ之间的总电容为 C_{12},绕组Ⅱ的对地总电容为 C_2,绕组Ⅰ首端侵入电压波幅值为 U_0,则绕组Ⅱ上对应端的静电分量 u_2 为

$$u_2 = \frac{C_{12}}{C_{12} + C_2} U_0 \tag{6-62}$$

一般来说,低压绕组通常与很多线路或电缆连接,故 C_2 远大于 C_{12},所以静电分量较小,一般没有危险。但是,对于三绕组变压器,如果高压和中压侧均处于运行状态而低压侧开路,则电容 C_2 较小,当由高压侧或中压侧进波时,静电耦合分量有可能危及低压绕组的绝缘,需要采取保护措施。由于这一电压分量使绕组Ⅱ中的导体带上同一电位,所以只需用一个阀式避雷器 FV 接在任意一相出线端上就可以为整个三相绕组提供保护,如图 6-26 所示。

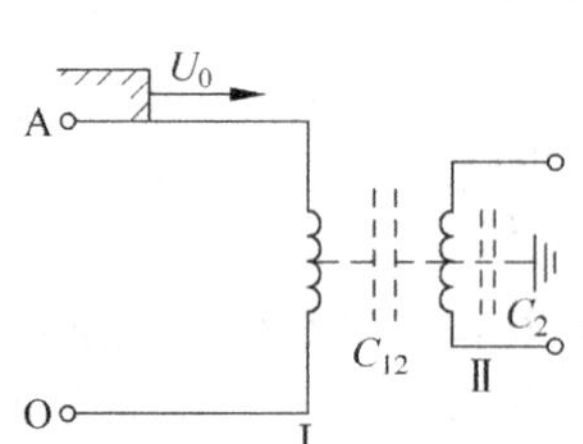

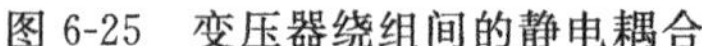
图 6-25 变压器绕组间的静电耦合

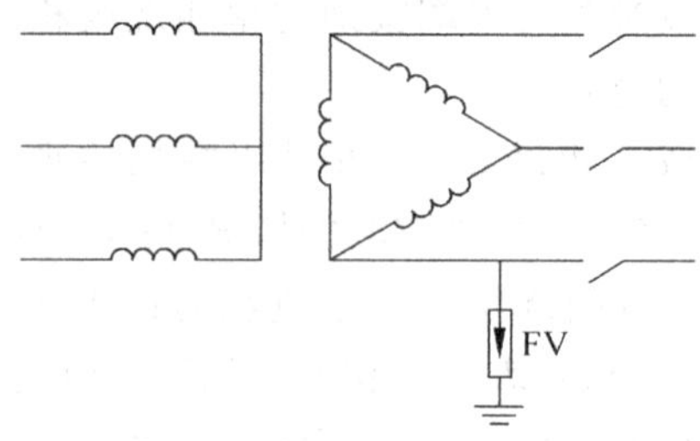

图 6-26 静电感应过电压的防护

2) 绕组间的电磁耦合(磁传递)

在过电压波侵入变压器绕组的初始阶段,由于电感中的电流不能突变,所以此时绕组间电压的传递只能以静电耦合的形式进行。但是随着时间的推移,电流逐渐流过绕组产生磁通,同时使其他绕组感应出一定的电压,其值的大小与变比有关,但因在冲击电压作用下,铁心中的损耗很大,所以并不与变比成正比关系。此外,它还与绕组接法及进波相数有关。

由于低压绕组的相对冲击强度(冲击耐压与额定相电压之比)要比高压绕组大得多,所以只要是高压绕组能够耐受的过电压波按变比传递到低压侧,其对低压绕组是不会产生危害的。但是该感应电压分量在低压绕组进波时,却有可能在高压绕组产生危害(比如当配电变压器低压侧遭到雷击时,其高压绕组绝缘被击穿)。通常可在靠近每相高压绕组出线端安装避雷器对这种过电压进行保护。

8. 变压器的内部保护

由前面的分析可知,起始电压分布与稳态电压分布不同,是绕组内产生振荡的根本原因,改变起始电压分布,使之接近稳态电压分布,可以降低绕组各点在振荡过程中的最大对地电位和最大电位梯度。改善起始电压分布从原理上看有以下两种方法。

1）横补偿

使用与线端相连的附加电容，即在绕组首端加电容环或采用屏蔽线匝，向对地电容 C_0 提供电荷，以使所有纵向电容 K_0 上的电荷都接近相等即所谓横补偿，如图 6-27 所示。

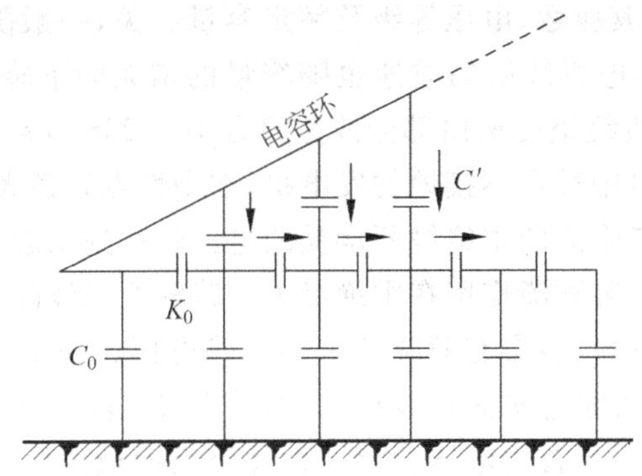

图 6-27　电容环补偿对地电容电流示意图

2）纵补偿

尽量加大纵向电容的数值，以削弱对地电容电流的影响，即所谓纵补偿。工程上常常采用的措施是纠结式绕组（连续式绕组与纠结式绕组分别如图 6-28、图 6-29 所示）。

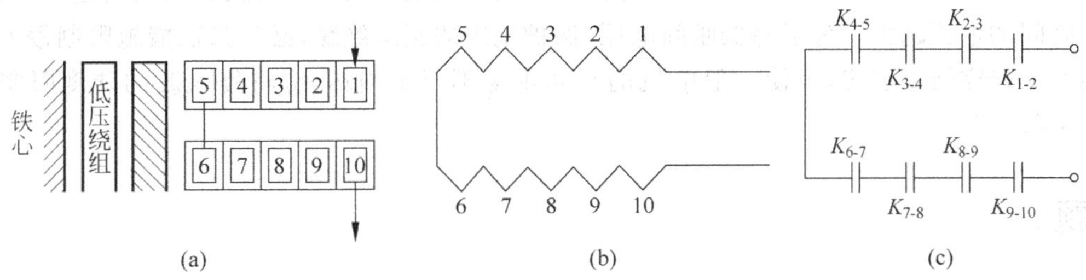

图 6-28　连续式绕组电气接线及等效匝间电容结构图

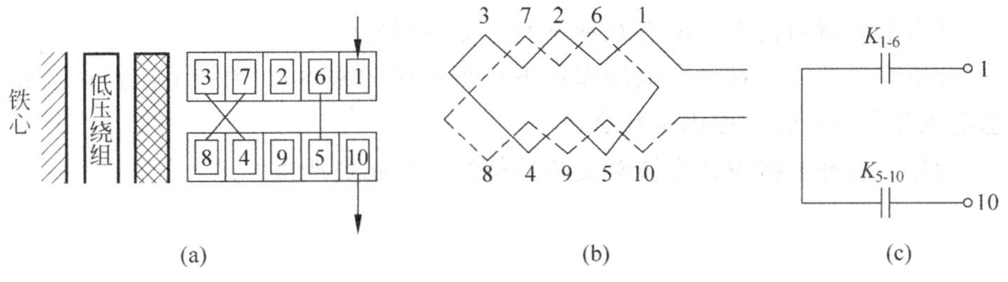

图 6-29　纠结式绕组电气接线及等效匝间电容结构图

6.6.2　旋转电机绕组中的波过程

旋转电机绕组与变压器绕组相比，在结构上有一系列特点。电机绕组线圈深嵌入定子铁心的槽中，且大容量电机多为单匝，对于不在同一槽中的各线圈各匝，它们之间的纵向电磁耦合都很弱，若略去匝间电容的影响，则发电机绕组的等效电路与输电线路一样，即可认为电机绕组具有一定的波阻抗，入射到绕组端部的冲击波以一定的速度沿着绕组传播。电机绕组结构的另一个特点是，绕组可分为槽内和槽外两部分，由于绝缘介质不同，两部分对地高度不同，因此槽内、外波阻抗 Z 及波速 v 均不同。通常所说的波阻抗、波速是指槽内、槽外的平均值。

电机绕组的波阻抗与其匝数、电压等级及额定容量有关，一般随容量增大而减小，随额定电压提高而增加；同时，电机绕组的波速也随容量的增大而下降。通常电机绕组的波阻抗 Z 为 200～1000Ω。电机绕组的槽内部分波速只有 10～23m/μs。

若在直角波作用下，对中性点不接地的发电机，在中性点处最大对地电位可达首端电压的两倍。也就是说，中性点附近的主绝缘所承受的电压降达到来波电压的两倍，随着反射波向首端推进，这个两倍电压降逐渐作用在主绝缘上。若降低来波陡度，使之在波头部分已经在绕组中产生多次折射、反射，将会有效降低末端开路电压。加上损耗的存在，会使波的幅值进一步下降。根据对大容量电机的计算结果，如果将来波陡度限制在 2kV/μs 以下，电机绕组中性点附近的电压几乎与首端电压相等。估算绕组中最大纵向电位梯度时，可以近似地仅考虑侵入绕组的前行电压波。

设绕组端部侵入的过电压波具有陡度为 α(kV/μs)的斜角波头，则作用在匝间绝缘上的电压(kV)为

$$U = \alpha l / v \tag{6-63}$$

式中：l 为匝长，m；v 为波速，m/μs。由此可见，波的陡度越大，匝长越长，或波速越小，则作用在匝间的电压越大。为了降低匝间电压，保护绕组的匝间绝缘，必须采取措施限制侵入波的陡度。研究结果表明，为使一般电机的匝间绝缘不至于损坏，应将侵入波的陡度限制在 5kV/μs 以下。

习题

6-1 简述分布参数的波阻抗与集中参数电路中的电阻有何不同。

6-2 简述彼德逊法则的适用范围。

6-3 冲击电晕对防雷保护的有利和不利方面有哪些？

6-4 分析变压器绕组在冲击电压作用下产生振荡的根本原因。引起绕组起始电压分布与稳态电压分布不一致的原因是什么。

6-5 为什么说冲击截波比全波对变压器绕组的影响更严重？

第7章

雷电及防雷保护装置

雷电是大自然中最宏伟壮观的气体放电现象，它从远古以来就引起人类极大的关注，因为它会危及人类及动物的生命安全、引发森林大火、毁损各种建筑物。雷电放电对电力系统有很大的威胁。雷电放电所产生的雷电流高达数十，甚至数百千安，从而会引起巨大的电磁效应、机械效应和热效应。

从电力工程的角度来看，最值得注意的两个方面是：①雷电放电在电力系统中引起很高的雷电过电压(或大气过电压)，它是造成电力系统绝缘故障和停电事故的主要原因之一；②雷电放电所产生的巨大电流，有可能使被击物体炸毁、燃烧，使导体熔断或通过电动力引起机械损坏。在本章中将着重探讨的是前一类问题。

为了预防或限制雷电的危害性，本章首先介绍雷电放电的过程、雷电参数及大气过电压的一些防护装置结构和原理。

7.1 雷电放电

作用于电力系统的大气过电压是由雷云对地放电引起的，为了了解大气过电压的产生，必须先了解雷云对地放电的发展过程。

雷云就是积聚了大量电荷的云层。关于雷云带电的机理，迄今为止没有统一的定论。通常认为，在含有饱和水蒸汽的大气中，当遇到强烈的上升气流时，会使空气中水滴带电，这些带电的水滴被气流驱动，逐渐在云层的某部位集中起来，就形成带电雷云。雷云中的电荷一般不是在云中均匀分布的，而是集中在几个带电中心。测量数据表明，雷云的上部带正电荷，下部带负荷。正电荷云层分布在4～10km的高度，负电荷云层分布在1.5～5km的高度。直接击向地面的放电通常从负电荷中心的边缘开始。

大多数雷电放电发生在雷云之间，对地面没有直接影响。雷云对大地的放电虽然只占少数，但它是造成雷害事故的主要因素。这里主要介绍雷云对地放电的发展过程。

雷电放电过程可分为先导放电、主放电和余辉放电三个主要阶段。

7.1.1 先导放电阶段

雷云下部大部分带负电荷，故绝大多数的雷击是负极性的。雷云中的负电荷会在附近地面感应出大量正电荷，当云中某一电荷中心的电荷较多，雷云与大地之间局部的电场强度达到大气游离所需的电场强度(为 25～30kV/cm)时，就会使空气游离。当某一段空气游离后，这段空气就由原来的绝缘状态变为导电性的通道，称为先导放电通道。若最大场强方向是对地的，放电就从云中带电中心向地面发展，形成下行雷。先导通道是分级向下发展的，每级先导发展的速度相当快，但每发展到一定的长度(为 25～50m)就有一个 30～90μs 间歇。所以它的平均发展速度较慢(相对于主放电而言)，为$(1\sim8)\times10^5$m/s，出现的电流不大。先导放电的不连续性，称为分级先导，历时为 0.005～0.01s。分级先导的原因通常可解释为：由于先导通道内的游离还不是很强烈，通道的导电性就不是很好，雷云中的电荷下移需要一定的时间，待通道头部的电荷增多，电场强度又超过空气的游离场强时，先导放电将又继续发展。

在先导通道发展的初始阶段，其发展方向受到一些偶然因素的影响并不固定。但当它发展到距地面一定高度时(这个高度称为定向高度)，先导通道会向地面上某个电场强度较强的方向发展，这说明先导通道的发展具有“定向性”，或者说雷击有“选择性”。当先导接近地面时，地面上一些高耸的突出物体周围电场强度达到空气游离所需的场强时，会出现向上的迎面先导。迎面先导在很大程度上影响下行先导的发展方向。

7.1.2 主放电阶段

先导光谱分析表明，下行负先导在发展中会分成数支，这和空气中原来随机存在的离子团有关。当先导接近地面时，会从地面较突出的部分发出向上的迎面先导。当迎面先导与下行先导相遇时，就产生了强烈的“中和”过程，出现极大的电流(数十到数百千安)，这就是雷电的主放电阶段，伴随着出现雷鸣和闪光。主放电存在的时间极短，为 50～100μs。主放电的过程是逆着负先导的通道由下向上发展的，速度为光速的 0.05～0.5 倍，离开地面越高，速度越小，平均约为光速的 0.175 倍。

7.1.3 余辉放电阶段

主放电完成后，云中的剩余电荷沿着主放电通道继续流向大地，形成余辉放电。余辉放电电流不大，为 10^3～10A，持续时间较长(为 0.03～0.05s)。由于云中同时可能存在几个带电中心，所以雷电放电往往是重复的，一般重复 2～3 次。根据高速摄影照片绘制的多重雷电放电过程及用高压电子示波器录下的相应雷电流波形如图 7-1 所示。

雷电放电的重复性可能是因为云中存在多个电荷密积中心所造成的。第一个电荷密积中心完成上述放电过程之后，可能会引起其他的电荷密积中心放电。第二次及以后的放电通常沿第一次放电的通道进行，由于该通道在下一次放电前没有充分去游离，所以第二次及以后的放电中先导是连续发展的。第二次及以后的主放电电流一般较小，但电流的上升速度比第一次快。

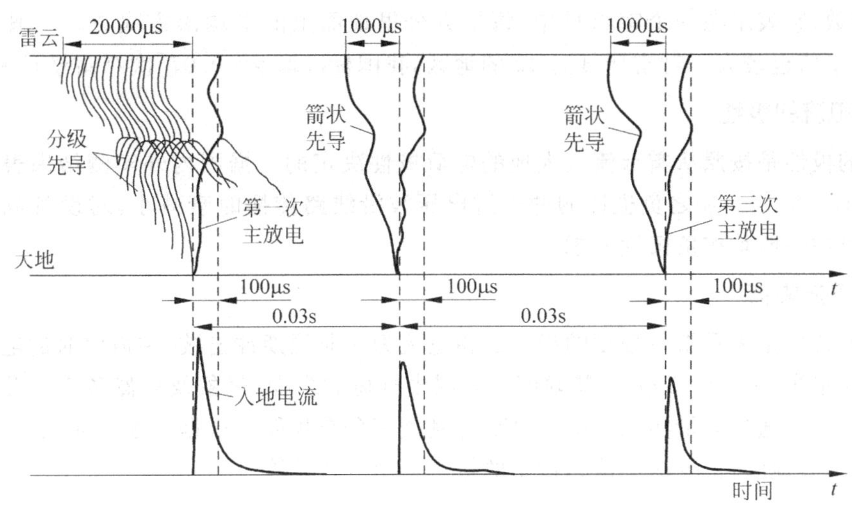

图 7-1　雷电放电的发展过程及雷电流波形

7.2　雷电参数及计算模型

7.2.1　雷电参数

为了计算研究雷电过电压和采取合理的防雷措施，必须掌握雷电参数。人们对雷电进行了长期观测，积累了不少有关雷电参数的资料，将获得的数据进行统计分析，供防雷工程应用。随着对雷电研究的不断深入，雷电参数将不断得到修正，使之更接近客观实际。下面将雷电特性参数分述如下。

1. 雷电活动频度——雷暴日(T_d)及雷暴小时(T_h)

一个地区雷电活动的频繁程度，通常以该地区多年统计所得到的平均出现的雷暴天数或雷暴小时数来表示。

雷暴日是一年中有雷电的天数，在一天内只要听到雷声就算作一个雷暴日。雷暴小时是一年中有雷电的小时数，在一个小时内只要听到雷声就算作一个雷暴小时。通常三个雷暴小时可折合为一个雷暴日。

雷电活动的频繁程度与地球的纬度及气象条件有关。我国广东的雷州半岛和海南岛的雷电活动频繁而强烈，雷暴日高达 100～133；长江以南至北回归线的大部分地区，雷暴日为 40～80；长江流域与华北部分地区，雷暴日为 40 左右，长江以北大部分地区为 20～40；西北地区多在 20 以下。根据雷电活动的频繁程度和雷害的严重程度，我国把平均年雷暴日超过 90 的地区称为强雷区，超过 40 但不超过 90 的地区称为多雷区，超过 15 但不超过 40 的地区称为中雷区，不超过 15 的地区称为少雷区。在防雷设计中，应根据当地的具体情况采用合理的防雷保护措施。

2. 地面落雷密度 γ

雷暴日或雷暴小时仅表示某一地区雷电活动的强弱，它没有区分是雷云之间的放电还是雷云对地面的放电。因为造成雷害事故的是雷云对地面的放电，所以引入了地面落雷密度

(γ)这个参数，它表示在一个雷暴日中，每平方公里地面上的平均落雷次数。一般 T_d 较大的地区，其 γ 值也较大。对雷暴日为 40 的地区，我国标准取 $\gamma=0.07$[次/(雷暴日·km^2)]。

3. 雷电流的极性

雷电的极性是按照从雷云流入大地的电荷极性决定的。据国内外实测结果表明，负极性雷占 75%～90%。加之负极性的冲击过电压波沿线路传播时衰减小，对设备危害大，故在防雷计算中一般均按负极性考虑。

4. 雷电流幅值

雷电流幅值是表示雷电强度的指标。雷电流为一非周期冲击波，主放电时的电流很大，但持续时间很短(为 40～50μs)，其幅值与云层中电荷的多少、气象及自然条件有关，是一个随机变量。只有通过大量实测才能正确估计其概率分布规律。根据我国长期进行的大量实测结果，在一般地区，雷电流幅值超过 I 的概率可用下式计算。

$$\lg P = -\frac{I}{88} \tag{7-1}$$

式中：I 为雷电流幅值，kA；P 为幅值大于 I 的雷电流出现的概率。

5. 雷电流的波头 T_1、陡度 α 及波长 T_2

据实测结果，雷电冲击波的波头长度大多为 1～5μs，平均约为 2.6μs。雷电流的波长(半峰值时间)为 20～100μs，多为 50μs 左右。在防雷计算中，雷电流的波形可采用 2.6/50μs。

雷电流的幅值和波头时间决定了雷电流的上升陡度。雷电流的陡度对雷击过电压的影响很大，我国采用 2.6μs 的固定波头长度，所以雷电流波头的平均陡度为

$$\alpha = \frac{I}{2.6} \tag{7-2}$$

即幅值较大的雷电流其陡度也较大。

6. 雷电流的计算波形

实测结果表明，雷电流的幅值、波头、波长、陡度等参数都在很大的范围内变化，但其波形都是非周期性的冲击波。在防雷计算中，要求将雷电流波形等值为典型化、可用公式表达、便于计算的波形。常用的等值波形有三种，如图 7-2 所示。

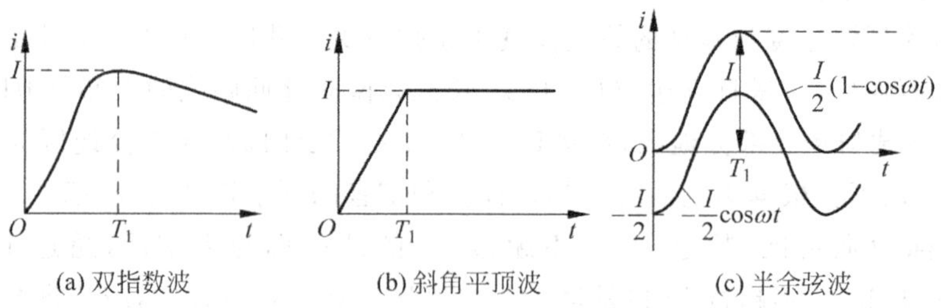

(a) 双指数波　(b) 斜角平顶波　(c) 半余弦波

图 7-2　雷电流的等值计算波形

图 7-2(a)为标准冲击波，是一双指数函数的波形，可表示为 $i=I_0(e^{-\alpha t}-e^{-\beta t})$。式中 I_0 为某一固定电流值，α、β 是两个常数，t 为作用时间。图 7-2(b)为斜角平顶波，其波前陡度 α

可由给定的雷电流幅值 I 和波头时间决定。图 7-2(c)为半余弦波，其波头可表示为 $i=\frac{I}{2}(1-\cos\omega t)$，仅在设计特殊大跨越、高杆塔时使用。

7.2.2　雷电放电的计算模型

对地放电的雷云绝大多数是负极性，随着先导通道向地面发展，在附近地面上产生的正电荷也在增加。当先导通道距地面的间隙足够小时，剩余间隙被击穿，开始主放电过程。主放电产生的正电荷沿先导通道向上运动去中和通道中的负电荷，而产生的负电荷则沿雷击点流入大地，形成极大的主放电电流。

研究表明，先导通道具有分布参数的特征。假设它具有均匀的电路参数，其波阻抗为 Z_0，则上述雷击大地的过程可用图 7-3(a)、图 7-3(b)来描述，即将先导放电的发展看作是一根均匀分布电荷的长导线自雷云向大地延伸，而将先导头部临近地面时气隙被击穿看作是开关突然合闸。假定土壤电阻率为零，则先导通道的对地电流为 σv_L(σ 为先导通道的电荷密度，v_L 为逆向主放电的发展速度)。于是，可以画出雷击地面时的等值电路如图 7-3(c)所示。

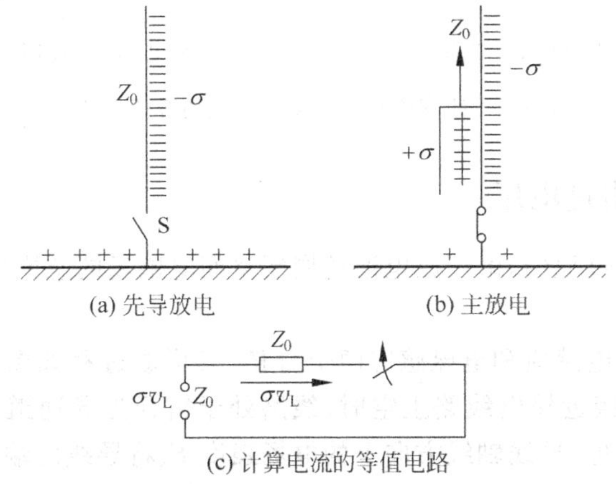

图 7-3　雷击大地时的放电过程

当雷击于避雷针、线路杆塔、架空地线或导线等具有一定阻抗参数的物体时，雷击放电过程可用图 7-4 表示。

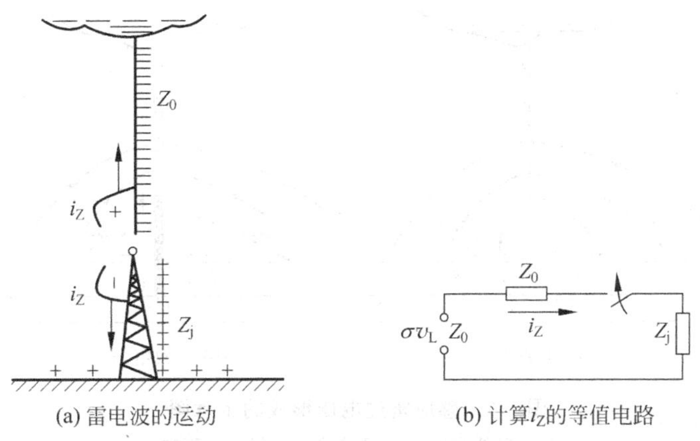

图 7-4　雷击物体时雷电波的运动

设被击物的波阻抗为 Z_j，则流经被击物体的电流 i_Z 为

$$i_Z = \sigma v_L \frac{Z_0}{Z_0 + Z_j} \tag{7-3}$$

即流经被击物的电流 i_Z 与被击物体的波阻抗 Z_j 有关，Z_j 越大，i_Z 越小，反之，Z_j 越小则 i_Z 越大。当 $Z_j = 0$ 时，流经被击物的电流被定义为“雷电流”，用 i_L 表示。由前述可知 $i_L = \sigma v_L$，则式(7-3)可改写为

$$i_Z = i_L \frac{Z_0}{Z_0 + Z_j} \tag{7-4}$$

式(7-4)的等值电路如图 7-5 所示。但实际上被击物的波阻抗不可能为零，当其值小于 30Ω 时，通过被击物的电流与其为零时相差不多，故雷电流一般指被击物波阻抗或接地电阻小于 30Ω 时流过被击物的电流。

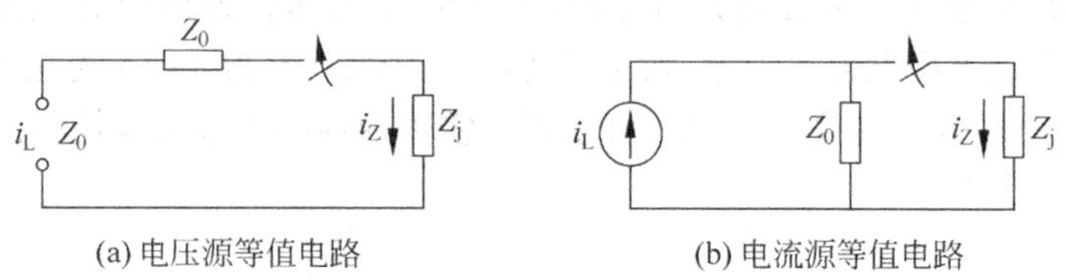

(a) 电压源等值电路　　(b) 电流源等值电路

图 7-5　计算流经被击物体电流的等值电路

7.2.3　感应雷击过电压

在雷云对地放电的过程中，由于放电通道周围空间电磁场的急剧变化，会在附近输电线路上产生感应过电压。

感应过电压包含静电感应和电磁感应两个分量，其形成过程如图 7-6 所示。在雷电放电的先导阶段，当雷云接近输电线路上空时，线路处于雷云先导通道与大地构成的电场之中。根据静电感应的原理，导线轴线方向上的电场强度 E_x 将导线两端与雷云电荷异号的正电荷吸引到靠近先导通道的一段导线上，成为束缚电荷。导线上与雷云电荷同号的负电荷则由于 E_x 的排斥作用向两端运动，经线路的泄漏电导和系统的接地中性点流入大地。因为先导发展的平均速度较低，所以导线上束缚电荷的运动也较缓慢，由此在导线上引起的电流很小，相应的电压波 $u = iZ$（Z 是导线波阻抗）也较小，可忽略不计。同时由于导线对地泄漏

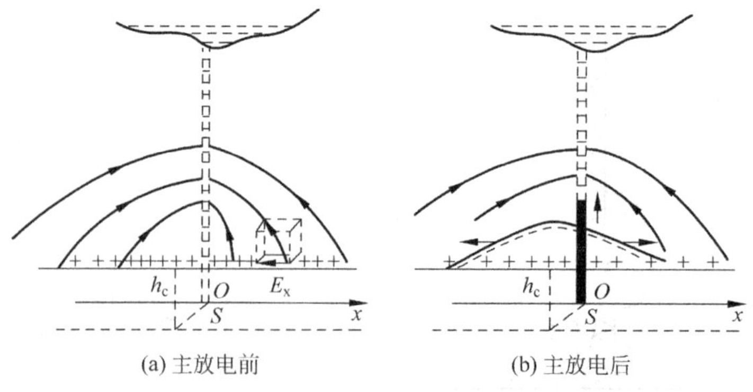

(a) 主放电前　　(b) 主放电后

图 7-6　感应雷过电压形成的示意图

h_c—导线高度；S—雷击点与导线间的距离

电导的存在，导线电位将与远离雷云处的导线电位相同。

主放电开始后，先导通道中的负电荷被迅速中和，先导通道所产生的电场迅速减弱，使导线上的正束缚电荷得到释放，沿导线向两侧运动形成感应雷过电压。这种由于先导通道中电荷所产生的静电场突然消失而引起的感应过电压称为感应过电压的静电分量。由于主放电的平均发展速度很高，导线上束缚电荷的释放过程也很快，所以形成的电压波 $u=iZ$ 幅值很高。与此同时，雷电通道中雷电流在通道周围空间建立了剧烈变化的磁场，使导线感应出很高的电压。这种由于先导通道中雷电流所产生的磁场变化而引起的感应过电压称为感应过电压的电磁分量。当雷击线路附近地面时，感应过电压的电磁分量比静电分量小得多，所以一般只考虑静电分量。

感应过电压的幅值与雷电流大小、雷电通道与线路间的距离以及导线的悬挂高度等因素有关。由于雷击地面时雷击点的自然接地电阻较大，所以雷电流幅值 I 一般不超 100kA。实测证明，感应过电压一般不超过 500kV，对 35kV 及以下的水泥杆线路会引起闪络事故；对 110kV 及以上的线路，由于绝缘水平较高，一般不会引起闪络事故。

线路上的感应过电压具有以下特点：①感应过电压与雷电流的极性相反，由于大部分的雷云带负电荷，所以感应过电压大多数是正极性；②感应过电压同时存在于三相导线，相间不存在电位差，只能引起对地闪络，若二相或三相同时对地闪络，即形成相间闪络事故；③感应过电压的波形较平缓，波头由几微秒到几十微秒。

1. 雷击线路附近大地时导线上的感应过电压

感应过电压的静电分量和电磁分量的最大值都出现在距雷击点最近的一段导线上，根据理论分析和实测结果，当雷击点离开线路的水平距离 $S>65$m 时，导线上的感应过电压最大值 U_i 可按下式计算：

$$U_i \approx 25\frac{Ih_c}{S} \tag{7-5}$$

式中：I 为雷电流幅值，kA；S 为雷击点与导线的水平距离，m；h_c 为导线对地的平均高度，m。

从式(7-5)可知，感应过电压与雷电流幅值 I 成正比，与导线悬挂的平均高度 h_c 成正比，h_c 越高则导线对地电容越小，感应电荷产生的电压越高；感应过电压与雷击点到线路的距离 S 成反比，S 越大，感应过电压越小。如果导线上方挂有避雷线，由于接地避雷线的屏蔽效应，会使导线上的感应电荷减少，因而使导线上的感应过电压降低。避雷线的屏蔽作用可用下面的方法求得。

设导线和避雷线的对地平均高度分别为 h_c 和 h_s，若避雷线不接地，根据式(7-5)可求得导线和避雷线上的感应过电压分别为 U_i 和 U_s，即：

$$U_i = 25\frac{Ih_c}{S},\quad U_s = 25\frac{Ih_s}{S}$$

所以

$$U_s = U_i\frac{h_s}{h_c} \tag{7-6}$$

但避雷线实际上是通过每级杆塔接地的，其电位为零。为了满足这一条件，可以设想在避雷线上又叠加一个 $-U_s$ 的电压。而这个电压由于耦合作用，将在导线上产生耦合电压

$-kU_s$，k 为避雷线与导线间的耦合系数，其值主要决定于导线间的相互位置与几何尺寸。于是，导线上方有避雷线时，导线上的实际感应过电压 U_i'将为两者的叠加，即

$$U_i' = U_i - kU_s = U_i\left(1 - k\frac{h_s}{h_c}\right) \approx U_i(1-k) \tag{7-7}$$

上式表明避雷线使导线上的感应过电压由 U_i下降到 $U_i(1-k)$。耦合系数越大，导线上的感应过电压越低。

2. 雷击线路杆塔时线上的感应过电压

式(7-5)只适用于 $S>65\text{m}$ 的情况，更近的落雷将会由于线路的引雷作用而击于线路。雷击线路杆塔时，迅速向上发展的主放电引起周围空间电磁场的突然变化，将在导线上感应出与雷电流极性相反的过电压。一般高度的线路，无避雷线时导线上感应过电压的最大值 U_i可用下式计算：

$$U_i = \alpha h_c \tag{7-8}$$

式中：h_c 为导线的平均高度，m；α 为感应过电压系数，kV/m，其值等于以 kA/μs 为单位的雷电流平均陡度，即 $\alpha = I/2.6$。

有避雷线时，由于它的屏蔽作用，导线上的感应过电压将降低为

$$U_i' = (1-k)U_i = \alpha h_c(1-k) \tag{7-9}$$

式中：k 为耦合系数。

7.3 避雷针和避雷线的保护范围

对直击雷的防护措施通常是装设避雷针或避雷线。避雷针(线)高于被保护的物体，其作用是吸引雷电击于自身，并将雷电流迅速泄入大地，从而使避雷针(线)附近的物体得到保护。

避雷针(线)的保护范围可以通过模拟试验并结合运行经验确定。由于雷电放电受很多偶然因素的影响，因此要保证被保护物体绝对不遭受直击雷的危害是不现实的。在一定高度的避雷针下有一个安全区域，在这个区域中，物体遭受雷击的概率很小(约 0.1%)，这个安全区域称为避雷针的保护范围。实践证明，此雷击概率是可以接受的。

避雷针由接闪器、引下线和接地体三部分构成。接闪器是避雷针的最高部分，用来接受雷电放电，可用直径 10～20mm、长 1～2m 的圆钢制成。引下线的主要任务是将接闪器上的雷电流安全导入接地体，使之顺利入地。引下线可用镀锌钢绞线、圆钢、扁钢制成。因雷电流很大，所以引下线须有足够的截面。接地体的作用是使雷电流顺利入地，并且减小雷电流通过时产生的压降。一般由几根 2.5m 长的 40mm×40mm×4mm 的角钢打入地下，再并联后与引下线可靠连接。

7.3.1 避雷针的保护范围

1. 单支避雷针

单支避雷针的保护范围如图 7-7 所示。设避雷针的高度为 h，被保护物体的高度为

h_x，则避雷针的有效高度 $h_0=h-h_x$。在 h_x 高度上避雷针保护范围的半径 r_x 可按下式计算：

$$\text{当 } h_x \geqslant \frac{h}{2} \text{ 时}, r_x=(h-h_x)p \tag{7-10}$$

$$\text{当 } h_x < \frac{h}{2} \text{ 时}, r_x=(1.5h-2h_x)p \tag{7-11}$$

式中：p 为高度影响系数。当 $h\leqslant 30\text{m}$ 时，$p=1$；当 $30\text{m}<h\leqslant 120\text{m}$ 时，$p=\frac{5.5}{\sqrt{h}}$；当 $h>120\text{m}$ 时，取其等于 120m。

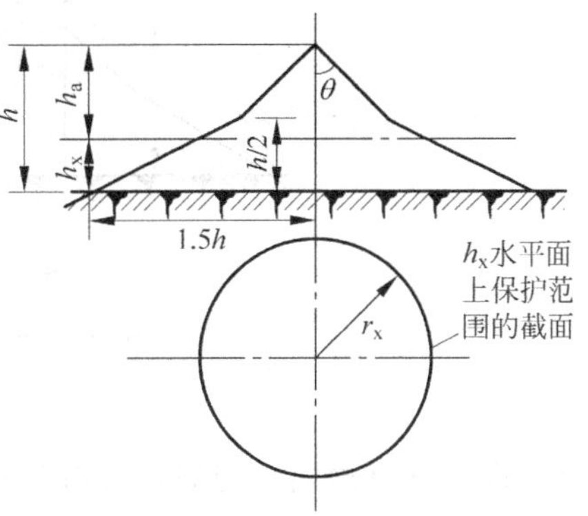

图 7-7　单支避雷针的保护范围

2. 两支等高避雷针

工程上多采用两支或多支避雷针以扩大保护范围，两支等高避雷针的联合保护范围如图 7-8 所示，比两支避雷针各自的保护范围的叠加要大一些。

两支避雷针外侧的保护范围可按单支避雷针的计算方法确定，两支避雷针之间的保护范围可由下式求得：

$$h_0=h-\frac{D}{7p} \tag{7-12}$$

$$b_x=1.5(h_0-h_x) \tag{7-13}$$

式中：h_0 为两针保护范围上部边缘最低点的高度，m；D 为两避雷针间的距离，m；$2b_x$ 为在高度 h_x 的水平面上保护范围的最小宽度，m。

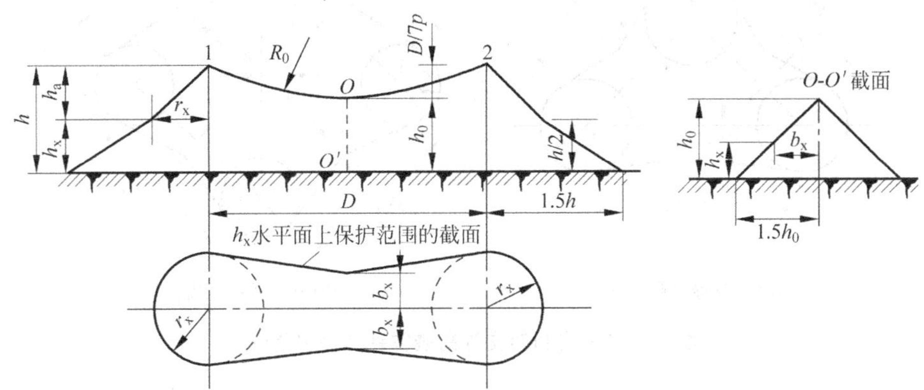

图 7-8　两支等高避雷针的联合保护范围

两针间高度为 h_x 的水平面上的保护范围截面见图 7-8 中 O-O' 截面，两针中间地面上的保护宽度为 $1.5\,h_0$。为了使两针能构成联合保护，两针间距离与针高之比 D/h 不宜大于 5。

3. 两支不等高避雷针

两避雷针外侧的保护范围按单针的方法确定，两针间的保护范围，先按单支避雷针的方法作出较高针 1 的保护范围，然后经较低针 2 的顶部作水平线与之相交于 3 点，由 3 点对地面作垂线，将此垂线看作一假想避雷针，再按两支等高避雷针求出针 2 与针 3 的保护范围，即可得到总的保护范围，如图 7-9 所示。

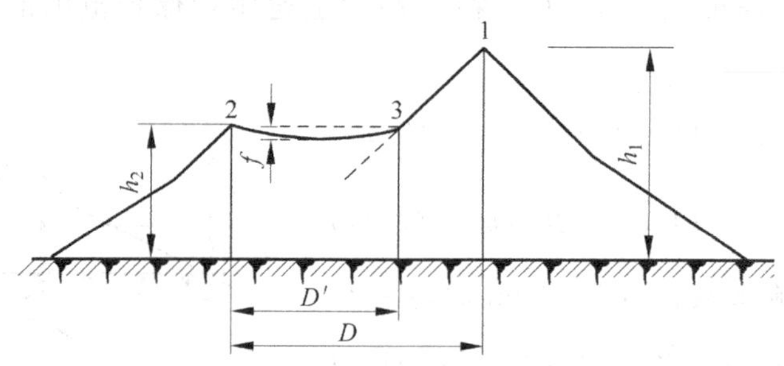

图 7-9 两支不等高避雷针的保护范围

$$f = D'/(7p) \tag{7-14}$$

式中：D'为较低避雷针与假想避雷针间的距离，m；f 为圆弧的弓高，m。

4. 多支等高避雷针的保护范围

三支等高避雷针所形成的三角形的外侧保护范围，应分别按两支等高避雷针的计算方法确定。只要在三角形内被保护物最大高度 h_x水平面上，各相邻避雷针间保护范围的一侧最小宽度 $b_x \geqslant 0$ 时，则三针组成的三角形内部就可受到保护。

四支及以上等高避雷针所形成的四角形或多角形，可以先将其分成两个或几个三角形，然后分别按三支等高避雷针的方法计算，如图 7-10(b)所示。

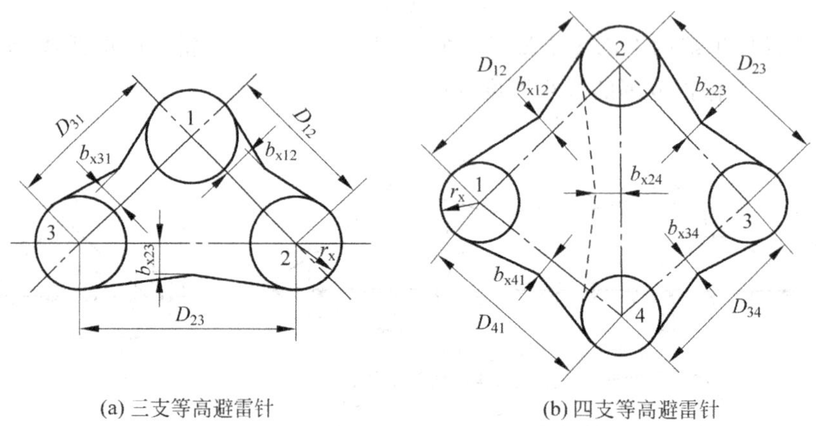

图 7-10 三支和四支等高避雷针的保护范围

7.3.2 避雷线的保护范围

避雷线也叫架空地线，它是悬挂在高空的接地导线，其作用和避雷针一样，起引雷作用。避雷线是输电线路防雷保护最基本的措施之一。单根避雷线的保护范围见图 7-11 所示。单根避雷线在 h_x水平面上每侧保护范围的宽度按下式确定：

$$\text{当 } h_x \geqslant \frac{h}{2} \text{ 时，} \quad r_x = 0.47(h - h_x)p \tag{7-15}$$

$$\text{当 } h_x < \frac{h}{2} \text{ 时，} \quad r_x = (h - 1.53h_x)p \tag{7-16}$$

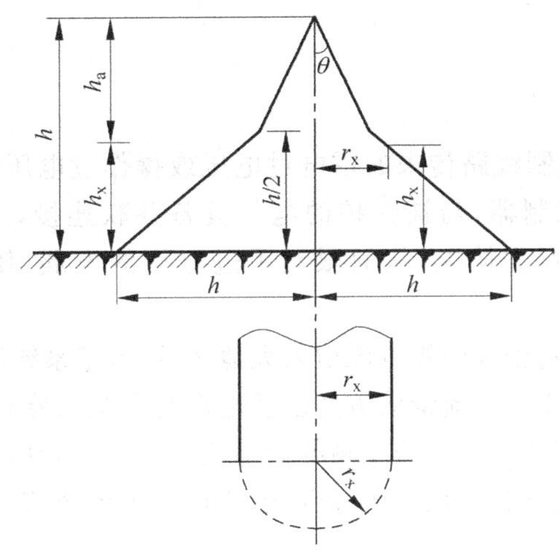

图 7-11　单根避雷线的保护范围

两根平行等高避雷线的保护范围如图 7-12 所示。两根避雷线外侧的保护范围同于单根，两线之间横截面的保护范围由通过两避雷线 1、2 点及保护上部边缘最低点 O 的圆弧确定。O 点的高度按下式计算：

$$h_0 = h - \frac{D}{4p} \tag{7-17}$$

式中：h_0 为两避雷线间保护范围上部边缘最低点高度，m；D 为两避雷线间距离，m；h 为避雷线的高度，m。

避雷线的保护范围是一个狭长的带状区域，所以适合用来保护输电线路，也可用来作为变电站的直击雷保护措施。用避雷线保护线路时，避雷线对外侧导线的屏蔽作用以保护角 α 表示。保护角是指避雷线和外侧导线的连线与避雷线的铅垂线之间的夹角，如图 7-13 所示。保护角越小，保护性能越好。当保护角过大时，雷可能绕过避雷线击在导线上(称为绕击)。要使保护角减小，就要增加杆塔的高度，会使线路造价增加，所以应根据线路的具体情况采用合适的保护角，一般取 10°～25°。

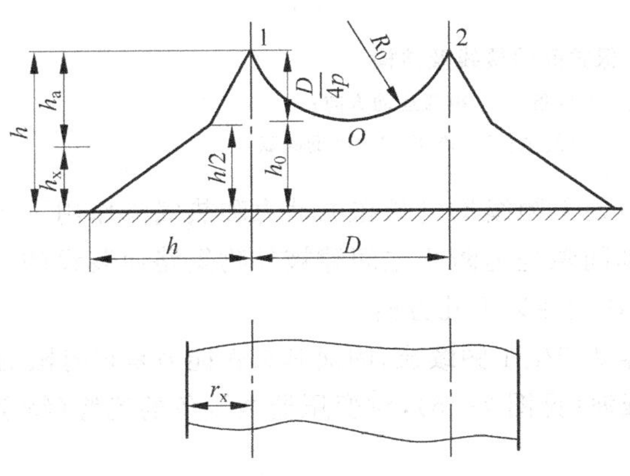

图 7-12　两平行避雷线的保护范围

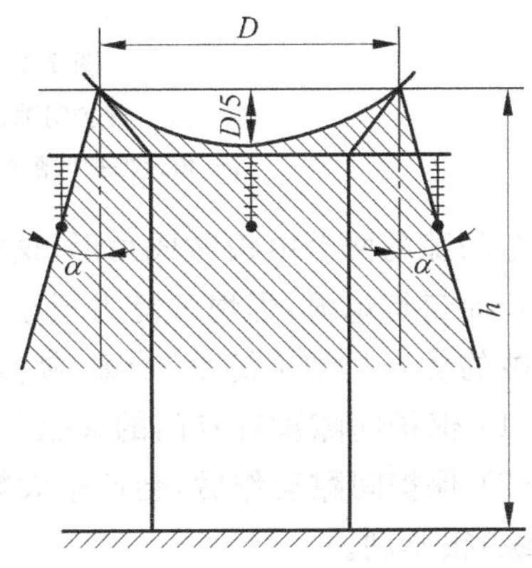

图 7-13　避雷器的保护角

7.4 避雷器

避雷器是专门用以限制线路传来的雷电过电压或操作过电压的一种防雷装置。避雷器实质上是一种过电压限制器,与被保护的电气设备并联连接,当过电压出现并超过避雷器的放电电压时,避雷器先放电,从而限制了过电压的发展,使电气设备免遭过电压损坏。

当避雷器动作(放电)将强大的雷电流引入大地之后,由于系统还有工频电压的作用,在工频电压的作用下将有一工频电流继续流过已经电离化了的击穿通道,这一电流称为工频续流,通常以电弧放电的形式存在。若工频电弧不能很快熄灭,继电保护装置就会动作,使供电中断。所以,避雷器应在过电压作用过后,迅速切断工频续流,使电力系统恢复正常运行,避免供电中断。

目前使用的避雷器主要有四种类型:保护间隙、排气式避雷器、阀式避雷器和氧化锌避雷器。

7.4.1 保护间隙和排气式避雷器

1. 保护间隙

保护间隙是最简单最原始的避雷器。常用的角形保护间隙如图 7-14 所示,由主间隙和辅助间隙串联而成。

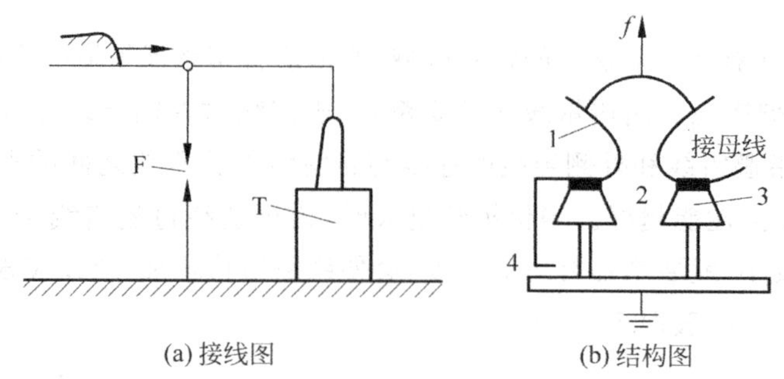

图 7-14 角形保护间隙接线及结构

F—保护间隙;T—被保护设备;f—电弧运动方向;

1—角形保护间隙的电极;2—主间隙;3—瓷瓶;4—辅助间隙

主间隙的两个电极做成角形,这样可以使工频续流电弧在电动力和热气流作用下上升被拉长而自行熄弧,但熄弧能力很小。辅助间隙是为防止主间隙被外物短路而装设的。保护间隙的优点是结构简单、价廉,缺点主要体现在以下几方面。

(1) 保护间隙没有专门的灭弧装置,容易产生工频续流,因而其灭弧能力是很有限的。

(2) 保护间隙动作后,会产生大幅值截波(见图 7-15),对变压器类设备的绝缘(特别是纵绝缘)很不利。

(3) 保护间隙的电场大多属极不均匀电场,其伏秒特性很陡,难以与被保护绝缘(其电场大多经过均匀化)的伏秒特性取得良好的配合,如图 7-16 所示。

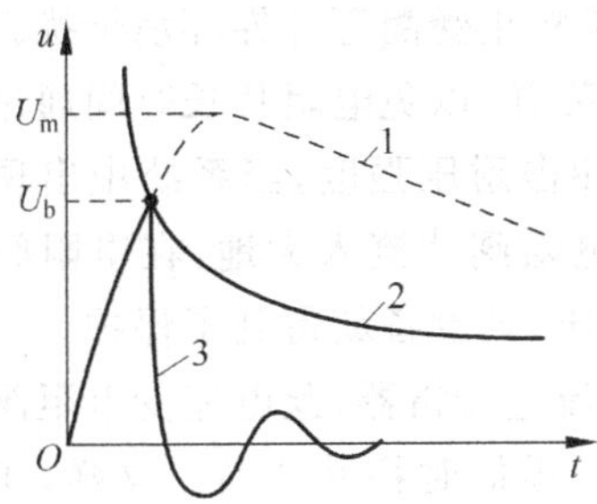

图 7-15　保护间隙保护作用

1—过电压波；2—保护间隙伏秒特性；3—绝缘受到电压

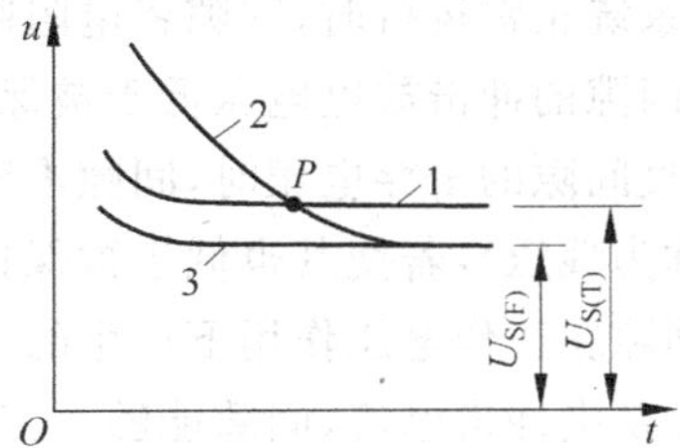

图 7-16　保护装置与被保护绝缘伏秒特性配合

1—被保护绝缘；2—保护间隙或管式避雷器；3—阀式避雷器

2. 排气式避雷器(管式避雷器)

排气式(或管式)避雷器实质上是一种具有较高熄弧能力的保护间隙，其结构如图 7-17 所示。内间隙 F_1 固定装在管内，管子由纤维、塑料或橡胶等产气材料制成，其电极一端为棒形电极 3，另一端为环形电极 4。外间隙 F_2 裸露在大气中，由于产气材料在泄漏电流作用下会分解，因此管子不能长时间接在工作电压上，正常运行靠外间隙 F_2 来隔离工作电压。

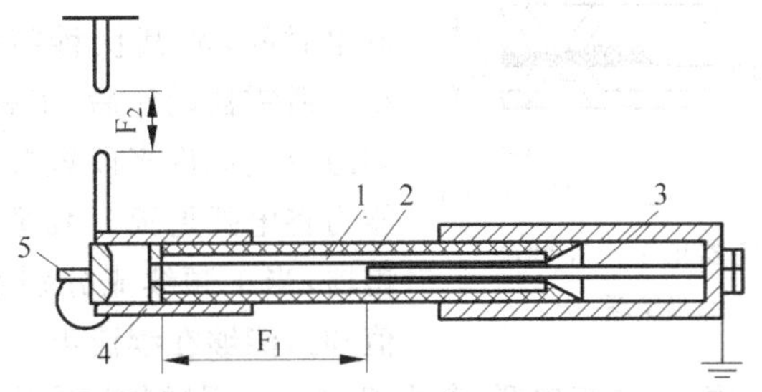

图 7-17　排气式避雷器原理结构

1—产气管；2—胶木管；3—棒形电极；4—环形电极；5—动作指示器；F_1—内间隙；F_2—外间隙

排气式避雷器的工作原理如下：在雷电过电压的作用下，避雷器的内、外间隙均被击穿，雷电流通过接地装置流入地中。之后，在系统工频电压的作用下，间隙中流过工频短路电流。工频续流电弧的高温使产气管分解出大量气体，由于管内容积很小，管内压力升高，高压气体急速地从环形电极的开口孔猛烈喷出，对电弧产生纵吹作用，使工频续流在第一次过零时被切断，系统恢复正常工作。

与保护间隙相比，管式避雷器有较强的熄弧能力，其主要缺点是伏秒特性陡，放电分散性大，与被保护设备的伏秒特性不易配合。避雷器动作后母线直接接地形成截波，对变压器的纵绝缘不利。此外，根据安装点短路电流，要选出一种合适的管式避雷器并不容易，运行维护也较麻烦。因此，管式避雷器只用于线路的保护，如大跨越和交叉档距以及发电厂、变电站的进线段保护，但目前已很少使用，而由线路式金属氧化物避雷器所取代。

7.4.2　阀式避雷器

阀式避雷器的保护特性相对于前两种避雷器保护性能更加优越。阀式避雷器由火花间隙和串联的工作电阻(阀片)构成,并且用瓷套密封,目的是防止受潮等外界环境干扰。

在电力系统正常运行时,间隙将电阻阀片与作用电压隔开,以免电阻片长时间通过电流而被烧坏。间隙的冲击放电电压低于被保护设备绝缘的冲击耐压强度,当系统中出现的过电压幅值超过间隙的击穿电压时,间隙击穿,冲击电流经电阻阀片流入大地,在电阻阀片上产生降压(称为残压),若使其也低于被保护设备的冲击耐压,则设备就得到了保护。当过电压消失后,间隙在工作电压作用下产生的工频续流将继续流过避雷器,此电流受电阻阀片的限制,远小于雷电冲击电流,间隙能够在工频续流第一次过零值时将其切断。这样,间隙的绝缘强度能够承受电网恢复电压的作用不会发生重燃,保护装置不会动作,从而恢复供电。

阀式避雷器分为普通型和磁吹型两类。

1. 普通阀式避雷器

普通阀式避雷器有配电式(FS)和电站式(FZ)两类。

1) 火花间隙

阀式避雷器的间隙采用若干个单元间隙相串联的结构,单元间隙的构成如图 7-18 所示,两个压制的黄铜电极被云母垫圈隔开,形成极间距离为 0.5～1.0mm 的间隙。间隙的放电区电场很均匀,加之冲击电压作用时云母垫圈与电极之间的空气缝隙中发生电晕,对间隙的放电区产生照射作用,从而缩短了间隙的放电时间,故其伏秒特性较平坦且分散性较小。避雷器动作后,工频续流电弧被许多单元间隙分割成许多段短弧,使间隙发挥自然熄弧能力将电弧熄灭。我国生产的 FS 和 FZ 型避雷器,当工频续流分别不大于 50A 和 80A(幅值)时,能够在续流第一次过零时使电弧熄灭。

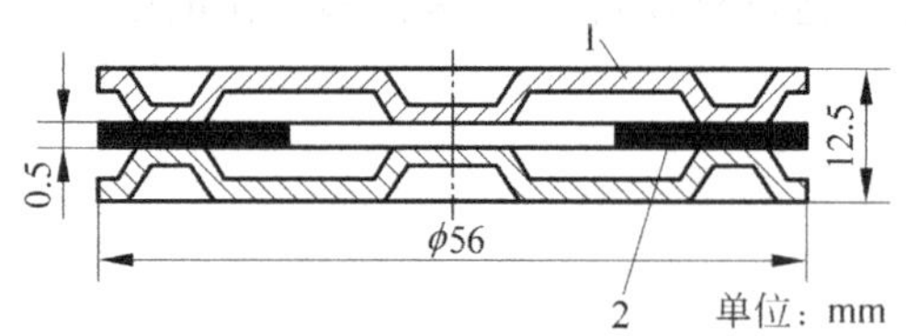

图 7-18 普通阀式避雷器单个火花间隙

1—黄铜电极；2—云母垫圈

阀式避雷器各单元间隙的电容串联,各电极对地及周围物体有寄生电容,它们形成一电容链式电路,使间隙上的电压分布不均匀,以致避雷器动作后每个单元间隙上的恢复电压的分布既不均匀也不稳定,从而降低了避雷器的熄弧能力,其工频放电电压也将降低和不稳定。

为了解决这个问题,间隙上并联了分路电阻,如图 7-19(a)所示。FS 型避雷器串联的单元间隙数少,故无并联电阻。对于 FZ 型,每四个单元间隙组成一组,每组并联一个分路电阻,

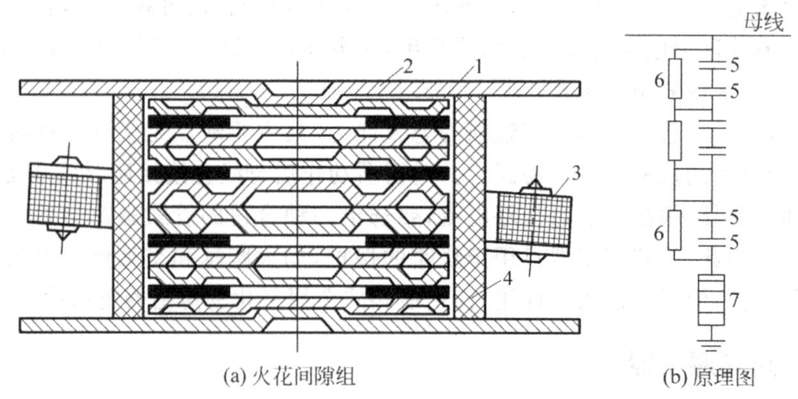

(a) 火花间隙组 (b) 原理图

图 7-19 标准火花间隙组

1—单个间隙；2—黄铜盖板；3—分路电阻；4—瓷套筒；5—间隙电容；6—并联电阻；7—阀片

如图 7-19(b)所示。在工频电压和恢复电压作用下，间隙电容的阻抗很大，而分路电阻阻值较小，故间隙上电压分布均匀，从而提高了熄弧能力和工频放电电压。在冲击电压作用下，由于冲击电压的等值频率很高，间隙电容的阻抗小于分路电阻，间隙上的电压分布主要取决于电容分布，由于间隙对地和瓷套寄生电容的影响，使电压分布很不均匀，因此其冲击放电电压较低，冲击系数一般为 1 左右，甚至小于 1。

在工作电压作用下，分路电阻中将长期有电流流过，因此分路电阻必须有足够的热容量，通常也采用非线性电阻，其非线性系数为 0.35～0.45。

2) 阀片电阻

避雷器中所用的非线性电阻通常称为阀片电阻，是由碳化硅(SiC)加黏合剂在 300～500℃温度下烧制而成的圆饼形电阻片，将若干个阀片叠加起来就组成工作电阻。阀片的电阻值与流过电流的大小有关，呈非线性变化。电流越大电阻越小，电流越小电阻越大。阀片电阻的伏安特性曲线如图 7-20 所示，其表达式为

$$u = Ci^{\alpha} \tag{7-18}$$

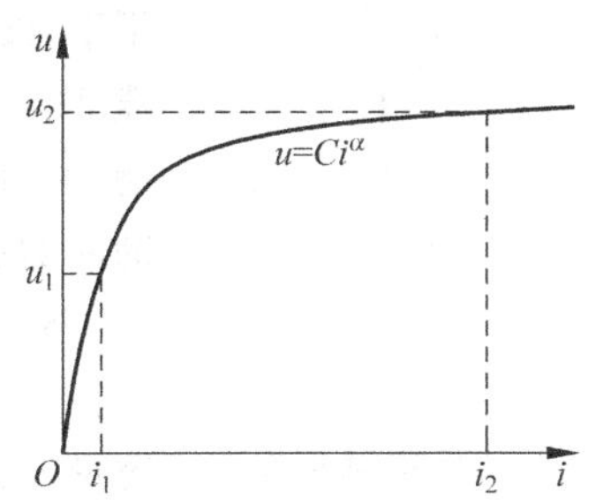

图 7-20　阀片电阻的静态伏安特性曲线

i_1—工频续流；u_2—工频电压；i_2—雷电流；u_2—残压

式中：C 为常数，等于阀片上流过 1A 电流时的压降，与阀片的材料和尺寸有关；α 为阀片的非线性系数，$0<\alpha<1$，其值与阀片材料有关，α 越小非线性越好。

阀片电阻的非线性特性符合对避雷器的要求。如前所述，如果避雷器只有火花间隙，在冲击电压作用下动作时，将会出现对绝缘不利的截波，而且工频续流就是单相接地电流，幅值较大，难于自行灭弧。若在火花间隙中串入普通电阻(线性)，虽然可以限制工频续流以利于灭弧，但是如果电阻过大，残压(指雷电流通过避雷器时阀片电阻上产生的电压降)也很大，幅值很高的残压作用在电气设备上会破坏其绝缘。采用非线性电阻有助于解决这一矛盾。在雷电流作用下，由于电流很大，阀片工作在低阻值区域，可使残压降低。在工频续流流过时，由于电压相对较低，阀片工作在高阻值区域，因而限制了续流。阀片电阻的非线性程度越高，保护性能越好。

2. 磁吹避雷器

与普通型避雷器相仿，磁吹避雷器中火花间隙也是由许多单个间隙串联而成的。利用磁场使电弧产生运动(如旋转或拉长)来加强去电离以提高间隙的灭弧能力。磁吹间隙种类繁多，我国目前生产的主要是限流式磁吹间隙，又称拉长电弧型间隙，其单个间隙的基本结构如图 7-21 所示。间隙由一对角状电极组成，磁场是轴向的，工频续流被轴向磁场拉入灭弧栅中，如图 7-21 中虚线所示，其电弧的最终长度可达起始长度的数十倍。灭弧盒由陶瓷或云母玻璃制成，电弧在灭弧栅中受到强烈去电离而熄灭，由于电弧形成后很快就被拉到远离击穿点的位置，故间隙绝缘强度恢复很快，熄弧能力很强，可切断 450A 左右的续流。

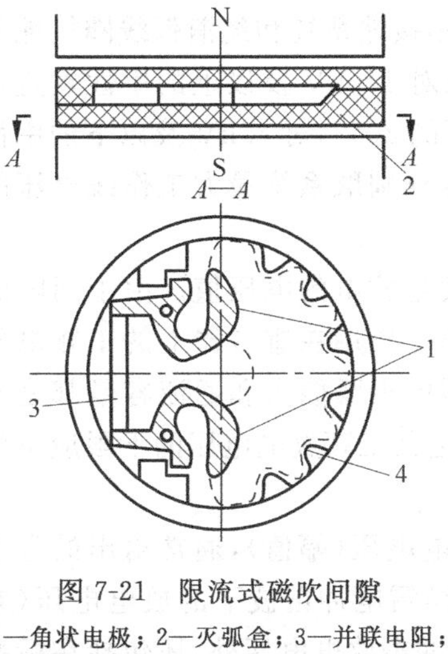

图 7-21　限流式磁吹间隙

1—角状电极；2—灭弧盒；3—并联电阻；4—灭弧栅

此外，由于电弧被拉得很长且处于去电离很强的灭弧栅中，所以电弧电阻很大，可以起到限制续流的作用，因而称为限流间隙。这样，采用限流间隙后就可以适当减少阀片数目，使避雷器残压得到降低。

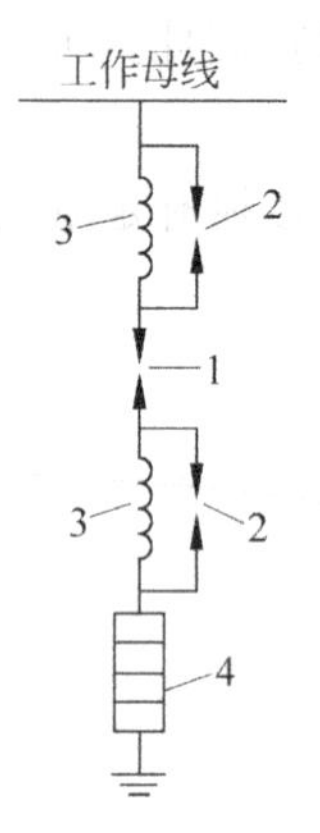

图 7-22 磁吹避雷器的结构原理

1—主间隙；2—辅助间隙；3—磁吹线圈；4—阀片电阻

磁吹避雷器结构原理如图 7-22 所示。磁场由与主间隙串联的磁吹线圈 3 产生，当雷电流通过磁吹线圈时，在线圈感抗上出现较大的压降，这样会增大避雷器的残压，使避雷器的保护性能变坏。为此，在磁吹线圈 3 两端并联以辅助间隙 2，在冲击过电压作用下，线圈两端的压降会使辅助间隙击穿，则放电电流经过辅助间隙 2、主间隙 1 和阀片电阻 4 流入大地，这样不致使避雷器的残压增大。而当工频续流流过时，磁吹线圈的压降较低，不足以维持辅助间隙放电，电流很快转入线圈中，并发挥磁吹作用。

磁吹避雷器所采用的阀片电阻也是以 SiC 为主要原料加黏合剂在 1350～1390℃的高温下焙烧制成的，所以称高温阀片。其通流容量较大，能通过 20/40μs、10kA 的冲击电流和 2000μs、800～1000A 的方波电流各 20 次。不易受潮，但非线性系数较高 $\alpha=0.24$。

磁吹避雷器有保护旋转电机用的 FCD 型及电站用的 FCZ 型两种。

3. 阀式避雷器的电气参数

(1) 额定电压。指正常运行时，加在避雷器上的工频工作电压，应与其安装地点电力系统的电压等级相同。

(2) 灭弧电压。指保证避雷器能够在工频续流第一次过零值时灭弧的条件下，允许加在避雷器上的最高工频电压。灭弧电压应大于避雷器安装地点可能出现的最大工频电压。

据实际运行经验，系统可能出现已经存在单相接地故障而非故障相的避雷器又发生放电的情况。因此，单相接地故障时非故障相的电压升高，就成为可能出现的最高工频电压，避雷器应保证在这种情况下可靠熄弧。在中性点直接接地系统中，发生单相接地故障时非故障相的电压可达系统最大工作线电压的 80%；在中性点不接地系统和经消弧线圈接地的系统分别可达系统最大工作线电压的 110%和 100%。所以对 110kV 及以上的中性点直接接地系统的避雷器，其灭弧电压规定为系统最大工作线电压的 80%，对 35kV 及以下的中性点不接地系统和经消弧线圈接地系统的避雷器，其灭弧电压分别取系统最大工作线电压的 110%和 100%。

(3) 工频放电电压。指在工频电压作用下，避雷器将发生放电的电压值。由于间隙的击穿电压具有分散性，工频放电电压都是给出上限和下限值。作用在避雷器上的工频电压超过下限值时，避雷器将会击穿放电。由于普通阀式避雷器的灭弧能力和通流容量都是有限的，一般不允许它们在内过电压作用下动作，因此通常规定其工频放电电压的下限应不低于该系统可能出现的内过电压值。

(4) 冲击放电电压。指在冲击电压作用下避雷器的放电电压(幅值)，通常给出的是上限值。对额定电压为 220kV 及以下的避雷器，指的是在标准雷电冲击波下的放电电压(幅值)的上限。对于 330kV 及以上的超高压避雷器，除了雷电冲击放电电压外，还包括在标准操作冲击波下的冲击放电电压值。

(5) 残压(峰值)。指雷电流通过避雷器时,在阀片电阻上产生的电压降(峰值)。由于残压的大小与通过的雷电流的幅值有关,我国标准规定:通过避雷器的额定雷电冲击电流220kV及以下系统取5kA,330kV及以上系统取10kA,波形8/20μs。

避雷器的残压和冲击放电电压决定了避雷器的保护水平。为了降低被保护设备的冲击绝缘水平,必须同时降低避雷器的残压和冲击放电电压。

此外,还有如下几个常用来综合评价避雷器整体保护性能的技术指标。

(1) 冲击系数。指避雷器冲击放电电压与工频放电电压幅值之比,与避雷器的结构有关。一般希望冲击系数接近于1,这样避雷器的伏秒特性就比较平坦,有利于绝缘配合。

(2) 切断比。它等于避雷器的工频放电电压(下限)与灭弧电压之比,是表示间隙灭弧能力的一个技术指标。切断比越小,说明绝缘强度的恢复越快,灭弧能力越强。一般普通阀式避雷器的切断比为1.8,磁吹避雷器的切断比为1.4。

(3) 保护比。它等于避雷器的残压与灭弧电压之比。保护比越小,说明残压越低或灭弧电压越高,因而保护性能越好。FS和FZ系列的保护比分别约为2.5和2.3,FCZ系列为1.7～1.8。

7.4.3　金属氧化物避雷器

传统的SiC避雷器在技术上已经发展到了一定程度,要想进一步改进避雷器的保护水平和其他性能相当困难。为了取得更好的保护效应就应研制新的阀片材料。

20世纪70年代出现的金属氧化物避雷器是一种全新的避雷器。人们发现某些金属氧化物,主要是氧化锌(ZnO)掺以多种微量金属氧化物,如氧化铋(Bi_2O_2)、氧化钴(Co_2O_3)、氧化锰(MnO_2)、氧化锑(Sb_2O_3)、氧化铬(Cr_2O_3)等,经过成型、烧结、表面处理等工艺过程而制成。这种避雷器具有优异的非线性特性,在正常工作电压下,阻值很大,通过的漏电流很小,而在过电压下,阻值急剧变小。

1. ZnO阀片和伏安特性

ZnO阀片的伏安特性可分为小电流区、非线性区和饱和区,如图7-23所示。电流在1mA以下的区域为小电流区Ⅰ,非线性系数α较高,一般为0.1～0.2;电流为1mA～3kA时为非线性区Ⅱ,用关系式$u=Ci^{\alpha}$表示,式中$\alpha=0.015$～0.05;电流大于3kA,一般进入饱和区Ⅲ,电压增加时,电流增长不快,伏安特性曲线向上翘。

与SiC阀片相比,ZnO阀片具有很理想的非线性伏安特性,图7-24所示是SiC避雷器

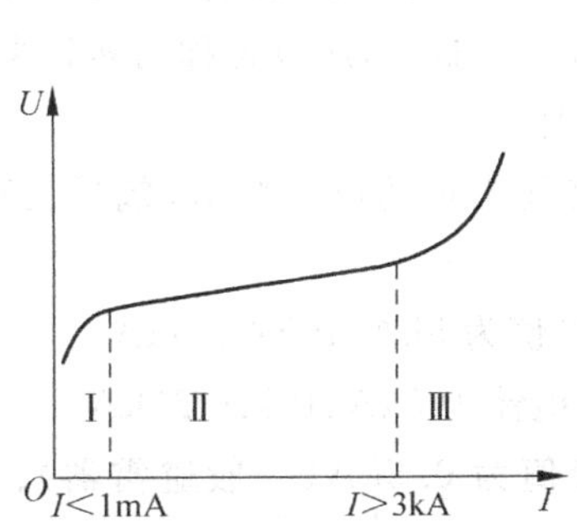

图7-23　ZnO避雷器的伏安特性

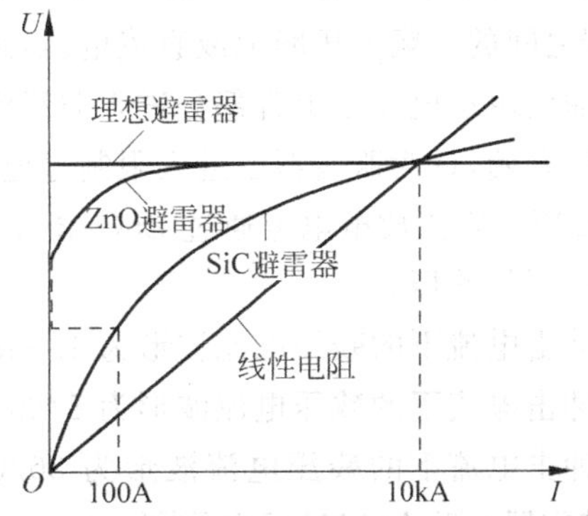

图7-24　ZnO、SiC和理想避雷器伏安特性的比较

与 ZnO 避雷器及理想避雷器电阻阀片的伏安特性曲线。图中假定 ZnO、SiC 电阻阀片在 10kA 电流下的残压相同,那么在额定电压下 SiC 阀片中将流过 100A 左右的电流,而 ZnO 阀片中流过的电流为微安级,即在工作电压下,ZnO 阀片实际上相当一绝缘体,所以可不用间隙与系统隔离。

与由 SiC 阀片和串联间隙构成的传统避雷器相比,ZnO 无间隙避雷器具有下述优点。

(1) 保护性能优越。由于 ZnO 阀片具有优异的伏安特性,进一步降低其保护水平和被保护设备绝缘水平的潜力很大,特别是它没有火花间隙,所以不存在放电时延,具有很好的陡波响应特性。

(2) 无续流,动作负载轻,耐重复动作能力强。在工作电压下流过的电流极小,为毫安级,实际上可视为无续流。所以在雷击或操作过电压作用下,只需吸收过电流能量,不需吸收续流能量。ZnO 避雷器在大电流长时间重复动作的冲击作用下特性稳定,所以具有耐受多重雷和重复动作的操作冲击过电压的能力。

(3) 通流容量大。ZnO 阀片单位面积的通流能力为 SiC 阀片的 4~5 倍,而且很容易采用多柱阀片并联的办法进一步增大通流容量。通流容量大的优点使 ZnO 避雷器完全可以用来限制操作过电压,也可以耐受一定持续时间的暂时过电压。

(4) 耐污性能好。由于没有串联间隙,因而可避免因瓷套表面不均匀污染使串联火花间隙放电电压不稳定的问题。所以易于制造防污型和带电清洗型避雷器。

(5) 适于大批量生产,造价低廉。由于省去了串联火花间隙,所以结构简单,元件单一通用,特别适合大规模自动化生产。此外,还具有尺寸小,重量轻,造价低廉等优点。

2. ZnO 避雷器的基本电气参数

ZnO 避雷器与 SiC 避雷器的技术特性有许多不同点,其参数及含义如下。

(1) 额定电压。它是避雷器两端之间允许施加的最大工频电压有效值。即在系统短时工频过电压直接加在 ZnO 阀片上时,避雷器仍能正常工作(允许吸收规定的雷电及操作过电压能量特性基本不变,不发生热崩溃)。它相当于 SiC 避雷器的灭弧电压,但含义不同,它是与热负载有关的量,是决定避雷器各种特性的基准参数。

(2) 最大持续运行电压。它是允许持续加在避雷器两端的最大工频电压有效值。避雷器吸收过电压能量后温度升高,在此电压下能正常冷却,不发生热击穿。它一般应等于系统最大工作相电压。

(3) 起始动作电压(或参考电压)。它是指避雷器通过 1mA 工频电流峰值或直流电流时,其两端之间的工频电压峰值或直流电压,通常用 U_{1mA} 表示。该电压大致位于 ZnO 阀片伏安特性曲线由小电流区上升部分进入非线性区平坦部分的转折处,所以也称为转折电压。从这一电压开始,认为避雷器已进入限制过电压的工作范围。

(4) 残压。它指放电电流通过 ZnO 阀片时,其两端之间出现的电压峰值,包括三种放电电流波形下的残压。

陡波冲击电流下的残压电流波形为 1/5μs,放电电流峰值为 5kA、10kA、20kA。

雷电冲击电流下的残压电流波形为 8/20μs,标称放电电流为 5kA、10kA、20kA。

操作冲击电流下的残压电流波形为 30/60μs,电流峰值为 0.5kA(一般避雷器)、1kA(330kV 避雷器)、2kA(500kV 避雷器)。

3. 评价 ZnO 避雷器性能优劣的指标

(1) 保护水平。ZnO 避雷器的雷电保护水平为雷电冲击残压和陡波冲击残压除以 1.15；操作冲击保护水平等于操作冲击残压。

(2) 压比。它指 ZnO 避雷器通过波形为 8/20μs 的标称冲击放电电流时的残压与起始动作电压的比值。例如 10kA 下的压比为 U_{10kA}/U_{1mA}。压比越小，表示非线性越好，通过冲击大电流时的残压越低，避雷器的保护性能越好。目前的产品水平为 1.6～2。

(3) 荷电率。它表征单位电阻阀片上的电压负荷，是 ZnO 避雷器的持续运行电压峰值与起始动作电压之比。荷电率越高说明避雷器稳定性越好，越耐老化，能在靠近"转折点"长期工作。荷电率一般采用 45%～75%或更大。在中性点不接地或经消弧线圈接地系统中，因单相接地时健全相电压升高较大，所以一般选用较低的荷电率。在中性点直接接地系统中，工频电压升高不突出，可采用较高的荷电率。

(4) 保护比。ZnO 避雷器的保护比定义为标称放电电流下的残压与最大持续运行电压(峰值)的比值或压比与荷电率之比，即：

$$\text{保护比} = \frac{\text{标称放电电流下的残压}}{\text{最大持续运行电压(峰值)}} = \frac{\text{压比}}{\text{荷电率}}$$

因此，降低压比或提高荷电率可降低 ZnO 避雷器的保护比。

目前生产的 ZnO 避雷器在电压等级较低时大部分是采用无间隙的结构。对于超高电压或需大幅度降低压比时，则采用并联或串联间隙的方法。为了降低大电流时的残压而又不加大阀片在正常运行中的电压负担，以减轻 ZnO 阀片的老化，往往也采用并联或串联间隙的方法。

图 7-25 所示为并联间隙 ZnO 避雷器的原理图，图中 R_1、R_2 均为 ZnO 电阻片(阀片)，F 为并联间隙，在正常运行时，由 R_1、R_2 共同承担电网工作电压，荷电率较低，泄漏电流很小。当雷电或操作过电压作用时，流过 R_1、R_2 的电流迅速增加，当 R_1 上残压达到某一值时，F 被击穿，R_2 被短接，ZnO 避雷器上残压仅由 R_1 决定，从而降低了残压，也即降低了压比，例如由无间隙时的压比 2.0～2.2 降低到 1.6～1.8。

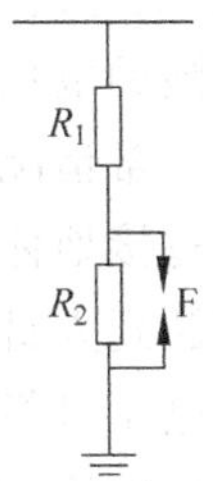

图 7-25　并联间隙 ZnO 避雷器的原理图

这种带并联间隙 ZnO 避雷器适用于弱绝缘设备(如电机类)的保护。

由于 ZnO 避雷器有上述优点，因而发展潜力很大，是避雷器发展的主要方向。

7.5 接地装置

前面所介绍的各种防雷保护装置都必须配备合适的接地装置才能有效地发挥其保护作用，所以防雷接地装置是整个防雷保护体系中不可或缺的一个重要组成部分。

电气设备需要接地的部分与大地的连接是靠接地装置来实现的，它由接地体和接地引线组成。接地体有人工和自然两大类，前者专为接地的目的而设置，而后者主要用于其他目的，但也兼起接地体的作用，例如钢筋混凝土基础、电缆的金属外皮、轨道、各种地下金属管道等都属于天然接地体。接地引线也有可能是天然的，例如建筑物墙壁中的钢筋等。

7.5.1 接地和接地电阻的基本概念

电工中“地”的定义是不受入地电流的影响而保持着零电位的土地。电气设备导电部分和非导电部分(例如电缆外皮)与大地的人为连接称为接地,接地起着维持正常运行、安全保护、防雷、防干扰等作用。

实际上,大地并不是理想导体,它具有一定的电阻率,有电流流过时,大地则不再保持等电位。从地面上被强制流进大地的电流总是从一点注入的,但进入大地以后则以电流场的形式向四周扩散,则大地中呈现相应的电场分布。设土壤电阻率为 ρ,地中某点电流密度为 δ,则该点电场强度 $E=\rho\delta$。离电流注入点越远,地中电流密度越小,电场强度越弱。因此可以认为在无穷远处,地中电流密度已接近零,电场强度 E 也接近零,该处仍保持零电位。由此可见,当接地点有电流流入大地时,该点相对于远处的零电位,具有确定的电位升高。

7.5.2 工作接地、保护接地与防雷接地

电力系统中各种电气设备的接地可分为以下三种。

1. 工作接地

为了保证电力系统正常运行所需要的接地。例如系统中性点接地,其作用是稳定电网的对地电位,以降低电气设备的绝缘水平。工作接地的接地电阻一般为 0.5～5Ω。

2. 保护接地

为了保证人身安全,防止因设备绝缘损坏引发触电事故而采取的将高压电气设备的金属外壳接地。其作用是保证金属外壳经常固定为地电位,当设备绝缘损坏而使外壳带电时,不致有危险的电位升高造成人员触电事故。不过还要防止接触电压和跨步电压引起的触电事故。在正常情况下,接地点没有电流入地,金属外壳保持地电位,但当设备发生接地故障有电流通过接地体流入大地时,与接地点相连的设备金属外壳和附近地面的电位都会升高,有可能威胁到人身安全。

接触电压是指人所站立的地点与接地设备之间的电位差。人的两脚着地点之间的电位差称为跨步电压(取跨距为 0.8m)。这些都有可能使通过人体的电流超过危险值(一般规定为 10mA),减小接地电阻或改进接地装置的结构形状可以降低接触电压和跨步电压,高压设备要求保护接地电阻值为 1～10Ω。

3. 防雷接地

针对防雷保护装置的需要而设置的接地。其作用是使雷电流顺利入地,减小雷电流通过时的电位升高。

对工作接地和保护接地来说,接地电阻是指工频或直流电流流过时的接地电阻,称为工频(或直流)接地电阻;当接地装置上流过雷电冲击电流时,所呈现的电阻称为冲击接地电阻(指接地体上的冲击电压幅值与冲击电流幅值之比)。雷电冲击电流与工频接地短路电流相比,具有幅值大、等值频率高的特点。

雷电流的幅值大,会使地中电流密度 δ 增大,因而提高了地中的电场强度($E=\rho\delta$),当 E 超过一定值时,在接地体周围的土壤中会发生局部火花放电。火花放电使土壤电导增大,接地装置周围像被良好导电物质包围,相当于接地电极的尺寸加大,于是使接地电阻减小。ρ、

δ越大，E也越大，土壤中火花放电也越强烈，冲击接地电阻值降低的也越多。这一现象称为火花效应。

此外雷电流的等值频率高，会使接地体本身呈现明显的电感作用，阻碍雷电流流向接地体的远端，结果使接地体不能被充分利用，则冲击接地电阻大于工频接地电阻。这一现象称为电感效应。

由于上述原因，同一接地装置在冲击电流和工频电流作用下，将具有不同的电阻。两者之间的关系用冲击系数α表示，即：

$$\alpha = \frac{R_i}{R_e} \tag{7-19}$$

式中：R_e为工频接地电阻；R_i为冲击接地电阻。冲击系数α与雷电流幅值、土壤电阻率ρ及接地体的几何尺寸等因素有关。一般情况下，火花效应的影响大于电感效应的影响，故$\alpha<1$；但对于伸长接地体来说，其电感效应更明显，则α可能大于1。

7.5.3　工程实用的接地装置

工程实用的接地体主要由扁钢、圆钢、角钢或钢管组成，埋于地表面下0.5～1m处。水平接地体多用扁钢，宽度一般为20～40mm，厚度不小于4mm；或者用直径不小于6mm的圆钢。垂直接地体一般用角钢20mm×20mm×3mm～50mm×50mm×5mm或钢管，长度约取2.5m。根据敷设地点不同，又分为输电线路接地和发电厂及变电站接地。

1. 典型接地体的接地电阻

(1) 垂直接地体。其接地电阻为

$$R = \frac{\rho}{2\pi l}\left(\ln\frac{8l}{d} - 1\right) \tag{7-20}$$

式中：l为垂直接地体长度，m；d为接地体直径，m。如图7-26所示，当采用扁钢时$d=b/2$，b为扁钢宽度。当采用角钢时，$d=0.84b$，b为角钢每边的宽度。

为了得到较小的接地电阻，接地装置往往由多个单一接地体并联组成，称为复式接地装置。在复式接地装置中，由于各接地体之间相互屏蔽的效应，以及各接地体与连接用的水平电极之间相互屏蔽的影响，使接地体的利用情况恶化，如图7-27所示。故总的接地电阻R_Σ要比R/n略大，可由下式计算：

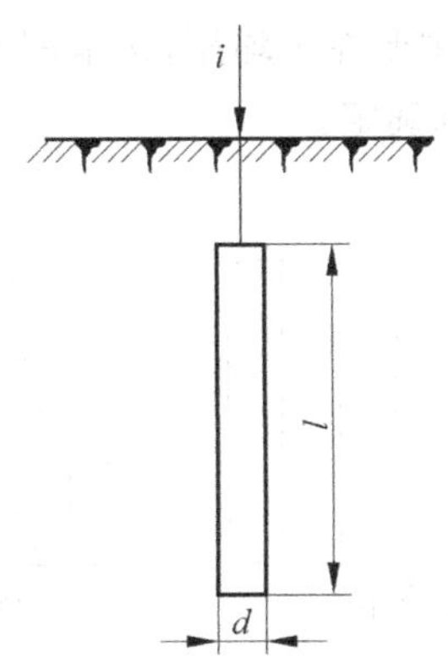

图7-26　单根垂直接地体

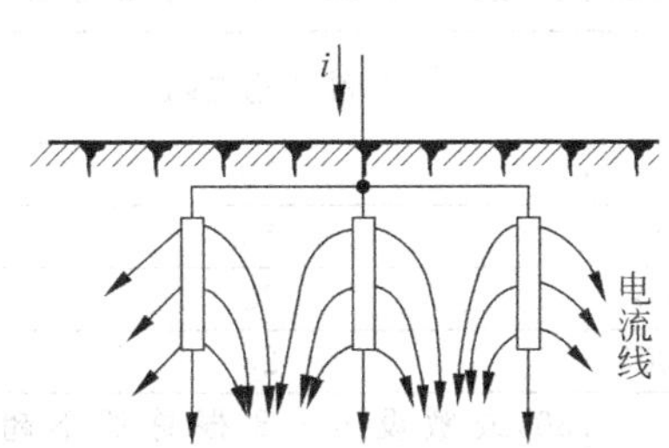

图7-27　三根垂直接地体的屏蔽效应

$$R_{\Sigma}=\frac{R}{\eta n} \tag{7-21}$$

式中：η 为利用系数，表示由于电流相互屏蔽而使接地体不能充分利用的程度。一般 η 为0.65～0.8，η 值与流经接地体的电流是工频或是冲击电流有关。

(2) 水平接地体。其电阻值为

$$R=\frac{\rho}{2\pi L}\left(\ln\frac{L^{2}}{dh}+A\right) \tag{7-22}$$

式中：L 为水平接地体的总长度，m；h 为水平接地体埋设深度，m；A 表示因受屏蔽影响使接地电阻增加的系数，其数值见表 7-1。

表 7-1 水平接地体屏蔽系数 A

序号	1	2	3	4	5	6	7	8
接地体形式	—	└	人	○	＋	□	✱	✳
屏蔽系数	−0.6	−0.18	0	0.48	0.89	1	3.03	5.65

以上公式计算出的是工频电流下的接地电阻即工频接地电阻。当流过雷电冲击电流时，其冲击接地电阻与工频接地电阻的关系通常用冲击系数 α 表示，见式(7-19)。

2. 输电线路的防雷接地

高压输电线路在每一基杆塔下都设有接地体，并通过引线与避雷线相连，其目的是使雷电流通过较低的接地电阻入地。

高压线路杆塔都有混凝土基础，它也起着接地体的作用(称为自然接地体)。一般情况下，自然接地电阻是不能满足要求的，需要装设人工接地装置。规程规定线路杆塔接地电阻值应满足表 7-2。

3. 发电厂和变电站的接地

发电厂和变电站内有大量的重要设备，需要良好的接地装置以满足工作、安全和防雷的要求。一般的做法是根据安全和工作接地的要求敷设一个统一的接地网，然后在避雷针和避雷器安装处增加辅助接地体以满足防雷接地的要求。

接地网由扁钢水平连接，埋入地下 0.6～0.8m 处，其面积大体与发电厂和变电站的面积相同。接地网一般做成网孔形，如图 7-28 所示，其目的主要在于均压，接地网中的两水平接地带的间距为 3～10m，应按接触电压和跨步电压的要求确定。

表 7-2 装有避雷线的线路杆塔工频接地电阻值(上限)

土壤电阻率 $\rho/(\Omega\cdot\text{m})$	工频接地电阻/Ω
100 及以下	10
100 以上至 500	15
500 以上至 1000	20
1000 以上至 2000	25
2000 以上	30，或敷设 6～8 根总长不超过 500m 的放射线，或用两根连续伸长接地线，阻值不作规定

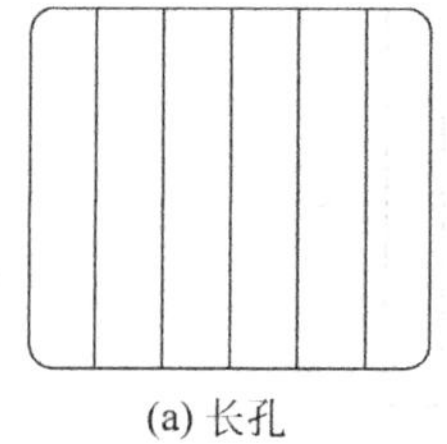

(a) 长孔

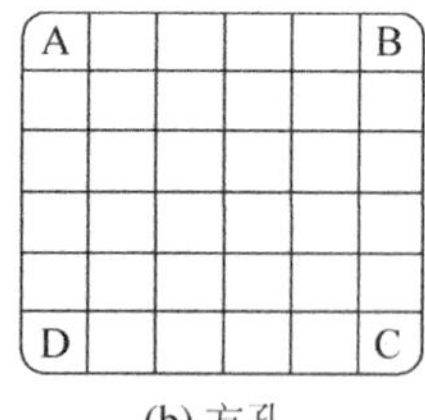

(b) 方孔

图 7-28 接地网示意图

接地网的总接地电阻 R 可按下式估算：

$$R=\frac{0.44\rho}{\sqrt{S}}+\frac{\rho}{L} \tag{7-23}$$

式中：L 为接地体(包括水平接地体与垂直接地体)的总长度，m；ρ 为土壤电阻率，Ω·m；S 为接地网的总面积，m^2。

发电厂和变电站的工频接地电阻值一般为 0.5～5Ω，这主要是为了满足工作接地及安全接地的要求。关于防雷接地的要求，在变电站防雷保护时还要说明。

7.5.4　降低接地电阻的措施

1. 降低线路杆塔接地电阻的措施

1）增加水平射线的长度或根数

基于冲击接地的特性，增加接地体长度不宜超过规程中的数值；增加根数时，总根数不宜超过 6～8 根，尽量对称布置，以减弱屏蔽效应。

2）引伸接地

当杆塔附近有低土壤电阻率的地域(如耕地、水塘或山岩裂缝等)，可在那里埋设集中接地体，再用 2 根一定截面积的连接地线将接地体与杆塔相连。引伸距离不宜超过规程中的数值。

3）合理使用降阻剂或适量换土

降阻剂是按一定配方制成的、专用于降低接地电阻的固体或液体材料，其成分含有高分子树脂、尿素、水泥、电解质和水等。降阻剂需具有低电阻率、无毒无污染、腐蚀性弱、施工操作方便、有效期长等特点。

降阻剂有极强的附着力，将粉状降阻剂按比例与水调和成糊状，在地沟中固化后能牢固地与接地体成为一体，能基本消除接地体与回填土之间的接触电阻。影响接触电阻的因素较多，在严重情况下它占总接地电阻的比例可达 10%～30%。

降阻剂的电阻率一般小于 3Ω·m，比原有土壤电阻率小得多，降阻剂的利用将接地体的等效直径扩大了，散流面积增大，接地电阻减小。通常 $\rho>300$Ω·m 的地区才使用，ρ 越大，降阻作用越显著。降阻剂含有强电解物质，溶解有电解质的水渗透到地沟周围土壤中，从而改善了渗透区域内土壤电阻率。但有的降阻剂产品则没有这种渗透现象，使用尺寸要注意选择。

顺便指出，降阻剂宜用于小型接地装置，接地体总长度 L 越长，扩大接地体等值直径使地电阻降低作用越小。通常线路杆塔接地的 L 不大，使用降阻剂降阻的效果是明显的。

降阻剂具有一定的 pH 值，因而对接地体有腐蚀作用，而且 pH 值低的腐蚀作用很强，例如 pH 值为 2～3 的酸性降阻剂，对导体腐蚀很快。使用降阻剂要无毒、无环境污染，不能因雨水、地下水的冲刷流散而造成对人、畜、渔业及农作物的危害。

4）连续延伸接地

在大面积的高电阻率($\rho>10000$Ω·m)地区，可采用两根连续伸长接地体，将相邻杆塔接地体在地下相互连接。因伸长接地体中的雷电流是电流波，所以连续接地体的开断处必须在低电阻率地区，其接地电阻应很小，否则，开断处杆塔极易遭受反击。

2. 降低发电厂、变电站接地网接地电阻的措施

发电厂、变电站接地网电位过高是威胁人身和设备安全的主要原因，降低接地网接地电阻 R 可以降低 U_g。降低发电厂、变电站接地网接地电阻的常用措施有以下几个。

1）增大接地网面积

增加接地网的面积，接地电阻会减小。另外，接地网扩大到一定程度，在运行管理上会遇到麻烦。

2）引伸接地

发电厂、变电站接地网引伸接地的距离可远至 1000m 以内，因接地网主要功能是流散工频短路电流，这与线路杆塔接地是完全不同的。引伸接地一般是小型接地体，适合采用降阻剂，若有必要，可在主接地网周围多设几个引伸接地体，各个引伸接地体都有两根接地线与主地网连接。

3）深埋接地

上层土壤电阻率较高，下层土壤电阻率很低，如有金属矿、地下水等情况，可钻透（垂直或倾斜）表层，将接地体埋入下层，其埋深随地质结构而异，一般为 3～150m。深埋接地（布置深井接地）的位置在主地网的周边外缘部分，不需扩大原地网面积，各深井间要留有相当宽的散流距离，以充分发挥它们的散流作用。该措施降阻效果显著，接地电阻稳定，安全可靠，且费用较低。

4）深井爆破接地

在表层和深层土壤电阻率都很高且其范围很大的地区，可采用这种方式降低接地网接地电阻。爆破接地是采用钻孔机在地中垂直钻一定直径、一定深度的孔，在孔中插入接地极，然后在孔中隔一定距离放炸药，将岩石爆裂、炸松，再用压力机将糊状的降阻剂压入孔中及爆破产生的缝隙中，使向外延伸很远的裂缝中填充了低电阻率材料，可显著降低接地电阻。爆破可控制在地表下 2～5m 进行，防止对已有接地网、地面建筑物的影响。

选择上述降阻措施最重要的依据是掌握当地土壤电阻率分布的真实情况，为保证数据的真实性，必要时须现场勘测。

7.5.5 土壤电阻率测试

土壤电阻率是接地工程的重要参数，在设计、计算接地装置时应首先测量当地的土壤电阻率，并搞清土壤电阻率在地面水平各方向的变化以及垂直方向的变化规律，以使用最小的投资达到最理想的设计结果。

1. 三极法测量土壤电阻率

在需要测土壤电阻率的地方，埋入几何尺寸已知的接地体，按电压电流法测出接地体的接地电阻。测量采用的接地体为一根长 3m，直径 50mm 的钢管；或长 3m，直径 25mm 的圆钢；或长 10～15m，40mm×4mm 的扁钢，其埋入深度为 0.7～1.0m。

用垂直打入土中的圆钢测量接地电阻时，电压极距电流极和被测接地体 20m 远即可。测得接地电阻后，由下式即可算出该处土壤电阻率。即：

$$\rho = \frac{2\pi l R_g}{\ln \frac{4l}{d}} \tag{7-24}$$

式中：ρ 为土壤电阻率，$\Omega \cdot m$；l 为钢管或圆钢埋入土壤的深度，m；d 为钢管或圆钢的外径 m；R_g 为接地体的实测电阻，Ω。

用扁钢作水平接地体时，土壤电阻率按下式计算，即：

$$\rho = \frac{2\pi l R_g}{\ln \dfrac{L^2}{bh}} \tag{7-25}$$

式中：ρ 为土壤电阻率，$\Omega \cdot m$；L 为接地体的总长度，m；h 为扁钢中心线离地面的距离，m；b 为扁钢宽度，m；R_g 为水平接地体的实测电阻，Ω。

用三极法测量土壤电阻率时，接地体附近的土壤起着决定性作用，即这种办法测出的土壤电阻率，在很大程度上仅反映了接地体附近的土壤电阻率。这种方法的最大缺点是在测量回路中测得的接地电阻中，还包括了可能相当大的接触电阻在内，从而引起较大误差。这个等值电阻率对于不同类型和尺寸的接地体来说，差别是很大的，因而这种方法在工程实际中很少采用。

2. 四极法测量土壤电阻率

采用四极法测量土壤电阻率时，其接线如图 7-29 所示。

由外侧电极 C_1、C_2 通入电流 I，若电极的埋深为 l，电极间的距离为 a，则 C_1、C_2 电极使 P_1、P_2 上出现的电压分别为

$$U_2 = \frac{\rho I}{2\pi}\left(\frac{1}{a} - \frac{1}{2a}\right) \tag{7-26}$$

$$U_2' = \frac{\rho I}{2\pi}\left(\frac{1}{2a} - \frac{1}{a}\right) \tag{7-27}$$

而两极间的电位差为

$$U_2 - U_2' = \frac{\rho I}{2\pi a} \tag{7-28}$$

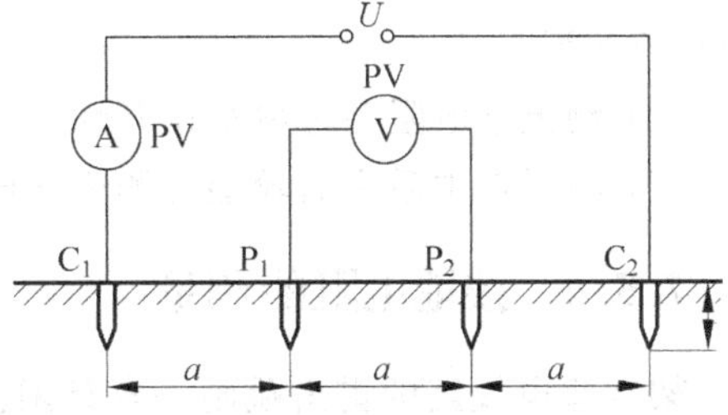

图 7-29　四极法测土壤电阻率的试验接线图

因此：

$$\rho = \frac{2\pi a (U_2 - U_2')}{I} = 2\pi a \frac{U}{I} = 2\pi a R_e \tag{7-29}$$

式中：ρ 为土壤电阻率，$\Omega \cdot m$；a 为电极间的距离，m；U 为电极 P_1、P_2 的实测电压，V；R_e 为实测土壤电阻，Ω。

由式(7-29)可知，当 a 已知时，测量 P_1、P_2 两极间的电压和流过的电流，即可算出土壤电阻率。

四极法测得的土壤电阻率，与电极间的距离 a 有关，当 a 不大时所测得的电阻率仅为大地表层的电阻率，其反映的深度随 a 的增大而增加。一般测得的 ρ 值是反映 $0.75a$ 深处的数值。

具有四个端头的接地电阻测量仪均可用于四极法测量土壤电阻率。

用四极法测量土壤电阻率时，电极可用四根直径 2cm 左右，长为 0.5～1.0m 的圆钢或钢管作电极，考虑到接地装置的实际散流效应，极间距离可选取 20m 左右，埋深应小于极间距离的 1/20。测量变电所的 ρ 值时，应取 3～4 点以上测量数的平均值作为测量值。

用以上方法测出的土壤电阻率，不一定是一年中的最大值，所以应按下式进行校正：

$$\rho_{\max} = \psi\rho \tag{7-30}$$

式中：$\rho_{\max}$为土壤最大电阻率，Ω·m；ψ为考虑到土壤干燥的季节系数，其值如表7-3所示；ρ为实测土壤电阻率，Ω·m。

表 7-3　季节系数的选取范围表

埋深/m	水平接地体	长2～3m垂直接地体	埋深/m	水平接地体	长2～3m垂直接地体
0.5	1.4～1.8	1.2～1.4	2.5～3.0	1.0～1.1	1.0～1.1
0.8～1	1.25～1.45	1.15～1.3			

注：测量时，如果土壤比较干燥，计算时采用表中较小的 ψ 值；土壤比较潮湿，则采用较大 ψ 值。

用四极法测量土壤电阻率时有以下注意事项。

(1) 对于运行的变电所测土壤电阻率时，因电流要受到地中水平接地体的影响，因而测量时要找土质相同的远离接地网的地方进行。

(2) 为了全面的了解电阻率的水平方向的分布情况，要在被测试的变电所内找不同的4～6点进行测量。

(3) 为了了解土壤的分层情况应改变几种不同的 a 值进行测量，比如 a=10m、20m、30m、50m等。

(4) 测土壤电阻率时尽量避开地下的管道等，以免影响测试结果。

(5) 不要在雨后土壤较湿时测土壤电阻率。

7.5.6　接地电阻的测量

架空输电线路的雷击跳闸一直是困扰电网安全供电的难题。近年随着电网的发展，雷击输电线路而引起的跳闸、停电事故日益增多，据电网故障分类统计表明：高压线路运行的总跳闸次数中，由于雷击引发的故障占50%～60%。尤其是在多雷、电阻率高、地形复杂的山区，雷击输电线路引起的故障次数更多，寻找故障点、事故抢修更困难，带来的损失更大。理论和运行实践证明，500kV及以下线路，雷击输电线路杆塔引起其电位升高造成"反击"跳闸的次数占了线路跳闸总次数的绝大部分。在绝缘配置一定时，影响雷击输电线路"反击"跳闸的主要因素是接地电阻的大小。所以，做好接地装置的检查，规范接地电阻测量方法保证线路杆塔可靠接地，并使其接地电阻值在规程要求范围内已成为线路防雷的一项重要工作。

1. 接地电阻测量基本方法

接地电阻是表征接地装置有效和可靠性的一项重要参数，但由于接地电阻是以无穷远处为零电位参考点的，想找到既简便又能够较准确的测出接地电阻的方法并非易事，经过国内外学者的不断研究和改进，得出几种较合理的接地电阻测量方法。

(1) 两点法：两点法是根据接地电阻的定义直接用伏安法测量，适用于小型接地装置，例如金属管道系统且管道接头未经绝缘处理的单根垂直接地极的测量。两点法测得的结果为待测接地极和测量电流极的接地电阻之和，因此要求被测接地电阻要远远大于电流极的电阻。这种方法可靠性和误差都较大，现在电力系统已经基本不再使用。

(2) 三点法：三点法是在两点法的基础上再增加一个辅助电极，适用于小型接地装置接地电阻的粗略测量。三点法测量接地电阻，采用两个实验电极，基于两点法，分别测量两实验电极和接地装置之间的串联接地电阻，通过求解得出接地极的接地电阻。

(3) 补偿法：补偿法测接地电阻在20世纪60年代被提出，并逐渐得到认可。至今为止，IEEE/GB等多个机构和标准推荐使用，但由于其需要反复测量，电位降曲线的绘制也相对困难，工作量大且不利于现场操作，国内外研究人员通过不懈的努力以电位降法为基础开发出了许多衍生方法，三极法就是其中一种。三极法是目前实际工作中最为常用的接地电阻测量方法，我国目前使用的0.618法和30°法就是其中两种。三极法测量时导通待测接地体，并测得接地体和辅助电压极之间的电位差，从而求得待测接地体的阻值。在接地电阻的实际测量中会受到许多因素的干扰，如辅助电极、测量电极与被测电极之间的互感，测量导线之间的互感，杂散地电流的影响，土壤的水平分层和垂直分层导致的土壤电阻率变化，为了减小这些干扰对测量结果的影响，研究人员在三极法的基础上又开发出了许多测量方法。

(4) 四极法：四极法是在三极法的基础上在被测电极附近再插入一个辅助电压极，这样可以有效地消除引线上产生的互感。

(5) 大电流法：在接地体中，特别是变电站、发电厂的接地网中往往会存在较大的杂散电流，这些电流会对测量结果和计算结果引入误差，降低测量的准确度。为了消除干扰电流的影响，国内外普遍采用的是大电流法，在测量电流极中通过几十安的大电流，提高信噪比以降低杂散电流对测量结果的影响。

四极法和大电流法虽然可以有效消除干扰，提高测量准确度，但由于其操作时均需要提供功率较大的电源，一般是将一条配电线路切断为测量设备供电，这样不仅会影响该配电线路上用户的日常工作和生活，而且由于停电时间的限制，不容易实现重复多次的测量。

(6) 变频法：变频法是近年来接地电阻测量方法研究的主要内容之一，相比传统方法，其有着明显的优越性。它注入电流小、电压低、安全性好，并且可以有效地消除干扰电流的影响，提高了测量的准确性，它还容易实现多次重复的测量，消除了偶然因素的影响，并且测量效率较高。

2. ZC-8 型接地电阻测量仪使用方法

接地电阻测量仪也称接地摇表，主要用于直接测量各种接地装置的接地电阻值。目前，ZC-8 型接地摇表有两种：一种为三个端钮；另一种为四个端钮。

ZC-8 型接地电阻测量仪主要由手摇发电机、相敏整流放大器、电位器、电流互感器及检流计等构成，全部密封在铝合金铸造的外壳内。仪表都附带有两根探针，一根是电位探针，另一根是电流探针。

ZC-8 型接地摇表有两种量程：一种是 0-1-10-100Ω；另一种是 0-10-100-1000Ω。现有的接地摇表中，三个端钮的量程为 0-10-100-1000Ω；四个端钮的量程为 0-1-10-100Ω。

用接地摇表测量接地电阻，关键是探针本身的接地电阻，如果探针本身接地电阻较大，会直接影响仪器的灵敏度，甚至测不出来。一般电流探针本身的接地电阻不应大于 250Ω，电位探测针本身的接地电阻不应大于 1000Ω，这些数值对大多数种类的土质是容易达到的。如在高土壤电阻率地区进行测量，可将探针周围的土壤用盐水浇湿，探针本身的电阻就会大大降低。探针一般采用直径为 0.5cm，长度为 0.5m 的镀锌铁棒制作而成。

测量接地电阻值时接线方式规定仪表上的 E 端钮接 5m 导线，P 端钮接 20m 导线，C 端钮接 40m 导线，导线的另一端分别接被测物接地极 E′、电位探棒 P′和电流探棒 C′，且 E′、

P′、C′应保持直线，其间距为20m。

1）测量大于等于1Ω接地电阻

当测量大于等于1Ω接地电阻时，接线图见图7-30，将仪表上2个E端钮连接在一起。

2）测量小于1Ω接地电阻

测量小于1Ω接地电阻时，接线图见图7-31。将仪表上2个E端钮导线分别连接到被测接地体上，以消除测量时连接导线电阻对测量结果引入的附加误差。

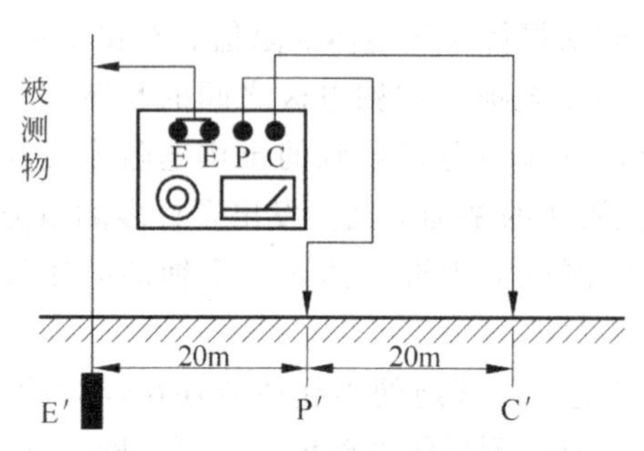

图7-30 测量大于等于1Ω接地电阻时接线图

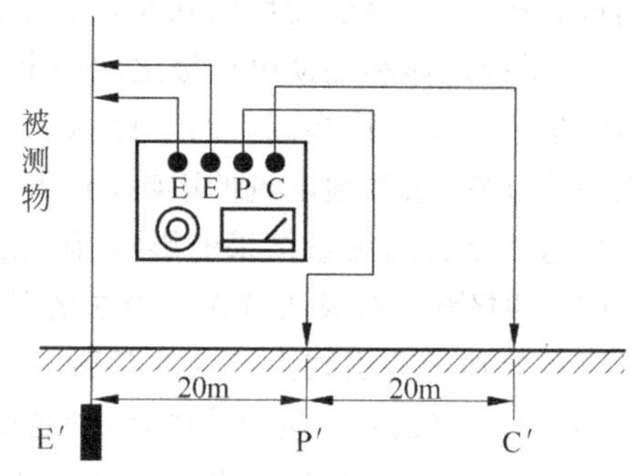

图7-31 测量小于1Ω接地电阻时接线图

3）操作步骤

(1) 仪表端所有接线应正确无误。

(2) 仪表连线与接地极E′、电位探棒P′和电流探棒C′应牢固接触。

(3) 将测量仪水平放置后，检查检流计的指针是否指向中心线，否则调节"零位调整器"使测量仪指针指向中心线。

(4) 将倍率开关置于最大倍率，逐渐加快摇柄转速，使其达到120r/min。当检流计指针向某一方向偏转时，旋动刻度盘，使检流计指针恢复到"0"点。此时刻度盘上读数乘上倍率挡即为被测电阻值。

(5) 当检流计的指针接近于平衡时（指针近于中心线）加快摇动转柄，使其转速达到120r/min以上，同时调整"测量标度盘"，使指针指向中心线。如果刻度盘读数小于1，检流计指针仍未取得平衡，可将倍率开关置于小一挡的倍率，直至调节到完全平衡为止。

(6) 如果发现仪表检流计指针有抖动现象，可变化摇柄转速，以消除抖动现象。

(7) 计算测量结果，即$R_{地}$="倍率标度"读数×"测量标度盘"读数。

4）测量技术措施及安全注意事项

(1) 解开和恢复接地引下线时均应戴绝缘手套。

(2) 按照接地装置规程要求，将两盘线展开并顺线路垂直方向拉，其中电流极为接地装置边线与射线之和的4倍，电压极为接地装置边线与射线之和的2.5倍，并注意两根线之间的距离不应小于1m。两根探针打入地的深度不得小于0.5m，并且拉线与探针必须连接可靠，接触良好。

(3) 必须确认负责拉线和打探针的人员不碰触探针或其他裸露部分的情况下才可以摇动接地摇表。

(4) 摇测时，应从最大量程进行，根据被测物电阻的大小逐步调整量程。摇表的转速应保持在120r/min(注：这个数不是绝对的，须根据仪表本身来定)。

(5) 若摇测时遇到较大的干扰,指针摆动幅度很大,无法读数,应先检查各连接点是否接触良好,然后再重测。如还是一样,可将摇速先增大后降低(不能低于规定值),直至指针比较稳定时读数,若指针仍有较小摆动,可取平均值。

(6) 接地电阻应在气候相对干燥的季节进行,避免雨后立即测量,以免测量结果不真实。

(7) 测量应遵守现场安全规定。雷云在杆塔上方活动时应停止测量,并撤离测量现场。

(8) 测量完毕,应对设备充分放电,否则容易引起触电事故。

习题

7-1　雷电放电的三个基本阶段有哪些?

7-2　简述雷电基本参数及各自的含义。

7-3　直击雷的防护措施有哪些?

7-4　简述主要的避雷器类型、工作原理及各自优缺点。

7-5　电力系统中各种电气设备的接地类型如何?

7-6　降低线路杆塔接地电阻的具体措施有哪些?

7-7　简述测量接地电阻的实验过程。

第 8 章

电力系统的防雷保护

输电线路纵横延伸，地处旷野，往往又是地面上最为高耸的物体，因此极易遭受雷击。根据运行经验，电力系统中停电事故几乎有一半之多是雷击线路造成的。同时，雷击线路时产生的自线路入侵变电站的雷电波也是威胁变电站设备绝缘的主要因素。因此，对线路的防雷保护应予以充分重视。

发电厂和变电站发生雷害事故，往往会导致变压器、发电机等重要电气设备损坏，并造成大面积停电。因此发电厂、变电站的防雷保护必须是十分可靠的。发电厂、变电站遭受雷害一般来自两方面：一是雷直击于发电厂、变电站；二是雷击输电线后产生向发电厂、变电站入侵的雷电波。

对直击雷的防护，一般采用避雷针或避雷线，根据我国的运行经验，凡装设符合相关标准要求的避雷针(线)的发电厂和变电站，绕击和反击事故率是非常低的。

对入侵波过电压防护的主要措施是合理确定在发电厂、变电站内装设的避雷器的位置、数量、类型和参数。同时在线路进线段上采取辅助措施，以限制流过避雷器的雷电流幅值和降低侵入波陡度，使发电厂、变电站电气设备上的过电压幅值低于其雷电冲击耐受电压。对于直接与架空线路相连的发电机(一般称为直配发电机)，除在发电机母线上装设避雷器外，还应装设并联电容器以降低进入发电机绕组的入侵波陡度，以保护发电机匝间绝缘和中性点绝缘。

8.1 输电线路的防雷保护

由于输电线路长度大、分布面广、地处旷野，易受雷击。据有关部门调查统计，因雷击线路造成的跳闸事故占电网总事故的 60%以上。同时，雷击线路时自线路入侵变电站的雷电波也是威胁变电站的主要因素，因此，对线路的防雷保护应予充分重视。

8.1.1 输电线路的耐雷性能指标

雷击输电线路的跳闸次数与线路可能受雷击的次数有关。

输电线路高出地面，有引雷作用，其引雷范围与线路高度有关。线路越高，等效受雷面积越大。根据模拟试验和运行经验，一般高度线路的等效受雷面宽度为 $b+4h$。则每

100km 线路年落雷次数 N 可以下式计算：

$$N=\gamma\times100\times\frac{b+4h}{1000}\times T_{\mathrm{d}} \tag{8-1}$$

式中：γ 为地面落雷密度；T_{d} 为雷暴日数；b 为两根避雷线之间的距离，m(若为单根避雷线，则 $b=0$；若无避雷线，则 b 为边相导线间的距离)；h 为避雷线的平均对地高度，m。

避雷线平均对地高度计算式为

$$h=h_{\mathrm{t}}-\frac{2}{3}f \tag{8-2}$$

式中：h_{t} 为避雷线在杆塔上的悬挂点高度，m；f 为避雷线的弧垂，m。

取 $T_{\mathrm{d}}=40$ 时，$\gamma=0.07$，则：

$$N=0.28(b+4h) \tag{8-3}$$

输电线路防雷性能的优劣主要用耐雷水平和雷击跳闸率来衡量。耐雷水平是指线路遭受雷击时，线路绝缘所能耐受的不至于引起绝缘闪络的最大雷电流幅值，单位为 kA。耐雷水平越高，线路的防雷性能越好。雷击跳闸率是指在雷暴日数 $T_{\mathrm{d}}=40$ 的情况下，每 100km 线路每年由于雷击引起的跳闸次数，它是衡量线路防雷性能的综合指标。

冲击闪络转变为稳定工频电弧的概率，称为建弧率，以 η 表示。冲击闪络能否转变为稳定的工频电弧主要取决于工频弧道中的平均电场强度(即沿绝缘子串或空气间隙的平均运行电压梯度)E，还取决于闪络瞬间工频电压的瞬时值以及去游离强度等条件。建弧率可按下式计算：

$$\eta=(4.5E^{0.75}-14)\times10^{-2} \tag{8-4}$$

式中：E 为绝缘子串的平均运行电压梯度，kV(有效值)/m。

对中性点直接接地系统：

$$E=\frac{U_{\mathrm{n}}}{\sqrt{3}l_1} \tag{8-5}$$

对中性点绝缘或经消弧线圈接地系统：

$$E=\frac{U_{\mathrm{n}}}{2l_1+l_2} \tag{8-6}$$

式中：U_{n} 为系统额定电压(有效值)，kV；l_1 为绝缘子串的放电距离，m；l_2 为木横担线路的线间距离，对铁横担和钢筋混凝土横担线路 $l_2=0$。

对于中性点不接地系统，单相闪络不会引起跳闸，只有当第二相导线闪络后才会造成相间闪络而跳闸。实践证明，当 $E\leqslant6\text{kV/m}$ 时，建弧率很小，可以近似地认为建弧率 $\eta=0$。

8.1.2 输电线路耐雷性能的分析

本节以中性点直接接地系统中有避雷线的线路为例，进行输电线路的直击雷过电压和耐雷水平的分析，其他线路分析的原则相同。

按照雷击线路部位的不同，雷直击于有避雷线的线路可分为三种情况，即雷击线路杆塔塔顶、雷击避雷线档距中央及雷绕过避雷线击于导线(称为绕击)，如图 8-1 所示。

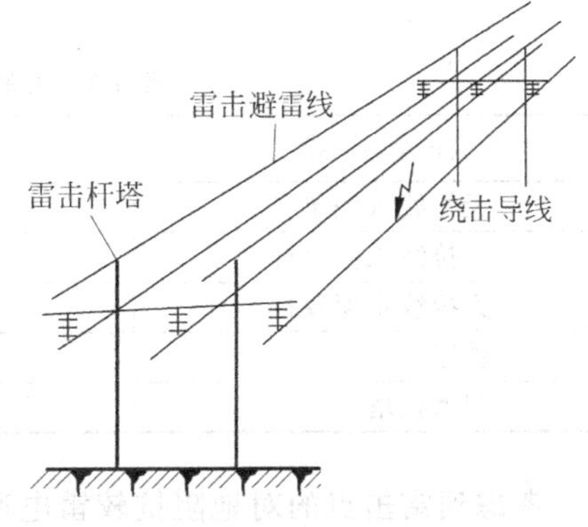

图 8-1 雷击输电线路部位示意图

1. 雷击杆塔塔顶时的过电压和耐雷水平

运行经验表明，在线路落雷总次数中，雷击杆塔的次数与避雷线的根数和经过地区的地形有关。雷击杆塔的次数与雷击线路总次数的比值称为击杆率，用 g 表示。有关规程建议击杆率 g 如表 8-1 所示。

表 8-1 击杆率 g

地形	避雷线根数		
	0	1	2
平原	1/2	1/4	1/6
山区	—	1/3	1/4

如前所述，在雷击杆塔的先导放电阶段，导线、避雷线和杆塔上都会感应出异号束缚电荷，但由于先导放电发展的平均速度较慢，所以产生的电流及电压较小，可略去不计。若不计导线上的工频工作电压，则线路绝缘上不会出现电位差。在主放电阶段，雷电通道中的负电荷与杆塔、避雷线及大地中的正感应电荷迅速中和形成雷电流。雷击瞬间自雷击点有一负极性的雷电流冲击波沿着杆塔向下运动，另有两个相同的负极性雷电波沿避雷线向两侧运动，使塔顶电位升高，并通过电磁耦合使导线电位发生变化。与此同时，自雷击点有一正雷电冲击波沿雷电通道向上运动，引起周围空间电磁场的迅速变化，使导线上出现与雷电流极性相反的感应过电压。作用在线路绝缘子串上的电位差为塔顶电位与导线电位之差。当这一电位差超过绝缘子串的冲击放电电压时，绝缘子串闪络。

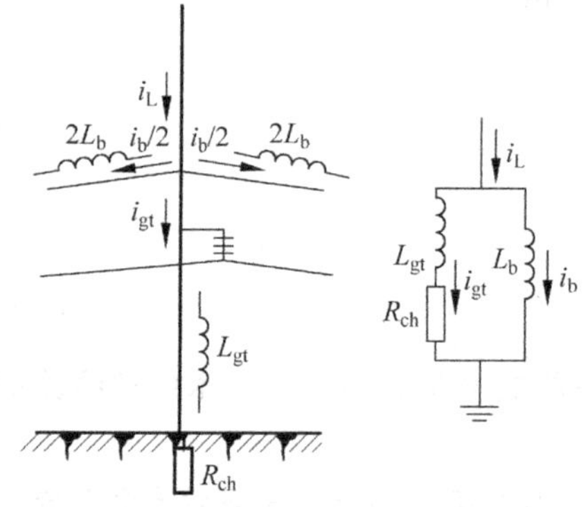

图 8-2 计算杆塔塔顶电位的等值电路

1) 塔顶电位

对于一般高度(40m 以下)的杆塔，在工程近似计算中，常将杆塔和避雷线以集中参数代替，这样雷击杆塔塔顶时的等值电路如图 8-2 所示。图中 R_{ch} 为杆塔的冲击接地电阻，L_{gt} 为杆塔的等值电感(不同类型杆塔的等值电感可由表 8-2 查得)，i_{gt} 为经杆塔流入地中的电流，L_b 为避雷线的等值电感(两侧一档避雷线电感的并联值)，单根避雷线的等值电感约为 $0.67l\mu H$(l 为档距长度，m)，双避雷线为 $0.42l\mu H$。

表 8-2 杆塔的等值电感和波阻抗平均值

杆 塔 形 式	杆塔电感/(μH/m)	杆塔波阻抗/Ω
无拉线水泥单杆	0.84	250
有拉线水泥单杆	0.42	125
无拉线水泥双杆	0.42	125
铁塔	0.50	150
门型铁塔	0.42	125

考虑到雷击点的对地阻抗较雷电通道波阻抗低得多，故在计算中可略去雷电通道波阻抗的影响，认为雷电流 i_L 直接由雷击点注入。由于避雷线的分流作用，流经杆塔的电流 i_{gt}

将小于雷电流 i_L，其值可由下式计算：

$$i_{gt} = \beta i_L \tag{8-7}$$

式中：β 为分流系数，即流经杆塔的电流与雷电流之比。对于不同电压等级一般长度档距的杆塔，β 值可由表 8-3 查得。

表 8-3 一般长度档距的线路杆塔分流系数β

线路额定电压/kV	避雷线根数	β 值
110	1	0.90
	2	0.86
220	1	0.92
	2	0.88
330～500	2	0.88

雷击塔顶时，塔顶电位 u_{top} 可由下式计算：

$$u_{top} = R_{ch} i_{gt} + L_{gt}\frac{\mathrm{d}i_{gt}}{\mathrm{d}t} = \beta\left(R_{ch} i_L + L_{gt}\frac{\mathrm{d}i_L}{\mathrm{d}t}\right) \tag{8-8}$$

式中：$\mathrm{d}i_L/\mathrm{d}t$ 为雷电流波前陡度，以 $\mathrm{d}i_L/\mathrm{d}t = I/2.6$ 带入上式，则塔顶电位的幅值为

$$u_{top} = \beta I\left(R_{ch} + \frac{L_{gt}}{2.6}\right) \tag{8-9}$$

式中：I 为雷电流幅值，kA。

2）导线电位

当塔顶电位为 U_{top} 时，与塔顶相连的避雷线上也有相同的电位 U_{top}。由于避雷线与导线间的耦合作用，在导线上将产生耦合电压 kU_{top}，耦合电压与雷电流同极性。此外由前知，雷击有避雷线的线路杆塔时，由于静电感应和电磁感应，在导线上还会出现幅值为 $\alpha h_c(1-k)$ 的感应过电压，此电压与雷电流异极性。则导线电位的幅值 U_c 为

$$U_c = kU_{top} - \alpha h_c(1-k) \tag{8-10}$$

3）线路绝缘上的电压

作用在线路绝缘子串上的电压为塔顶电位与导线电位之差，其幅值 U_{Li} 为

$$U_{Li} = U_{top} - U_c = U_{top} - kU_{top} + \alpha h_c(1-k) = (U_{top} + \alpha h_c)(1-k) \tag{8-11}$$

以 $\alpha = \dfrac{I}{2.6}$ 代入，得：

$$U_{Li} = I\left(\beta R_{ch} + \beta\frac{L_{gt}}{2.6} + \frac{h_c}{2.6}\right)(1-k) \tag{8-12}$$

应当指出，作用在线路绝缘上的电压还有导线的工作电压，对 220kV 及以下的线路，其值所占比重不大，可略去；但对超高压线路则不可不计，雷击时导线上工作电压的瞬时值及其极性应作为一随机变量来考虑。

4）雷击塔顶时的耐雷水平

从式(8-12)可知，作用在线路绝缘上的电压幅值随雷电流增大而增大，当 U_{Li} 大于线路绝缘子串的冲击闪络电压时，绝缘子串将发生闪络。由于此时杆塔电位较导线电位高，故此类闪络称为“反击”。所以由 $U_{Li} = U_{50\%}$ 可求得雷击塔顶时的耐雷水平 I_1，即：

$$I_1 = \frac{U_{50\%}}{(1-k)\left[\beta\left(R_{ch} + \frac{L_{gt}}{2.6}\right) + \frac{h_c}{2.6}\right]} \tag{8-13}$$

从式(8-13)可知，雷击杆塔时的耐雷水平与杆塔的等值电感 L_{gt}、杆塔冲击接地电阻 R_{ch}、分流系数 β、耦合系数 k 及绝缘子串的 50%冲击放电电压 $U_{50\%}$ 有关。在实际工程中，通常以降低杆塔冲击接地电阻 R_{ch} 和提高导线与避雷线间的耦合系数 k 的方法作为提高线路耐雷水平的主要手段。

对于一般高度的杆塔，冲击接地电阻 R_{ch} 上的电压降是塔顶电位的主要成分，因此降低接地电阻可有效地减小塔顶电位和提高耐雷水平。增加耦合系数 k 可以减少绝缘子串上电压及感应过电压，因此也可以提高耐雷水平。常用措施是将单避雷线改为双避雷线，或在导线下方增设架空地线(称为耦合地线)，既可增大耦合系数 k，又可增大地线的分流作用。

标准 DL/T 620—1997 规定，不同电压等级输电线路，雷击杆塔时的耐雷水平 I_1 不应低于表 8-4 中的数值。

表 8-4 有避雷线线路的耐雷水平 单位：kA

额定电压/kV	35	60	110	220	330	500
一般线路	20～30	30～60	40～75	75～110	100～150	125～175

2. 雷击避雷线档距中央时的过电压

据模拟试验和实际运行经验，这种雷击线路的情况出现的概率约有 10%。雷击避雷线档距中央时，在雷击点会产生很高的过电压。不过由于避雷线的半径较小，雷击点距杆塔较远，强烈的电晕使过电压波传播到杆塔时已衰减得较小，不足以使绝缘子串闪络，所以通常只考虑雷击点处避雷线对导线的“反击”问题。

雷击避雷线档距中央时的波过程如图 8-3 所示。雷击点处波阻抗为 $Z_b/2$(Z_b 为避雷线波阻抗)，流入雷击点的雷电流 i_Z 为

$$i_Z = i_L \frac{Z_0}{Z_0 + Z_b/2} \tag{8-14}$$

式中：Z_0 为雷电通道波阻抗。则雷击点电压 u_A 为

$$u_A = i_Z \frac{Z_b}{2} = i_L \frac{Z_0 Z_b}{2Z_0 + Z_b} \tag{8-15}$$

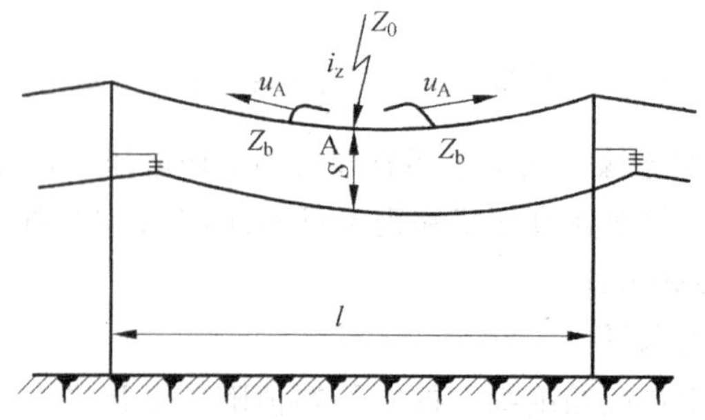

图 8-3 雷击避雷线档距中央时波过程示意图

Z_0—雷电通道波阻抗；S—档距中央导线与避雷线间距离

此电压波 u_A 自雷击点向两侧避雷线传播，当到达两侧接地的杆塔处时，将发生负的反射，负反射波需要一段时间才能回到雷击点使该点电位降低。在此期间，雷击点处避雷线上会有较高的电位。设档距长度为 l，避雷线上的波速为 v_s，则电压波 u_A 经 $l/2v_s$ 时间到达杆塔，负反射波又经 $l/2v_s$ 返回雷击点，若此时雷电流尚未到达幅值，即 $2\times l/2v_s$ 小于雷电流波头，则雷击点的电位自负反射波到达之时开始下降，故雷击点的最高电位将出现在 $t=2\times l/2v_s=l/v_s$ 时刻。

若雷电流取为斜角波头，即 $i=\alpha t$，根据式(8-15)，以 $t=l/v_s$ 代入，则雷击点的最高电位 U_A 为

$$U_A=\alpha\frac{1}{v_s}\frac{Z_0Z_b}{2Z_0+Z_b}$$

由于避雷线与导线间的耦合作用，在导线上将产生耦合电压 kU_A，所以雷击处避雷线与导线间的空气间隙 S 上所承受的最大电压 U_s，为

$$U_s=(1-k)U_A=\alpha\frac{l}{v_s}\frac{Z_0Z_b}{2Z_0+Z_b}(1-k) \tag{8-16}$$

从式(8-16)可知，U_s 与耦合系数 k、雷电流陡度 α 及档距长度 l 有关，当 U_s 超过空气间隙 S 的 50%冲击放电电压 $U_{50\%}$ 时，间隙被击穿，将造成系统接地事故。

根据式(8-16)及线路档距长度 l、空气间隙的冲击耐电强度，可以计算出不发生击穿的最小允许空气间隙 S。经过我国多年运行经验的修正，规程提出，对于一般档距的线路，在档距中央导线和避雷线之间的空气间隙 S 宜按下述经验公式确定：

$$S=0.012l+1 \tag{8-17}$$

式中：l 为档距长度，m。

在线路防雷的工程计算中，只要导线与避雷线间的空气间隙满足式(8-17)的要求，雷击避雷线档距中央引起的线路跳闸可以忽略不计。

3. 绕击时的过电压和耐雷水平

对于装设有避雷线的输电线路，由于各种随机因素的影响，可能会使避雷线的屏蔽保护失效，仍可能发生雷绕过避雷线击中导线的情况(即绕击)，如图 8-4 所示。虽然绕击的概率很小，但一旦发生则往往会引起线路绝缘子串的闪络。

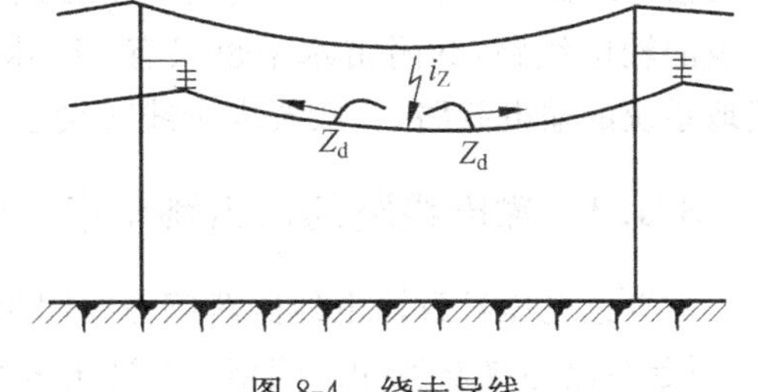

图 8-4　绕击导线

绕击率 P_α 与避雷线的保护角 α、杆塔高度 h 以及线路经过地区的地形、地貌和地质条件等因素有关。对于一般实际工程问题，往往采用从模拟试验和现场运行经验中得出的经验公式计算绕击率，标准建议用下列公式计算绕击率 P_α。

对平原地区线路：

$$\log P_\alpha=\frac{\alpha\sqrt{h}}{86}-3.9 \tag{8-18}$$

对山区线路：

$$\log P_{\alpha} = \frac{\alpha\sqrt{h}}{86} - 3.35 \tag{8-19}$$

式中：P_{α}为绕击概率，指一次雷击线路中出现绕击的概率；α 为保护角，°；h 为杆塔高度，m。

从上两式可知，山区的绕击率约为平原地区的 3 倍或相当于保护角增大 8°的情况。从减少绕击率的目的出发，应尽量减小保护角。

雷击导线时，雷电流将沿导线向两侧流动，雷击点的阻抗为 $Z_d/2$，即雷击点两侧导线波阻抗 Z_d 的并联值。流经雷击点的雷电流波 i_Z 为

$$i_Z = i_L \frac{Z_0}{Z_0 + \frac{Z_d}{2}} \tag{8-20}$$

导线上电压 u_c 为

$$u_c = i_Z \frac{Z_d}{2} = i \frac{Z_0 Z_d}{2Z_0 + Z_d}$$

其幅值 U_c 为

$$U_c = I \frac{Z_0 Z_d}{2Z_0 + Z_d} \tag{8-21}$$

由式(8-21)可知，绕击时导线上电压幅值 U_c 随雷电流幅值 I 的增加而增加。如果 U_c 超过线路绝缘子串的冲击放电电压，绝缘子串就会闪络。

在近似计算中，认为 $Z_0 \approx Z_d/2$，即不考虑雷击点的反射，则式(8-21)可变为

$$U_c = \frac{Z_d}{4} I$$

因为架空线路波阻抗 Z_d 近似等于 400Ω，令 U_c 等于线路绝缘子串的 50%冲击放电电压，则绕击时的耐雷水平 I_2 为

$$I_2 \approx \frac{U_{50\%}}{100} \tag{8-22}$$

由式(8-22)可以看出，绕击时，线路的耐雷水平很低。对 110kV、220kV、330kV 电压等级的输电线路，雷绕击导线的耐雷水平分别只有 7kA、12kA 和 16kA 左右；对 500kV 电压等级的输电线路，其耐雷水平也只有 27.5kA 左右。因此，对于 110kV 及以上中性点直接接地系统的输电线路，一般要求全线架设避雷线，以防止线路频繁发生雷击闪络跳闸事故。

8.1.3 输电线路的雷击跳闸率

雷电过电压导致输电线路跳闸需要同时具备两个条件：①雷电流必须超过线路耐雷水平，引起线路绝缘发生冲击闪络；②冲击闪络转变为稳定的工频电弧。由于雷电流持续时间很短(只有几十微秒)，所以冲击闪络时线路开关来不及跳闸，因此只有同时满足第二个条件，继电保护装置才会动作，使线路跳闸停电。

1. 雷击杆塔时的跳闸率 n_1

每 100km 有避雷线的线路每年(40 个雷暴日)落雷次数为 $N=0.28(b+4h)$次。若击杆率为 g，则每 100km 线路每年雷击杆塔次数为 $N=0.28(b+4h)g$ 次。若雷电流幅值大于雷击杆塔时的耐雷水平 I_1 的概率为 P_1，建弧率为 η，则每 100km 线路每年因雷击杆塔的跳

闸次数 n_1 为

$$n_1 = 0.28(b + 4h)\eta g P_1 \tag{8-23}$$

2. 绕击跳闸率 n_2

设线路的绕击率为 P_0，则每 100km 线路每年绕击次数为 $0.28(b+4h)P_0$，雷电流幅值超过绕击耐雷水平 I_2 的概率为 P_2，建弧率为 η，则每 100km 线路每年的绕击跳闸次数为

$$n_2 = 0.28(b + 4h)\eta P_0 P_2 \tag{8-24}$$

3. 线路雷击跳闸率

根据运行经验，只要避雷线与导线之间的空气间隙满足式(8-17)，则雷击避雷线档距中央时一般不会发生击穿事故，故其跳闸率为零。

所以线路雷击跳闸率只考虑雷击杆塔和雷绕击于导线两种情况。综上所述，有避雷线的线路，雷击总跳闸率为

$$n = n_1 + n_2 = 0.28(b + 4h)\eta(gP_1 + P_0 P_2) \tag{8-25}$$

8.1.4 输电线路的防雷保护措施

输电线路防雷设计的目的是提高线路的耐雷性能，降低线路的雷击跳闸率。在确定输电线路的防雷方式时，应全面考虑线路的重要程度、系统运行方式、线路经过地区雷电活动的强弱、地形地貌的特点、土壤电阻率的高低等条件，结合当地原有线路的运行经验，根据技术经济比较的结果，因地制宜，采取合理的保护措施。

1. 架设避雷线

架设避雷线是高压和超高压线路最基本的防雷措施，其主要作用是防止雷直击导线。此外避雷线还有以下作用：对塔顶雷击有分流作用，减少流入杆塔的雷电流，从而降低塔顶电位；对导线有耦合作用，可以降低绝缘子串上的电位差；对导线有屏蔽作用，可以降低导线上的感应过电压。线路电压越高，采用避雷线的效果越好。有了避雷线后，雷也可能绕过避雷线击在导线上，绕击的概率与避雷线的保护角有关。为了降低绕击率，避雷线的保护角不宜太大。

35kV 及以下的线路，因绝缘很弱，装设避雷线的效果不大，只在变电站的进线段架设避雷线。主要因为这些线路本身的绝缘水平太低，即使装上避雷线来截住直击雷，往往仍难以避免发生反击闪络，因此效果不好；另一方面，这些线路均属中性点非有效接地系统，一相接地故障的后果不像中性点有效接地系统中那样严重，因此主要依靠装设消弧线圈和自动重合闸进行防雷保护。

(1) 110kV 线路一般沿全线架设避雷线，保护角一般取 25°～30°，在雷电活动特别强烈的地区，宜架设双避雷线；对架在少雷区的 110kV 线路，可不沿全线架设避雷线，但应装设自动重合闸装置，以减少线路停电事故。

(2) 220kV 线路宜沿全线架设双避雷线，少雷区宜架设单避雷线，保护角应在 25°以下。

(3) 330kV 和 500kV 线路应沿全线架设双避雷线。500kV 及以上的超高压、特高压线路保护角应在 15°及以下，330kV 线路保护角应采用 20°以下。

2. 降低杆塔接地电阻

线路架设避雷线后，杆塔必须良好接地。降低杆塔接地电阻是提高线路耐雷水平、防止

反击的有效措施。规程规定,有避雷线的线路,每基杆塔(不连避雷线)的工频接地电阻,在雷雨季节干燥时,不宜超过表 8-5 的数值。

表 8-5　有避雷线的线路杆塔的工频接地电阻

土壤电阻/(Ω·m)	100 及以下	100～500	500～1000	1000～2000	2000 以上
接地电阻/Ω	≤10	≤15	≤20	≤25	≤30

在土壤电阻率低的地区,应充分利用铁塔、钢筋混凝土杆的自然接地电阻。在土壤电阻率高的地区,当采用一般措施难以降低接地电阻时,可用多根放射形接地体,将接地电阻降低到 30Ω 以下。在土壤电阻率特别高的地区,可采用两根与线路平行的连续伸长接地体,它可以增加地线与导线间的耦合作用,降低杆塔的冲击接地电阻,避免末端反射,因此降低绝缘子串上的电位差,提高耐雷水平。

3. 架设耦合地线

如果接地电阻很难降低,可以在导线下方加一条架空地线(耦合地线),其作用是在雷击导线时起分流作用和增加避雷线与导线间的耦合作用,从而降低绝缘子串上的电压,提高线路的耐雷水平。运行经验表明,耦合地线对降低雷击跳闸率有显著的效果。

4. 采用不平衡绝缘

为了节省线路走廊用地,在现代高压及超高压线路中,采用同杆架设双回线路的情况日益增多。为了避免线路落雷时双回路同时闪络跳闸而造成完全停电,当采用通常的防雷措施无法满足要求时,可再采用不平衡绝缘的方案,即使一回路的三相绝缘子片数少于另一回路的三相,这样在雷击线路时,绝缘水平较低的回路会先发生冲击闪络,甚至跳闸、停电,从而保护了另一回路使之继续正常运行,不致完全停电,以减少损失。两回线路绝缘水平相差多少,应以各方面技术经济比较来确定。一般认为两回路绝缘水平的差异宜为$\sqrt{3}$倍相电压(峰值),差异过大将使线路的总跳闸率增加。

5. 采用消弧线圈接地方式

在雷电活动强烈、接地电阻又难以降低的地区,对于 110kV 及以下电压等级的电网可采用系统中性点不接地或经消弧线圈接地的方式,这样绝大多数的雷击单相闪络接地故障能被消弧线圈所消除,不至于发展成为持续工频电弧。在两相或三相受雷时,雷击引起第一相导线闪络并不会造成跳闸,先闪络的导线相当于地线,增加了分流和对未闪络相的耦合作用,使未闪络相绝缘上的电压下降,从而提高了线路的耐雷水平。

6. 装设自动重合闸装置

由于线路绝缘具有自恢复性能,大多数雷击造成的冲击闪络在线路跳闸后能够自行消除。所以,安装自动重合闸装置对降低线路的雷击事故率效果较好,各级电压的线路都应装设自动重合闸装置。

7. 装设排气式避雷器

在我国跳闸率比较高的地区,高压线路的总跳闸次数中,由于雷击引起的跳闸次数占到 40%～70%。为了减少输电线路的雷害事故,提高供电的可靠性,可在雷电活动强烈或土壤电阻率较高的线段及线路绝缘薄弱处装设排气式避雷器。一般在线路交叉处和大跨越高杆塔等处装设。

8. 加强绝缘

例如增加绝缘子串中的片数、增大塔头空气间隙等，这样做当然也能提高线路的耐雷水平、降低建弧率，但实施起来会有相当大的局限性。一般为了提高线路的耐雷水平，均优先考虑采用降低杆塔接地电阻的办法。

8.2 发电厂、变电站的防雷保护概述

发电厂、变电站是电力系统的中心环节，一旦发生雷击事故，将造成大面积停电。此外，发电机、变压器等电气设备价格昂贵，且其内绝缘击穿后大多没有自恢复能力，因此，要求发电厂、变电站的防雷保护必须十分可靠。

发电厂、变电站遭受雷害可能来自两方面：雷直击于发电厂、变电站；雷击线路产生的雷电波沿线路侵入发电厂和变电站。

8.2.1 直击雷过电压的防护

发电厂和变电站的直击雷保护一般采取避雷针和避雷线，应使发电厂和变电站所有设备均处于避雷针保护范围之内，但雷击于避雷针或避雷线后，它们的地电位可能提高，如果与被保护设备比如厂房、冷却塔等距离较近，则避雷针、避雷线可能向被保护设备放电，这种现象叫反击或逆闪络。按照运行经验，凡符合规程要求装设避雷针和避雷线的发电厂和变电站，发生绕击和反击的事故率很低，每年每 100 个变电站发生绕击和反击的次数约为 0.3 次，防雷效果很好。

我国大多数变电所采用的是避雷针，但近年来国内外新建的 500kV 变电所也有一些采用的是避雷线。

按照安装方式的不同，避雷针可分为独立避雷针和架构避雷针两类。

当雷击独立避雷针，雷电流流过避雷针和接地装置时，在避雷针上会出现很高的电位，如图 8-5 所示。

设避雷针在高度为 h 处的电位为 u_a，接地装置上的电位为 u_e，则：

$$u_a = iR_i + L_0 h \frac{di}{dt} \tag{8-26}$$

$$u_e = iR_i \tag{8-27}$$

式中：R_i为避雷针的冲击接地电阻，Ω；L_0 为避雷针单位高度的等值电感，μH/m；h 为避雷针校验点的高度，m；i 为流过避雷针的雷电流，kA；$\frac{di}{dt}$为雷电流的陡度，kA/μs。

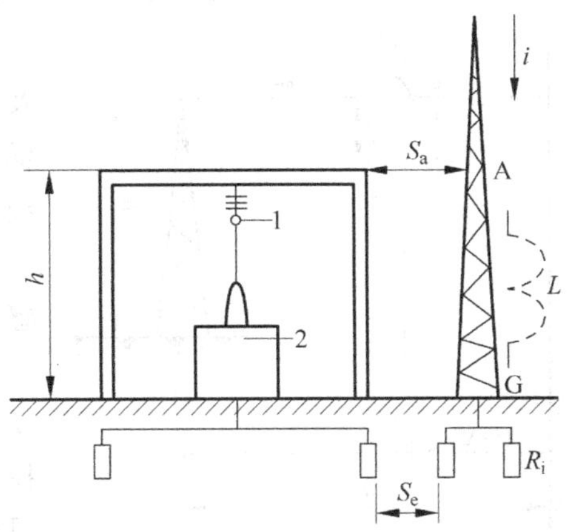

图 8-5 独立避雷针与配电构架的距离

1—母线；2—变压器

若空气间隙的平均击穿场强为 E_a，为防止避雷针对架构或被保护设备发生反击，其空气间隙 S_a 应满足下式要求：

$$S_a \geqslant \frac{u_a}{E_a} \tag{8-28}$$

同理，若土壤的平均击穿场强为 E_e，为了防止避雷针的接地装置与被保护设备的接地装置之间的击穿造成反击，其地下距离 S_e应满足下式要求：

$$S_e \geqslant \frac{u_e}{E_e} \tag{8-29}$$

根据以上各式，并考虑实际运行经验，我国标准推荐用下面两个公式校核独立避雷针与被保护设备之间的空气间隙 S_a 和地下距离 S_e：

$$S_a \geqslant 0.2R_i + 0.1h \tag{8-30}$$

$$S_e \geqslant 0.3R_i \tag{8-31}$$

从式(8-30)和式(8-31)可以看出，当避雷针的接地电阻过大时，S_a、S_e都将增大，从而使避雷针的高度也增加，这在经济上不合理。所以，在一般土壤中避雷针(线)的工频接地电阻不宜大于 10Ω。

对于 110kV 及以上电压等级的变电站，由于电气设备的绝缘水平较高，在土壤电阻率不高的地区，可采用构架避雷针，将避雷针直接装设在配电装置的构架上，可以节约投资，便于布置。雷击避雷针时，在配电装置上出现的高电位不会造成反击事故。土壤电阻率大于 1000Ω·m 的地区，不宜装设构架避雷针。

装设避雷针的配电构架应装设辅助接地装置，并且此接地装置与变电站接地网的连接点离主变压器接地装置与变电站接地网的连接点之间的距离不应小于 15m，这样雷击避雷针时在避雷针接地装置上产生的高电位沿接地网向变压器接地点传播的过程中逐渐衰减，不会造成变压器的反击事故。变压器的绝缘较弱，所以变压器门型构架上不应装设避雷针。

安装避雷针时还应注意以下问题。

(1) 独立避雷针应距道路 3m 以上，否则应敷设碎石或沥青路面(厚度为 5～8cm)，以确保人身不受跨步电压的危害。

(2) 严禁将架空照明线、电话线等装在避雷针上或其下的构架上。

(3) 如确需要在独立避雷针上或者在装有针的构架上装设照明灯时，则这些灯的电源线必须采用铅皮，或将其全部装入金属管内，并应将电缆或金属管道直接埋入地下且长度10m 以上时，才允许电缆或金属管道的端头与 35kV 及以上配电装置的接地网相连，低压电源线与屋内低压配电装置相连。通风冷却塔上电动机的电源线、烟囱下引风机的电源线也应如此处理。

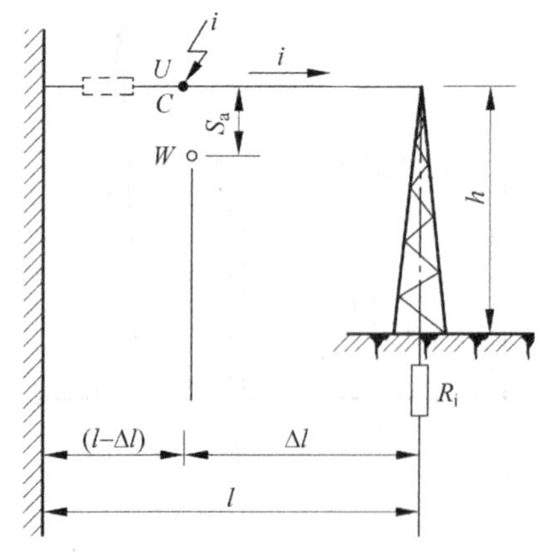

图 8-6 雷击一端绝缘的避雷线时的计算图

(4) 发电厂主厂房上一般不装避雷针，以免发生感应或反击使保护误动或造成绝缘损坏。

据国内外多年运行经验表明，采用避雷线保护发电厂、变电站时，只要结构布置合理，设计参数选择正确，避雷线有足够的截面和机械强度，可以得到很好的防雷效果。采用架空避雷线保护的布置形式有两种：一种是避雷线一端经配电装置架构接地，另一端经绝缘子串与厂房建筑物绝缘，如图 8-6 所示；

另一种是避雷线两端都接地，如图 8-7 所示。例如将变电站进线的避雷线延伸至变电站内，通过架构接地并形成一个架空地网。

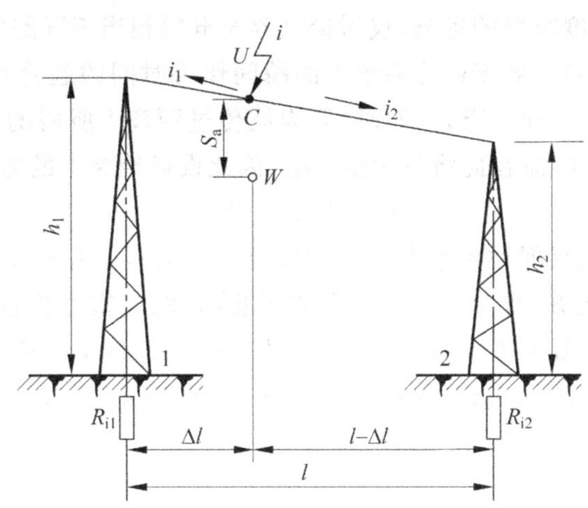

图 8-7　雷击两端接地的避雷线的计算图

和避雷针保护一样，为了不发生反击事故，避雷线与被保护设备之间的空气间隙 S_a 及避雷线的接地装置与被保护设备接地装置之间的地下距离 S_e 应足够大，且避雷线绝缘端的绝缘子串应有足够的绝缘强度，以防止反击事故的发生。一般情况下，避雷针、避雷线的 S_a 不宜小于 5m，S_e 不宜小于 3m。

8.2.2　侵入波过电压的防护

装设阀式避雷器是变电所对入侵雷电过电压波进行防护的主要措施，它的保护作用主要是限制过电压波的幅值。但是，为了使阀式避雷器不至于负担过重(流过的冲击电流太大)和有效发挥其保护功能，还需要有"进线段保护"与之配合，这是现代变电所防雷接线的基本思路。

阀式避雷器的保护作用基于三个前提：①它的伏秒特性与被保护绝缘的伏秒特性有良好的配合，在一切电压波形下，前者均处于后者之下；②它的伏安特性应保证其残压低于被保护绝缘的冲击电气强度；③被保护绝缘必须处于该避雷器的保护距离之内。前两个要求已在上一章作过介绍，此处将就第三个要求作出分析。

从输电线路入侵变电所的雷电过电压波的幅值受到线路绝缘水平的限制，而波前陡度与雷击点距离变电所的远近有关，为从严要求，可取抵达变电所的雷电过电压为一斜角平顶波，其幅值等于线路绝缘的 50% 冲击放电电压 $U_{50\%}$，波前陡度 $\alpha = U_{50\%}/T_1$，波前时间 T_1 取 2.6μs。由于变电所的范围不会太大，而波在 T_1 的时间内所能传播的距离约为 780m，可见各种波过程大多在波前时间 T_1 以内出现。这样就可将计算波形进一步简化为斜角波 $u=\alpha t$。被保护绝缘都可近似地用一只等值电容 C 来代表，如果它与避雷器 A 直接连在一起，则绝缘上受到的电压 u_2 与避雷器上的电压 u_1 全相同，只要避雷器的特性能够满足上面所说的①、②两个条件，绝缘就能得到有效的保护。但在实际变电所中，接在母线上的阀式避雷器应该保护好所有变电设备的绝缘，它们离避雷器有近有远，这时在被保护绝缘与避雷器之间就会出现一个电压差 ΔU，为了确定 ΔU 值，可利用图 8-8 中的接线图。

让我们来看一下最简单的只有一路进线的终端变电所的情况，这时图 8-8 中的 $Z_2=\infty$，C 即为电力变压器的入口电容。由于一般电力设备的等值电容 C 都不大，可以忽略波刚到达时电容使电压上升速度减慢的影响，仅讨论电容充电后相当于开路的情况。

如取过电压波到达避雷器 FV 的端子 1 的瞬间作为时间的起算点($t=0$)，避雷器上的电压即按 $u_1=\alpha t$ 的规律上升。当 $t=T$ 时(T 为波传过距离 l 所需的时间，为 l/v)，波到达设备端子 2 上，如取 $C=0$，波在此将发生全反射，因此设备绝缘上的电压表达式应为

$$u_2 = 2\alpha(t-T) \tag{8-32}$$

当 $t=2T$ 时，点 2 的反射波到达点 1，使避雷器上的电压上升陡度加大，如图 8-9 中的线段 mb 所示。由图 8-9 可知，如果没有从设备来的反射波，避雷器将在 $t=t_b'$ 时动作，而有了反射波的影响，避雷器将提前在 $t=t_b$ 时动作，其击穿电压为 U_b，它等于：

$$U_b = \alpha(2T) + 2\alpha(t_b - 2T) = 2\alpha(t_b - T) \tag{8-33}$$

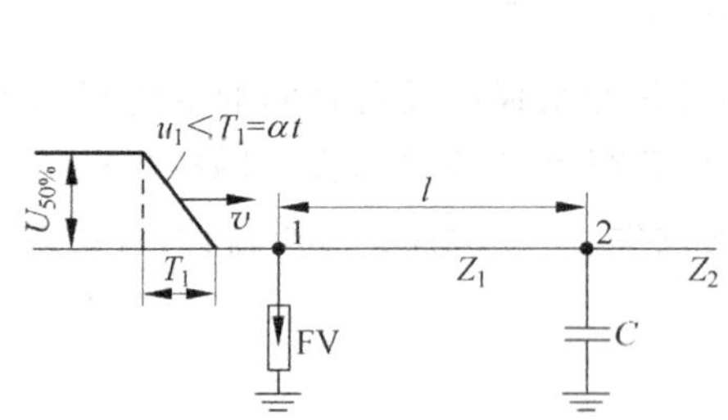

图 8-8　求取 ΔU 值得简化计算接线图

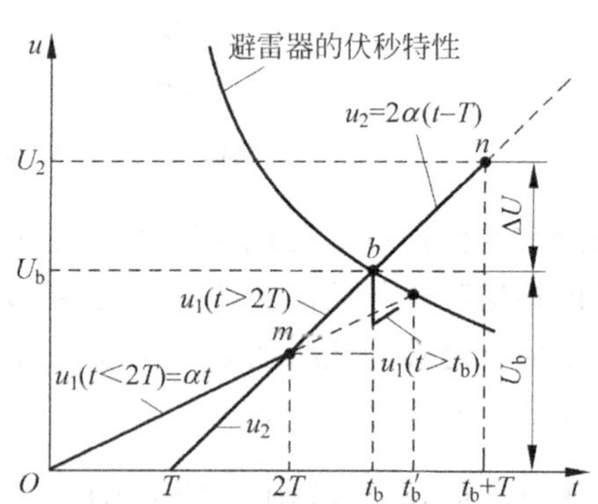

图 8-9　避雷器和被保护绝缘上的电压波形

由于一切通过点 1 的电压波都将到达点 2，但在时间上要后延 T，所以避雷器放电后所产生的限压效果要到 $t=t_b+T$ 时才能对设备绝缘上的电压产生影响，这时 u_2 已经达到下式所表示的数值：

$$U_2 = 2\alpha[(t_b+T)-T] = 2\alpha t_b \tag{8-34}$$

电压差：

$$\Delta U = U_2 - U_b = 2\alpha t_b - 2\alpha(t_b - T) = 2\alpha T = 2\alpha\frac{l}{v} \tag{8-35}$$

如果以进波的空间陡度 α'(kV/m)来代替上式中的时间陡度 α(kV/μs)，则上式可改写为

$$\Delta U = 2\alpha' l \tag{8-36}$$

由此可知，被保护绝缘与避雷器间的电气距离(沿母线和连接线计算的距离)l 越大，进波陡度 α 或 α' 越大，电压差值 ΔU 也就越大。

阀式避雷器动作后会出现一个不大的电压降落，然后就大致保持着残压水平。如果被保护设备直接靠近避雷器，它所受到的电压波形与此相同；但如存在着某一距离 l，绝缘上实际受到的电压波形就不一样了，这是因为母线、连接线等都有某些杂散电感与电容，它们与绝缘的电容 C 将构成某种振荡回路，图 8-10 为其示意图。其结果是使绝缘上出现的电压波形由一非周期分量(避雷器工作电阻上的电压)与一衰减性振荡分量组成，如图 8-11 所

示，这种波形与冲击全波的差别很大，更接近于冲击截波。因此，对于变压器类电力设备来说，往往采用 2μs 截波冲击耐压值作为它们的绝缘冲击耐压水平。

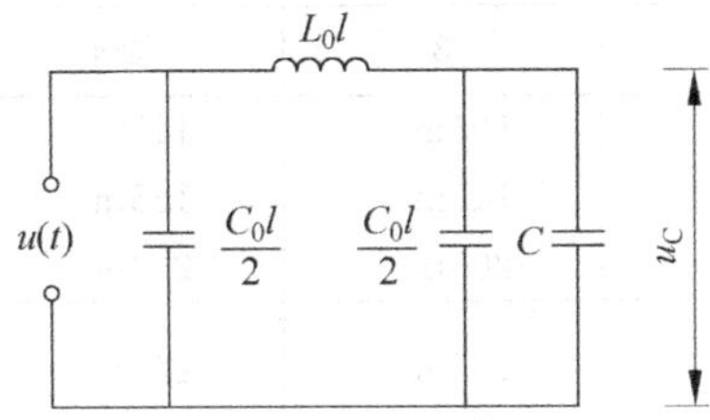

图 8-10　杂散电抗与绝缘电容示意图

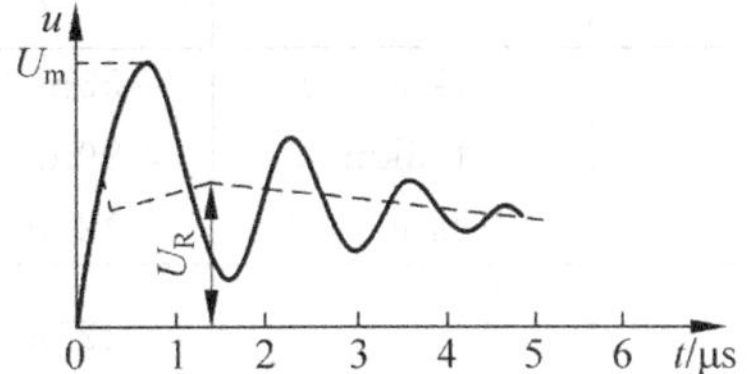

图 8-11　阀式避雷器动作后绝缘上出现的过电压波形

为了使设备绝缘不至于被击穿，应按下式选定绝缘的冲击耐压水平：

$$U_{w(i)} \geqslant U_{is} + \Delta U \tag{8-37}$$

式中：$U_{w(i)}$为绝缘的雷电冲击耐压值；U_{is}为阀式避雷器的冲击放电电压。

对于一定的进波陡度 α'，可求得被保护绝缘与避雷器之间的最大容许距离为

$$l_{max} = \frac{U_{w(i)} - U_{is}}{2\alpha'} \tag{8-38}$$

对于已安装好的距离 l，可求出最大容许进波陡度为

$$\alpha'_{max} = \frac{U_{w(i)} - U_{is}}{2l} \tag{8-39}$$

如果是中间变电所或多出线变电所，出线数将大于等于 2，这时图 8-8 中的 Z_2 等于或小于 Z_1，情况显然要有利得多，这时的最大容许距离要比终端变电所时大得多，可用下式计算：

$$l_{max} = K\frac{U_{w(i)} - U_{is}}{2\alpha'} \tag{8-40}$$

式中：K 为变电所出线修正系数。

根据上述方法计算出来的结果，我国标准推荐的到变压器的最大电气距离 $l_{max(T)}$ 见表 8-6 和表 8-7。

表 8-6　普通阀式避雷器至主变压器间的最大电气距离

系统标称电压	进线段长度	进线路数			
		1	2	3	≥4
35kV	1km	25m	40m	50m	55m
	1.5km	40m	55m	65m	75m
	2km	50m	75m	90m	105m
65kV	1km	45m	65m	80m	90m
	1.5km	60m	85m	105m	115m
	2km	80m	105m	130m	145m
110kV	1km	45m	70m	80m	90m
	1.5km	70m	95m	115m	130m
	2km	100m	135m	160m	180m
220kV	2km	105m	165m	195m	220m

注：①全线有避雷线时进线段长度取 2km；进线段长度为 1～2km 时的距离按补插法确定，表 8-7 同此；②35kV 也适用于有串联间隙金属氧化物避雷器的情况。

表 8-7 金属氧化物避雷器至主变压器间的最大电气距离

系统标称电压	进线段长度	进线路数			
		1	2	3	≥4
110kV	1km 1.5km 2km	55m 90m 125m	85m 120m 170m	105m 145m 205m	115m 165m 230m
220kV	2km	125m (90m)	195m (140m)	235m (170m)	265m (190m)

注：①本表也适用于电站碳化硅磁吹避雷器(FM)的情况；②本表括号内距离对应的雷电冲击全波耐受电压为 850kV。

式(8-40)中的 l_{max} 就是阀式避雷器的保护距离，一般的做法可先求出电力变压器的 $l_{max(T)}$，而其他变电设备不像变压器那样重要，但它们的冲击耐压水平却反而比变压器更高，因此不一定要利用式(8-40)一一验算，而可近似地取它们的最大容许距离 l'_{max} 比变压器大 35%即可：

$$l'_{max} \approx 1.35 l_{max(T)} \tag{8-41}$$

通过以上分析可知，为了得到阀式避雷器的有效保护，各种变电设备最好都能装得离避雷器近一些，但这显然是不可能的，所以在选择避雷器在母线上的具体安装点时，应遵循“确保重点、兼顾一般”的原则。在诸多变电设备中，需要确保的重点无疑是主变压器，所以应在兼顾到其他变电设备保护要求的情况下，尽可能把阀式避雷器装得离主变压器近一些。在某些超高压大型变电所中，可能出现一组(三相)避雷器不可能同时保护好所有变电设备的情况，这时应再加装一组，甚至更多组避雷器，以满足保护要求。

不难理解，采用保护特性比普通阀式避雷器更好的磁吹避雷器或氧化锌避雷器，就能增大保护距离(有时能导致减少所需的避雷器组数)或增大绝缘裕度，提高保护的可靠性。

8.2.3 变电站的进线段保护

从上面分析可知，要将变电站电气设备上的过电压水平限制在其冲击耐压值以下，必须限制从线路传来的侵入波陡度，以限制 ΔU；限制流过避雷器的雷电流不超过 5kA 以降低残压。如果在靠近变电站的线路上发生绕击或反击，进入变电站的雷电过电压的陡度和流过避雷器的冲击电流幅值都很大，不能使避雷器可靠地保护电气设备，这就要求在靠近变电站 1～2km 的一段进线上加强防雷保护措施，即进线段保护。当线路全线无避雷线时，这段线路必须架设避雷线；当线路全线有避雷线时，这段线路应具有更高的耐雷水平，如避雷线的保护角不宜超过 20°，杆塔的冲击接地电阻不大于 10Ω，进线段范围内杆塔的耐雷水平应达到有关规程规定的值，这样进线段内发生绕击和反击的概率会大大降低。

进线段保护的作用有两个：①将雷击点限制在进线段以外的线路，这样雷电流在流过进线段时由于冲击电晕而发生衰减和变形，降低了波前陡度和幅值；②利用进线段导线本身的阻抗限制流经避雷器的雷电流幅值。

1. 35kV 及以上变电站的进线段保护

35kV 及以上变电站的进线段保护接线如图 8-12 所示。图 8-12(a)是 35～100kV 线路全线无避雷线时进线段保护的标准接线方式，其中 FE 是排气式避雷器，F 是变电站母线上安装的阀式避雷器或氧化锌避雷器。图 8-12(b)是全线有避雷线时的进线段保护接线。变电站内电气设备与避雷器之间的最大允许电气距离是根据进线段以外落雷的情况求得的，下面分析进线段首端落雷时流经避雷器的雷电流及入侵波的陡度。

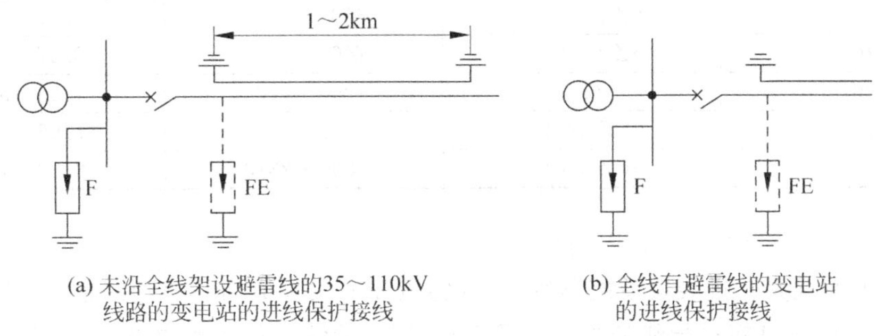

(a) 未沿全线架设避雷线的35～110kV 线路的变电站的进线保护接线　　(b) 全线有避雷线的变电站的进线保护接线

图 8-12　变电站的进线段保护接线

1) 进线段首端落雷时流经避雷器雷电流的计算

考虑最不利的情况，设变电站只有一回线路运行，进线段首端落雷，且来波幅值为线路绝缘的 50%冲击放电电压 $U_{50\%}$。由于行波在 1～2km 的进线段内往返一次的时间为 $2l/v=(2000\sim4000)/300\mu s=6.7\sim13.3\mu s$，已超过侵入波的波头时间，即避雷器动作后产生的负电压波折回到雷击点，经过该点再反射到达避雷器前流经避雷器的电流已过峰值，可不考虑此反射波的影响。因此可用图 8-13 的等值电路计算流经避雷器雷电流的最大值 I_s。由图 8-13(b)可列出方程：

$$2U_{50\%} = I_s Z + U_s \tag{8-42}$$

式中：Z 为进线段导线的波阻抗，Ω；U_s为避雷器的残压最大值，kV；$2U_{50\%}$ 为侵入电压波，kV。由上式可得：

$$I_s = \frac{2U_{50\%} - U_s}{Z} \tag{8-43}$$

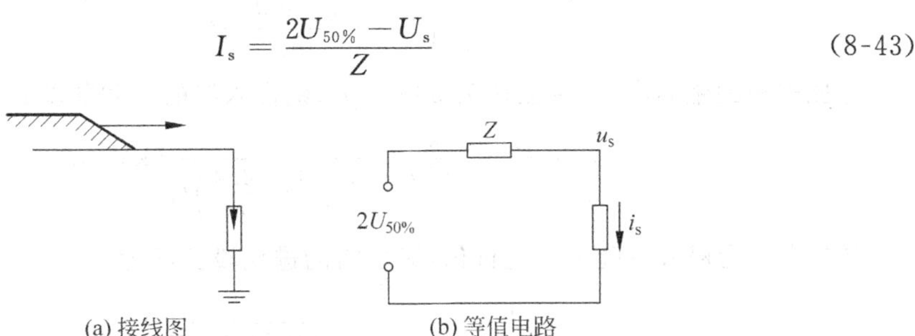

(a) 接线图　　(b) 等值电路

图 8-13　流经变电站避雷器雷电流计算用等值电路

对于 35～220kV 的线路，导线的波阻抗可取 $Z=400\Omega$，对于 330kV 线路取 $Z=300\Omega$；线路电压为 220kV 及以下时，避雷器残压用 5kA 下的残压，330kV 时用 10kA 下的残压。

例如，某 110kV 变电站中安装的是 FZ-110J 型阀式避雷器，110kV 母线有可能为单回进线方式运行，110kV 线路的 $U_{50\%}=700$kV。FZ-110J 在 5kA 下的残压 $U_s=332$ kV，导线

波阻抗 $Z\approx 400\Omega$，则由上式可求得最大雷电流幅值为

$$I_s = \frac{2\times 700 - 332}{400} = 2.67(\text{kA})$$

用同样方法可计算出不同电压等级线路流过避雷器的最大冲击电流值，列于表 8-8。

表 8-8 进线段外落雷流经单路进线变电站避雷器雷电流幅值的计算结果

额定电压/kV	避雷器型号	线路绝缘的 $U_{50\%}$/kV	I_s/kA
35	FZ-35	350	1.41
110	FZ-110J	700	2.67
220	FZ-220J	1200～1400	4.35～5.38
330	FCZ-330J	1645	7.06
500	FCZ-500J	2060～2310	8.53～10

2）侵入变电站的雷电波陡度 α 的计算

最不利的情况是在进线段首端落雷，侵入雷电波最大幅值为线路绝缘的 50% 冲击放电电压 $U_{50\%}$。此电压已超过导线的临界电晕电压，因此导线在侵入雷电波的作用下将发生冲击电晕。由于电晕要消耗能量，从而导致侵入雷电波的幅值衰减，此外电晕加大了导线对地电容使波速降低引起波的变形。行波经过距离 l 后，因电晕效应变形后的波头长度可按下式计算：

$$\tau = \tau_0 + \left(0.5 + \frac{0.008U}{h_c}\right)l_0 \tag{8-44}$$

式中：τ_0 为进线段首端斜角波头长度，μs；τ 为进线段末端变形后的斜角波头长度，μs；U 为侵入雷电波幅值，kV，通常可取为进线段首端线路绝缘的 50% 冲击闪络电压 $U_{50\%}$；l_0 为进线段长度，km；h_c 为进线段导线的平均对地高度，m。

最严格的计算条件应该是在进线段首端出现具有直角波头的过电压波，即雷在进线段首端反击，其波头长度 τ_0 接近于零，此波经过距离 l_0 后，其波头陡度为

$$\alpha = \frac{U}{\tau} = \frac{U}{\left(0.5 + \frac{0.008U}{h_c}\right)l_0}(\text{kV}/\mu\text{s}) \tag{8-45}$$

在比较短的距离内，可令波速为 300m/μs，则侵入波的空间陡度 α' 为

$$\alpha' = \frac{\alpha}{v} = \frac{\alpha}{300} = \frac{l}{\left(\frac{150}{U} + \frac{2.4}{h_c}\right)l_0}(\text{kV/m})$$

如果令 α 为侵入波陡度的允许值，则所需的进线段长度为

$$l_0 = \frac{U}{\alpha\left(0.5 + \frac{0.008U}{h_c}\right)}(\text{km}) \tag{8-46}$$

计算结果表明，l_0 一般不大于 1～2km。

相反，当进线段长度 l_0 已选定时，可计算出不同电压等级变电站的进波陡度 α（也可换算至空间陡度 α'）。表 8-9 中列出了标准推荐的计算用入侵波陡度 α' 值。由该表按已知的进线段长度 l_0 查出 α' 值后，即可求得变压器及其他电气设备到避雷器的最大允许电气距离。

表 8-9　变电站计算用入侵波陡度

额定电压/kV	计算用入侵波陡度/(kV/m)	
	1km 进线段	2km 进线段或全线有避雷器
35	1.0	0.5
110	1.5	0.75
220	1	1.5
330	1	2.2
500	—	2.5

对于未沿全线架设避雷线保护的线路，若变电站进线的断路器或隔离开关在雷雨季节可能经常处于断路状态，而线路侧又有电源时，需在靠近隔离开关或断路器处装设一组排气式避雷器，见图 8-12(a)中的 FE。因为在这种情况下，当沿线路有雷电波入侵时，波到达开断点将发生全反射使电压升高一倍，有可能使开路状态的断路器或隔离开关发生对地闪络。由于线路侧带电，将导致工频短路，可能将断路器或隔离开关的绝缘支座烧毁。在重雷区，雷雨季节中常闭合的断路器也宜装设 FE，因为一次雷击引起断路器跳闸后，可能发生连续雷击，致使已跳闸的断路器闪络。FE 外间隙距离的整定，应使其在断路运行时，能可靠地保护隔离开关或断路器，而在闭路运行时不应动作，即应处于母线避雷器的保护范围内，以免因 FE 动作产生截波危及变压器的纵绝缘与相间绝缘。如 FE 整定有困难或无适当参数的排气式避雷器，可用阀式避雷器代替。

全线架设避雷线的 35～220kV 变电站，其进线的隔离开关或断路器与上述情况相同时，宜在靠近隔离开关或断路器处装设一组保护间隙或阀式避雷器。

2. 35kV 及以上电缆进线段的保护

对发电厂、变电站的 35kV 及以上电缆进线段，在电缆与架空线的连接处，由于波的多次折射、反射，可能形成很高的过电压，应装设阀式避雷器进行保护。避雷器的接地端应与电缆金属外皮连接。对三芯电缆，末端的金属外皮应直接接地，如图 8-14(a)所示；对单芯电缆，因为不许外皮流过工频感应电流而不能两端同时接地，且需限制末端形成很高的过电压，所以应经金属氧化物电缆护层保护器(FC)或保护间隙(FG)接地，如图 8-14(b)所示。

若电缆长度不超过 50m，或虽超过 50m 但经校验装一组阀式避雷器即能符合保护要求时，进线电缆可只装 F_1 或 F_2，如图 8-14 所示。若电缆长度较长，且断路器在雷雨季节可能经常断路运行时，为防止开路端全反射形成很高的过电压使断路器损坏，应在电缆末端装设排气式避雷器或阀式避雷器。

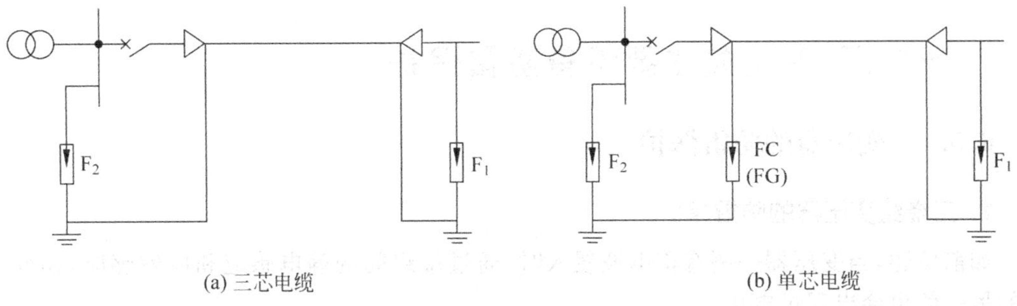

图 8-14　35kV 及以上电缆进线段的保护接线

3. 35kV 小容量变电站的简化进线段保护

对 35kV 的小容量变电站，可根据变电站的重要性和当地雷电活动强度等情况采用简化的进线段保护。由于 35kV 小容量变电站范围小，接线简单，避雷器距变压器的电气距离一般在 10m 以内，故允许有较高的侵入波陡度。对 3150～5000kV·A 的变电站 35kV 侧，进线段的避雷线长度可以缩短到 500～600m。为限制流入变电站阀型避雷器的雷电流，在进线段首端可装设一组排气式避雷器或保护间隙。简化接线如图 8-15 所示。首端排气式避雷器或保护间隙的接地电阻不应超过 5Ω。

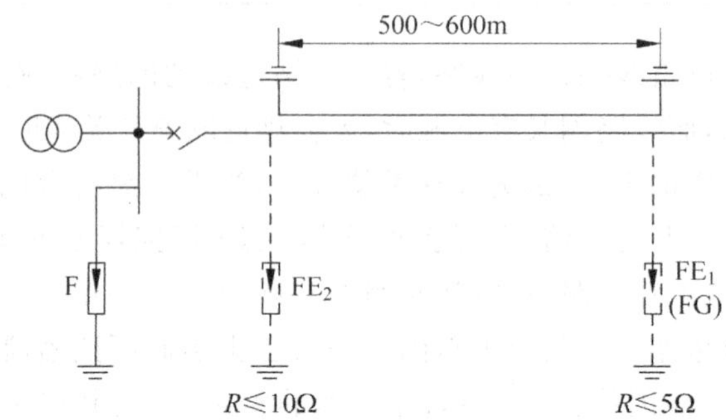

图 8-15　3150～5000kV·A、35kV 变电站的简易保护接线

小于 3150kV·A 供非重要负荷的变电站 35kV 侧，根据雷电活动的强弱，可采用图 8-16 所示的保护接线。变电站的 3～10kV 配电装置应在每组母线和架空进线上装设阀式避雷器(分别采用电站型和配电型阀式避雷器)。有电缆段的架空线路，阀式避雷器应装设在电缆头附近，其接地端应和电缆金属外皮相连，接线如图 8-17 所示。

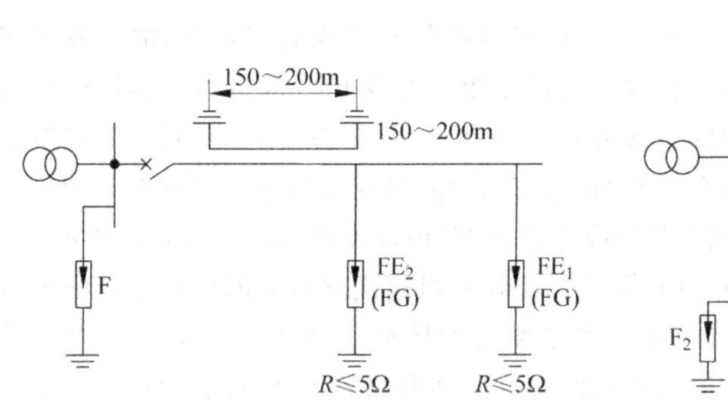

图 8-16　小于 3150kV·A 变电站的简易保护

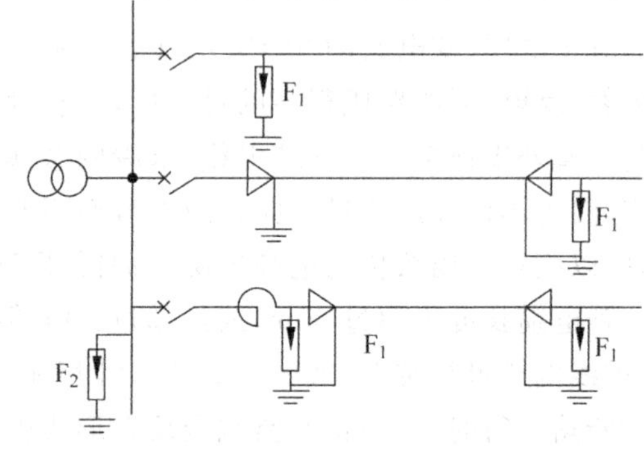

图 8-17　3～10kV 配电装置雷电侵入波保护接线

8.3　发电厂、变电站主要设备防雷保护

8.3.1　变压器的防雷保护

1. 三绕组变压器的防雷保护

如前所述，当变压器一侧有雷电波侵入时，通过绕组间的静电感应和电磁感应，在变压器的另一侧也会出现过电压。

双绕组变压器在正常运行时，高压侧和低压侧的断路器均是闭合的，两侧都有避雷器保护。所以，一侧来波时在另一侧感应出的过电压不会对绕组绝缘造成损害。

三绕组变压器在正常运行时，可能出现只有高、中压绕组运行而低压绕组开路的情况。此时，当高压或中压侧有雷电波侵入时，由于处于开路状态的低压绕组对地电容较小，可能使低压绕组上的静电感应过电压达到很高的数值，将危及到低压绕组的绝缘。考虑到静电感应分量使低压绕组三相的电位同时升高，故为了限制这种过电压，只要在任一相低压绕组出口处对地加装一个避雷器即可。中压绕组虽也有开路运行的可能，但其绝缘水平较高，一般可不装设限制静电感应过电压的避雷器。

2. 自耦变压器的防雷保护

为了减小系统的零序阻抗和改善电压波形，自耦变压器除了高、中压自耦绕组外，还有一个接成三角形的低压非自耦绕组。同理，在这个低压绕组的任一相上应装设限制静电感应过电压的避雷器。

自耦变压器在运行中还可能出现高低压绕组运行，中压绕组开路和中低压绕组运行，高压绕组开路的运行方式。由于高、中压自耦绕组的中性点均直接接地，当有幅值为 U_0 的侵入波加在自耦绕组的高压端 A_1 时，自耦绕组中各点电位的初始分布、稳态分布和最大电位包络线都和中性点接地的单绕组相同，如图 8-18(a)所示。在开路的中压端子 A_2 上可能出现的最大电压约为高压侧电压 U_0 的 $2/K$ 倍（K 为高、中压绕组的变比），因此有可能使处于开路状态的中压侧套管闪络，所以在中压侧出线套管与断路器之间应装设一组阀型避雷器进行保护。

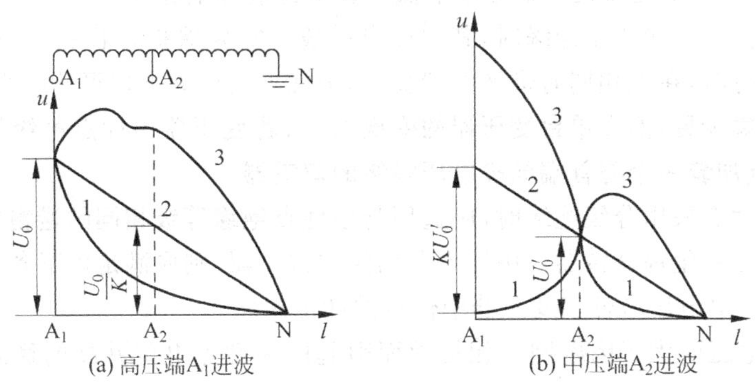

图 8-18　雷电波侵入自耦变压器时的过电压分布

1—初始电压分布；2—稳态电压分布；3—最大电位包络线

当高压侧开路，中压侧端子 A_2 上有幅值为 U_0' 的过电压波入侵时，自耦绕组各点的电位分布如图 8-18(b)所示。由 A_2 到 N 这段绕组的稳态电位分布和末端接地的变压器绕组相同，由 A_2 到开路的高压端子 A_1 之间的稳态电位分布是由中压端 A_2 到中性点 N 的稳态分布的电磁感应所产生的，即高压端 A_1 的稳态电压为 KU_0'，在振荡过程中，A_1 点的电位最高可达 $2KU_0'$，因此将危及开路的高压端绝缘。为此在高压侧出线套管与断路器之间也应装设一组阀式避雷器保护。

此外，当中压侧接有出线时，相当于 A_2 点经线路波阻抗接地。若高压侧有雷电波入侵时，由于线路波阻抗比变压器绕组的波阻抗小得多，所以 A_2 点相当于接地，过电压大部分

将加在 A_1A_2 段绕组上，可能使这段绕组的绝缘损坏。同理，高压侧接有出线而中压侧有雷电波入侵时也会造成类似的后果，并且 A_1A_2 段绕组越短，危险性越大。因此当变压器高、中压绕组之间的变比 K 小于1.25时，在 A_1A_2 之间还应加装一组避雷器。自耦变压器的防雷保护接线如图8-19所示。

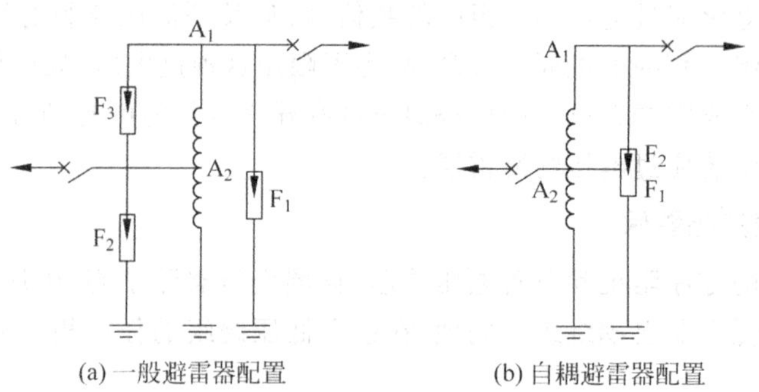

图8-19 保护自耦变压器的避雷器配置

3. 变压器中性点的保护

在110kV及以上的中性点直接接地系统中，为了减小单相接地短路电流，可能有一部分变压器的中性点改为不接地运行，这时变压器的中性点需要保护。

用于这种系统的变压器，其中性点对地绝缘有以下两种设计方案。

(1) 全绝缘，即中性点处的绝缘水平与绕组首端的绝缘水平相等。

(2) 分级绝缘，即中性点处的绝缘水平低于绕组首端的绝缘水平。

当变压器中性点绝缘为全绝缘时，其中性点一般不需要保护。若变电站为单台变压器且为单路进线运行时，在三相同时进波的情况下，中性点的最大电位可达绕组首端电位的两倍。这种情况虽属少见，但在单台变压器的变电站中，若变压器中性点绝缘损坏，后果很严重，故需在中性点加装一个与首端同样电压等级的避雷器。

当变压器中性点采用分级绝缘时，应选用与中性点绝缘等级相同的避雷器加以保护，且宜选变压器中性点氧化锌避雷器。中性点若用阀式避雷器，则应满足以下条件。

(1) 其冲击放电电压应低于变压器中性点的冲击耐压。

(2) 其灭弧电压应大于因电网一相接地而引起的中性点电位升高的稳态值，以免避雷器爆炸。

对于35～60kV中性点不接地、经消弧线圈接地和高电阻接地的系统，变压器中性点为全绝缘，由于二相来波的概率很小，且变电站的进出线较多，对雷电流有分流作用，变压器绝缘也有一定裕度，所以变压器的中性点一般不需装设防雷保护装置。但多雷区单进线变电站且变压器中性点引出时，宜装设保护装置。可选用氧化锌避雷器或碳化硅普通阀式避雷器。

8.3.2 气体绝缘变电站(GIS)的过电压保护

全封闭 SF_6 气体绝缘变电站(GIS)是将除变压器以外的整个变电站的高压电力设备及母线封闭在一个接地的金属壳内，壳内充以3～4个大气压的 SF_6 气体作为相间和柜对地的绝缘。

GIS变电站具有体积小，占地面积小，维护工作量小，不受周围环境条件影响，对环境没有电磁干扰以及运行性能可靠等优点，已获得越来越多的应用。在我国110kV、220kV系统已经有了一些运行经验；在500kV输变电系统中，特别是在大型水电工程和城市高压电网的建设中，正在得到日益广泛的应用。

GIS变电站在过电压保护和绝缘配合方面与敞开式常规变电站相比有其特点，本节主要介绍其在雷电过电压保护方面的特点及保护接线方式。

1. GIS变电站过电压保护特点

(1) GIS绝缘的伏秒特性比较平坦，且负极性击穿电压比正极性低，因此其绝缘水平主要取决于雷电冲击电压水平。要降低绝缘水平，首先要降低雷电过电压水平。

GIS变电站和常规变电站绝缘在冲击伏秒特性和极性效应上的差异是由于它们的绝缘结构和电场分布不同引起的。在敞开式的空气绝缘变电站中，空气绝缘间隙距离大，高压电气设备处于极不均匀电场中，冲击伏秒特性较陡，雷电冲击绝缘水平和操作冲击绝缘水平的比值较大，且由于棒电极电晕放电空间电荷的影响，使正极性击穿电压比负极性低。

在GIS变电站中，SF_6气体绝缘结构为均匀或稍不均匀电场，其冲击伏秒特性较平坦，雷电冲击绝缘水平与操作冲击绝缘水平十分接近。负极性时导体电极表面的高场强，使电子崩容易从这里开始发展形成击穿，故负极性击穿电压比正极性低。因此，一般认为GIS的绝缘水平主要取决于雷电冲击水平。所以采用保护性能优异的氧化锌避雷器限制GIS的雷电过电压具有十分重要的意义。

(2) GIS变电站的波阻抗远比架空线路低，这对变电站的侵入波保护有利。GIS变电站的波阻抗一般为60～100Ω，所以折射系数较小，从架空线路进入GIS的折射波的幅值和陡度，都比到达GIS入口的侵入波小得多。这在GIS较长或侵入波较陡的情况下，对GIS的保护特别有利。

(3) GIS变电站结构紧凑，设备之间的电气距离小，避雷器离被保护设备较近，防雷保护措施比敞开式变电站容易实现。

(4) GIS绝缘完全不允许发生电晕，一旦发生电晕将立即击穿，而且不能恢复原有的电气强度，甚至导致整个GIS系统损坏。此外，GIS的价格比较昂贵。因此，要求整套GIS装置的过电压保护应有较高的可靠性，在设备绝缘配合上留有足够的裕度。

2. GIS变电站的过电压保护接线方式

根据以上分析和国内外大量的模拟试验或计算机计算表明，GIS变电站的雷电冲击过电压水平比敞开式常规变电站低。实现过电压保护比较容易。

实际的GIS变电站可能有不同的主接线方式，其进线方式大体可分为两类：①架空线直接与GIS相连；②经电缆段与GIS相连。而变压器的连接，有直接相连的，也有经一段电缆线或架空线连接的。后者应尽可能避免，这样对变压器的保护较为有利。下面就对防雷保护来说比较不利的接线，即一条架空线路进入GIS变电站，GIS末端连接变压器的情况，讨论GIS的典型保护接线方式。

1) 与架空线路直接相连的GIS变电站的防雷保护接线

保护接线如图8-20所示。对于母线长度不长(66kV不超过50m，110kV及220kV不超过130m)的GIS变电站，或长度虽超过，但经校验装一组避雷器即能符合保护要求时，可只在 GIS 入口处外侧装设一组 ZnO 避雷器，其接地端应与管道金属外壳连接；对于母线较长的 GIS 变电站，上述保护方式不能满足要求时，可以考虑在变压器出口处加装一组避雷器，如图 8-20 所示。变压器侧是否装设避雷器应通过技术经济比较决定。

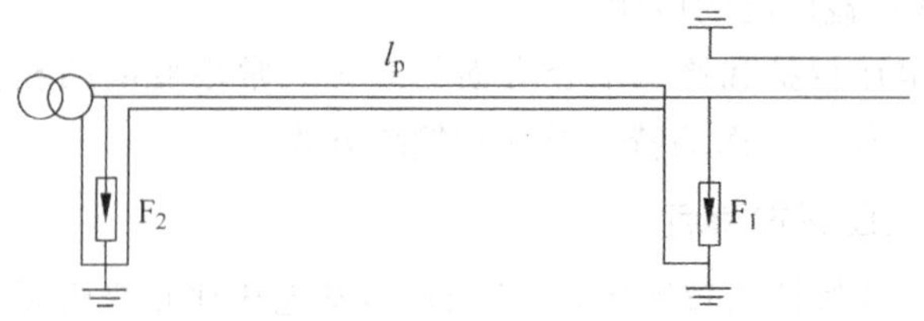

图 8-20 无电缆段进线的 GIS 保护接线

连接 GIS 管道的架空线路进线保护段的长度不应小于 2km，且进线保护段范围内的杆塔耐雷水平符合规程要求。

2) 经电缆段进线的 GIS 变电站的防雷保护接线

雷电波从架空线路传播到变压器，首先要经过架空线到电缆的折射(折射系数小于 1)，然后从电缆到 GIS 的折射(折射系数大于 1)。作用在变压器和 GIS 上的过电压波要经过多次的折射和反射，具体条件不同，折射和反射的情况也比较复杂。

对有电缆段进线的 GIS 变电站的过电压保护，可采用图 8-21 所示接线方式。在电缆段与架空线路的连接处装设氧化锌避雷器，其接地端应与电缆的金属外皮连接。对三芯电缆，末端的金属外皮应与 GIS 管道金属外壳连接接地，如图 8-21(a)所示；对单芯电缆，应经金属氧化物电缆护层保护器(FC)接地，如图 8-21(b)所示。

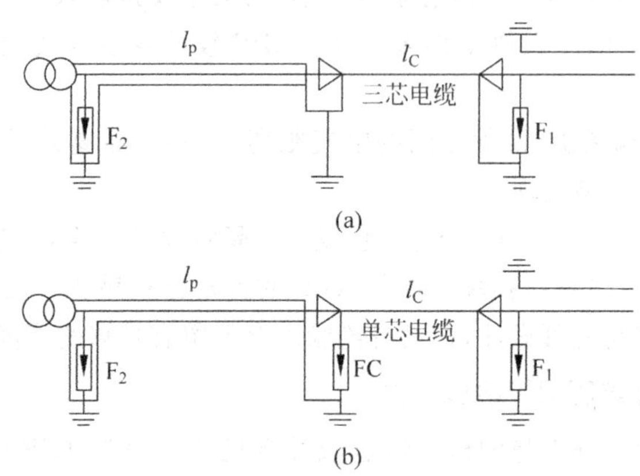

图 8-21 有电缆段进线的 GIS 保护接线

8.3.3 旋转电机的防雷保护

旋转电机包括发电机、调相机、电动机等在正常运行时处于高速旋转状态的电气设备。其中以发电机最为重要，一旦遭受雷害事故，损失会很严重。本节主要讨论发电机的防雷保护。

1. 旋转电机防雷保护的特点

(1) 由于旋转电机在结构和工艺上的特点，旋转电机的冲击绝缘水平在相同电压等级的电气设备中最低。表 8-10 列出了发电机主绝缘的出厂耐压值、相同电压等级的变压器出厂冲击耐压值及相应等级避雷器残压的比较，可见电机的冲击耐压值只有变压器的 1/2.5～1/4。这是因为电机绕组不像变压器那样为浸在油中的组合绝缘，而是全靠固体介质来绝缘，故其绝缘相对来说更容易受潮和污染。另外，在制造过程中也可能会使固体绝缘损伤或有气隙，造成绝缘隐患，在这些地方很容易发生局部游离而使绝缘逐渐损坏。同时，电机也不能采取其他均压措施使电压分布均匀。特别是大容量的单匝电机，它的匝间电容很小，不能利用它改善冲击电压分布，因此电机主绝缘的冲击系数很低，接近于 1。此外电机绝缘，特别是导线出槽处，电场极不均匀，故在过电压作用后，会有局部的轻微损伤，使绝缘老化，可能引起击穿。

表 8-10　发电机耐压值与同级变压器耐压值及避雷器特性的比较　　单位：kV

电机额定电压（有效值）	电机出厂工频耐压值（有效值）	电机出厂冲击耐压值（幅值）	同级变压器出厂冲击耐压值（幅值）	FCD 型避雷器 3kA 下残压（幅值）	ZnO 型避雷器 3kA 下残压（幅值）
10.5	$2U_N+3$	34	80	31	26
13.8	$2U_N+3$	43.3	108	40	34.2
15.75	$2U_N+3$	48.8	108	45	39

(2) 电机在运行中受潮湿、机械振动、发热以及局部放电所产生的臭氧的侵蚀等影响，绝缘容易老化。

(3) 保护旋转电机用的磁吹避雷器（FCD 型）或 ZnO 避雷器的保护水平与电机的冲击耐压值很接近，绝缘配合的裕度很小。从表 8-10 可知，电机出厂冲击耐压值只比 FCD 型避雷器的残压高 8%～10%，ZnO 避雷器要好一点，但也仅高出 25%～30%。考虑到电机在运行中绝缘性能还要下降，裕度会更小，所以仅由避雷器来保护旋转电机是不够的，还必须与电容器、电抗器、电缆段等配合才能构成较可靠的保护。

(4) 由于电机绕组结构布置的特点，特别是大容量电机，其匝间电容很小，起不了改善冲击电压分布的作用。此外，当有冲击波作用于电机绕组时，绕组匝间绝缘上所受电压与侵入波陡度 α 成正比。由实验可知，为使电机绕组的匝间绝缘不致损坏，必须限制侵入波的陡度。

此外，为了降低电机中性点的过电压，也要求限制入侵波陡度。因为电机绕组的中性点是不接地的，当三相来波为直角波头时，电机中性点电压可达来波电压的两倍，因此必须对中性点采取保护措施。试验表明，入侵波陡度降低时，中性点过电压也随之减小。

综上所述，旋转电机的防雷保护应包括电机主绝缘、匝间绝缘和中性点绝缘的保护。试验与运行经验表明，为使一般电机的匝间绝缘不致损坏，需将入侵波陡度限制在 5kV/μs 以下。若电机中性点不引出，为保护中性点绝缘需将入侵波陡度限制在 2kV/μs 以下。

2. 旋转电机防雷保护措施及接线

从防雷的角度来看，发电机可分为以下两大类。

(1) 经过变压器再接到架空线上的电机，简称非直配电机。

(2) 直接与架空线相连（包括经过电缆段、电抗器等元件与架空线相连）的电机，简称直配电机。

理论分析和运行经验均表明，非直配电机所受到的过电压均须经过变压器绕组之间的静电和电磁传递。前文已经说明，只要变压器的低压绕组不是空载(例如接有发电机)，那么传递过来的电压就不会太大，只要电机的绝缘状态正常，一般不会构成威胁，所以只要把变压器保护好就可以了，不必对发电机再采取专门的保护措施。不过，对于处在多雷区的经升压变压器送电的大型发电机，仍宜装设一组氧化锌或磁吹避雷器加以保护，如果再装上并联电容 C 和中性点避雷器，那就可以认为保护已足够可靠了。

直配发电机的防雷保护是电力系统防雷中的一大难题，因为这时过电压波直接从线路入侵，幅值大、陡度也大。在旋转电机保护专用的 FCD 型磁吹避雷器问世以前，由于普通阀式避雷器和其他防雷措施实际上都不能满足直配电机的保护要求，因此有相当长的一段时期不得不作出以下规定：容量在 15000kV・A 以上的旋转电机不得与架空线相连，如果发电机容量大于 15000kV・A，而又必须以发电机电压给邻近负荷供电时，只能选用下列两种方法中的一种：①经过变比为 1∶1 的防雷变压器再接到架空线上；②全线采用地下电缆送电。显然，从经济角度来看，这两种方法都是极其不利的。

FCD 型磁吹避雷器，特别是现代氧化锌避雷器的问世为旋转电机的防雷保护提供了新的可能性，但是仍需有完善的防雷保护接线与之配合，才能确保安全。图 8-22 就是我国标准推荐的 25～60MW 直配发电机的防雷保护接线。其他容量较小的中小型发电机的防雷保护接线则可降低一些要求，作某些简化，例如缩短电缆段的长度，省去某些元器件等。

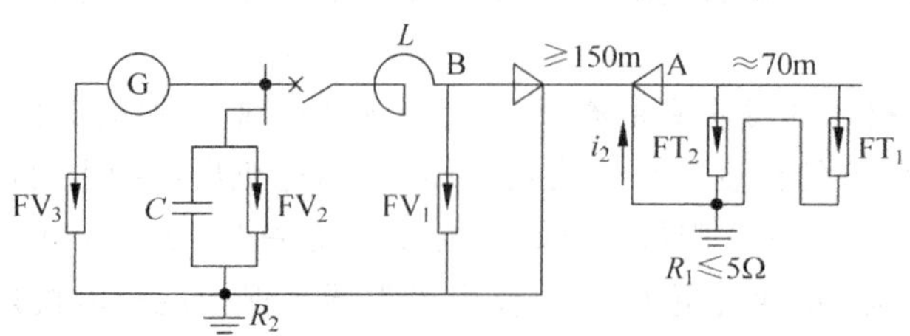

图 8-22　25～60MW 直配发电机的防雷保护接线

图 8-22 中的防雷接线可以说已是“层层把关，处处设防”了，现对图中各种措施、各个元件的作用简要介绍如下。

(1) 发电机母线上的 FV_2 是一组保护旋转电机专用的 ZnO 避雷器或 FCD 型磁吹避雷器，是限制进入发电机绕组的过电压波幅值的最后一关。

(2) 发电机母线上的一组并联电容器 C 起着限制进波陡度和降低感应雷击过电压的作用；为了保护发电机的匝间绝缘，必须将进波陡度限制到一定值以下，所需的 C 值(每相)约为 0.25～0.5μF。

(3) L 为限制工频短路电流的电抗器，但它在防雷方面也能发挥降低进波陡度和减小流过 FV_2 的冲击电流的作用。阀式避雷器 FV_1 则用来保护电抗器 L 和 B 处电缆头的绝缘。

(4) 插接的一段长 150m 以上的电缆段主要是为了限制流入避雷器 FV_2 的冲击电流不超过 3kA 而设。

从分布参数的角度来看，电缆是波阻抗较小的线路；从集中参数的角度来看，电缆段相当于一只大电容，可见插接电缆段对于削弱入侵的过电压无疑是有利的。但电缆段在这里的主要作用却不在此，而是在于电缆外皮的分流作用。当入侵的过电压波到达A点后，如幅值较大，使管式避雷器FT_2发生动作，电缆的芯线与外皮相当于短接，大部分雷电流从R_1处入地，所造成的压降iR_1将同时作用在缆芯和缆皮上，而缆芯与缆皮为同轴圆柱体，凡是交链缆皮的磁通一定同时交链缆芯，即互感M等于缆皮的自感L_2，如缆芯中有电流i_1流过，则处于绝缘层中的那部分磁通只交链缆芯而不交链缆皮，可见缆芯中感应出来的反向电动势将大于缆皮中感应出来的反向电动势，迫使电流从缆皮中流过而不是经缆芯流向发电机绕组，如图8-23所示。这一现象与工频电流的集肤效应相似。总之，只要FT_2动作，大部分雷电流将从R_1入地，其余部分i_2的绝大部分都从缆皮一路泄入地下，最后剩下的电流也从发电厂的接地网R_2入地。可见即使发电机母线上的阀式避雷器FV_2发生动作，流过的冲击电流i_1也只是雷电流中极小的一部分，远小于配合电流3kA，因此残压不会太高。

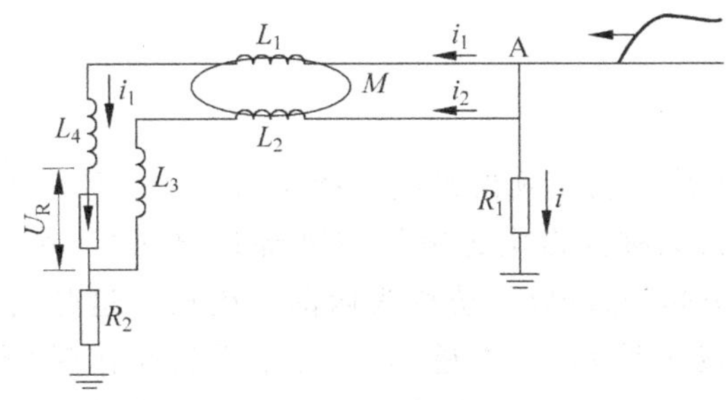

图8-23　FT_2动作后的等值电路

(5) 管式避雷器FT_1和FT_2的作用。由以上分析可知，电缆段发挥限流作用的前提是管式避雷器FT_2发生动作，但实际上由于电缆的波阻抗远小于架空线，过电压波到达电缆始端A点时会发生异号反射波，使A点的电压立即下降，所以FT_2很难动作，这样电缆也就无从发挥作用了。为了解决这一问题，可以在离A点70m左右的前方安装一组管式避雷器FT_1。应特别注意的是，FT_1不能就地接地，而必须用一段专门的耦合连线(它在FT_1处需对塔身绝缘)连接到A点的接地装置R_1上(R_1的阻值应不大于5Ω)，只有这样，FT_1的动作才能代替FT_2的动作，让电缆段发挥其限流作用。

习题

8-1　输电线路耐雷性能的指标有哪些？如何计算输电线路的雷击跳闸率？

8-2　输电线路的耐雷水平和雷击跳闸率各是什么含义？

8-3　如何提高输电线路的耐雷水平？输电线路防雷的基本措施有哪些？

8-4　什么叫反击？如何防止发电厂、变电站的反击事故？

8-5　如何防护沿着线路入侵到变电站的行波过电压？

8-6　自耦变压器在防雷保护方面有什么特点？

8-7　气体绝缘变电站(GIS)防雷保护的特点有哪些？

8-8　为什么对旋转电机的防雷保护要给予特别重视？

第9章

电力系统内部过电压

前面讨论的在电力系统中所出现的过电压都是由于大气环境中雷电放电所引起的过电压，故称为大气过电压（又称为雷电过电压或外部过电压）。除此以外，电力系统中还会由于自己内部原因所引起的过电压，统称为内部过电压。这是由于在电力系统中有电场惯性元件（电容）和磁场惯性元件（电感），当进行开关操作时（包括正常操作和事故操作），电力系统就会由一种稳定状态过渡到另一种稳定状态，系统元件中的电磁场能量要进行重新分配，这是一个振荡过程，当系统参数配合不当时，就会出现很高的过电压。

内部过电压分两大类，即因操作或故障引起的瞬间（以毫秒计）电压升高，称操作过电压；在瞬间过程完毕后出现的稳态性质的工频电压升高或谐振现象，称暂时过电压。暂时过电压具有稳态性质，但只是短时存在或不允许其持久存在。相对于正常运行时间，它是“暂时”的。

暂时过电压包括工频过电压和谐振过电压。电力系统中的空载长线路电容效应、不对称接地和突然甩负荷均能引起工频过电压。由于操作或故障使系统中电感元件与电容元件参数匹配时，会出现谐振，产生谐振过电压，因谐振回路中电感元件的特性不同，谐振过电压有线性谐振过电压、参数谐振过电压和非线性谐振过电压（铁磁谐振）三种。

雷电过电压是由外部能源（雷电）所产生，其幅值大小与电力系统的工作电压并无直接关系，所以通常均以绝对值（单位：kV）来表示；而内部过电压的能量来自电力系统本身，所以它的幅值大小与电力系统的工作电压有一定的比例关系，因此用工作电压的倍数来表示是比较恰当和方便的，其基准值通常取电力系统的最大工作相电压幅值。

9.1 切除空载线路过电压

切除空载线路是电力系统中常见操作之一，这时引起的操作过电压幅值大、持续时间也较长，所以是按操作过电压选择绝缘水平的重要因素之一。在实际电力系统中，常可遇到因切除空载线路过电压而引起阀式避雷器爆炸、断路器损坏、套管或线路绝缘闪络等情况。在没有进一步探究这种过电压的发展机制之前，许多人对于能够切断巨大短路电流的断路器却不能无重燃地切断一条空载的输电线路感到难以理解。

9.1.1 发展过程

切除空载线路的单相等值电路如图 9-1 所示，图中 C_2 为线路等值电容，L_2 为线路等值电感，因线路等值感抗 ωL_2 远远小于线路等值容抗 $1/\omega C_2$，故空载线路为容性负载；QF 为线路电源侧断路器；C_1 为电源侧对地电容，L_1 为电源等值漏感，$e(t)$为电源电动势 $e(t)=E_m\cos\omega t$。

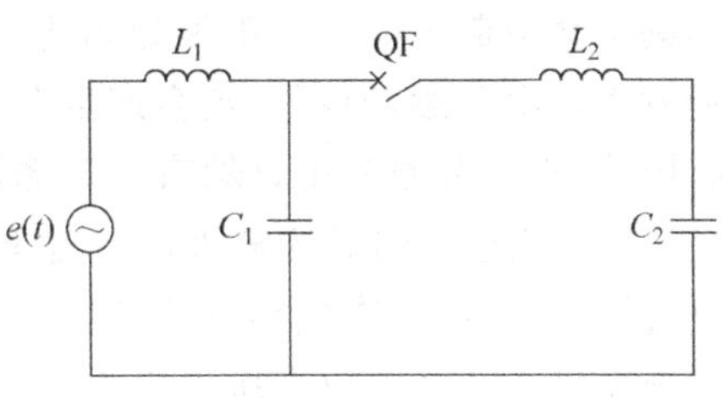

图 9-1 切除空载线路等值电路

以下讨论中所设定断路器开断过程中的重燃和熄弧时刻，是以导致形成最大过电压为条件进行分析得到的。参见图 9-2，当线路工频电容电流 $i(t)$自然过零时($t=t_1$)触头间熄弧，此时 C_2 上的电压为 $-E_m$，若不考虑线路绝缘的泄漏，在熄弧后，C_2 上的电压保持 $-E_m$ 不变，而 C_1 上的电压则随电源电压按余弦规律变化。经过半个工频周期($T/2=0.01$s)，$t=t_2$ 时，断路器触头间恢复电压达最大，为 $2E_m$，设此时触头间介质不能承受此恢复电压，发生重燃，则线路电容 2 上的电压要从原来的 $-E_m$ 振荡过渡到稳态值 $+E_m$。若不计损耗，过渡过程中出现的最大电压$U_{2m}=2E_m-(-E_m)=3E_m$。重燃时流过断路器的电流主要是高频振荡电流，设高频电流第一次过零时($t=t_3$)触头间电弧熄灭，这时的高频振荡电压正是最大值，线路电容 C_2 上保留电压 $3E_m$。又经过半个工频周期，$t=t_4$，触头间恢复电压为 $4E_m$，第二次重燃，这时线路上的电压要从 $3E_m$ 过渡到该时刻的 $-E_m$，振荡过程中 C_2 上的电压 $U_{2m}=2(-E_m)-3E_m=-5E_m$，这次振荡的高频电流在 $t=t_5$ 时过零，触头间熄弧，C_2 上保持 $-5E_m$ 的电压。循环直至断路器不发生重燃为止。由此可知，切除空载线路时，断路器重燃是产生过电压的根本原因，而且重燃次数越多，过电压的数值越大。

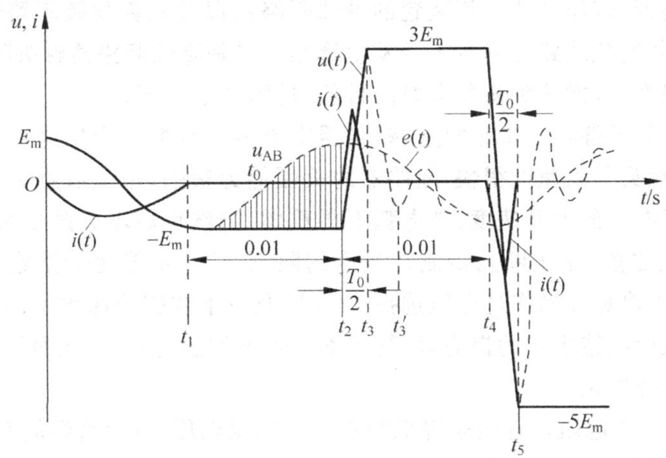

图 9-2 切除空载线路过电压的形成过程

t_1—第一次断弧；t_2—第一次燃弧；t_3—第二次断弧；t_4—第二次重燃；t_5—第三次断弧

9.1.2 影响因素和限制措施

上述分析是理想化的，目的是说明形成过电压的基本过程实际上是受一系列复杂因素的影响。

(1) 断路器触头间重燃有明显的随机性。开断时不一定每次都发生重燃，即使重燃也不一定在电源电压为最大值并与线路残留电压(C上的电压)极性相反时发生。若重燃提前产生，振荡振幅及相应的过电压随之降低；若重燃发生在熄弧后的1/4工频周期内(称为复燃)，则不会引起过电压。正因为如此，油断路器触头间的介质抗电强度在断弧后恢复很慢，可能发生多次重燃，但不一定会产生严重的过电压。另外，分断速度对介质强度的恢复速度也有影响，提高分断速度显然有利于降低过电压。

(2) 熄弧也有明显的随机性。若重燃后不是在高频电流第一次过零时熄灭，而是在高频电流第二次、第三次过零时才发生熄弧，则线路上残留电压大大降低，相应的断路器触头间的恢复电压及再次重燃所引起的过电压都将大大降低。

(3) 当母线上有其他出线时，带有有功负荷，则对电磁振荡起阻尼作用，可进一步降低过电压。

电力系统中性点接地方式对切除空载线路亦有较大影响。中性点直接接地的系统三相基本上各自成独立回路，切除空载线路过程可近似按单相电路处理。而中性点不接地系统或经消弧线圈接地的系统，因三相断路器动作不同期及三相熄弧时间的差异等因素，会形成瞬间的不对称电路，出现中性点位移电压，三相相互牵连，在不利条件下，过电压会明显增大。通常，中性点不接地系统过电压要比中性点直接接地系统过电压增大20%左右。若考虑中性点不接地系统在带单相接地时开断空载线路，则其重燃后的振荡是在线电压基础上进行的，形成的切除空载线路过电压将接近于中性点直接接地系统的几倍。

限制切除空载线路过电压的最根本措施是设法消除断路器的重燃现象。这可从两方面着手：一是改善断路器结构，提高触头间介质的恢复强度和灭弧能力，避免重燃。目前，我国生产的空气断路器，带压油式灭弧装置的少油断路器以及六氟化硫断路器的灭弧性能都有很大提高，在开断空载线路时基本不会发生重燃。二是降低断路器触头间的恢复电压，使之低于介质恢复强度，也能达到避免重燃的目的，具体办法如下。

(1) 采用不重燃断路器。如前所述，断路器中电弧的重燃是产生这种过电压的根本原因，如果断路器的触头分离速度很快，断路器的灭弧能力很强，熄弧后触头间隙的电气强度恢复速度大于恢复电压的上升速度，则电弧不再重燃，当然也就不会产生很高的过电压了。在20世纪80年代之前，由于断路器制造技术的限制，往往不能完全排除电弧重燃的可能性，因此这种过电压曾是按操作过电压选择220kV及以下线路绝缘水平的控制性因素；但随着现代断路器设计制造水平的提高，已能基本达到不重燃的要求，从而使这种过电压在绝缘配合中降至次要的地位。

(2) 加装并联分闸电阻。这也是降低触头间的恢复电压、避免重燃的有效措施，可利用图9-3说明它的作用原理。在切除空载线路时，应先打开主触头Q_1，使并联电阻R串联接入电路，然后经1.5～2个周期后再将辅助触头Q_2打开，完成整个拉闸操作。

分闸电阻R的降压作用主要包括：在打开主触头Q_1后，线路仍通过R与电源相连，线路上的剩余电荷可通过R向电源释放。这时Q_1上的恢复电压就是R上的压降；只要R值

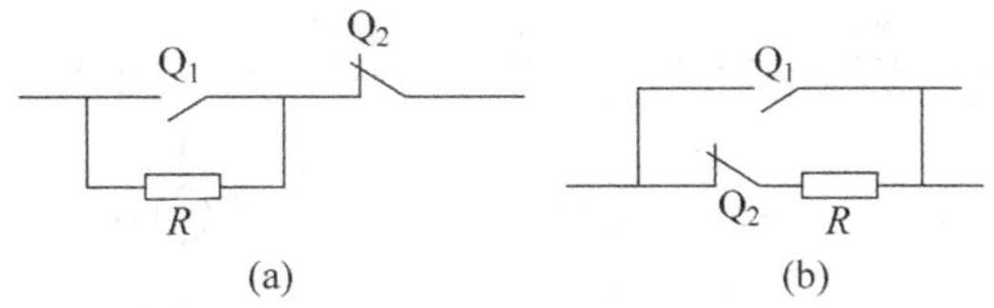

图 9-3　并联分闸电阻的接法

不太大,主触头间就不会发生电弧的重燃。经过一段时间后再打开 Q_2 时,恢复电压已较低,电弧一般也不会重燃。即使发生了重燃,由于 R 上有压降,沿线传播的电压波远小于没有 R 时的数值;此外,R 还能对振荡起阻尼作用,因此也能减小过电压的最大值。实测表明,当装有分闸电阻时,这种过电压的最大值不会超过 $2.28E_m$。

为了兼顾降低两个触头恢复电压的需要,并考虑 R 的热容量,这种分闸电阻应为中值电阻,其阻值一般为 1000～3000Ω。

(3) 利用避雷器保护。安装在线路首端和末端的氧化锌或磁吹避雷器,能够有效限制这种过电压的幅值。

9.2　空载线路合闸过电压

合空载线路是电力系统中常见的操作。由于线路电压在合闸前后会发生突变,在此变化的过渡过程中会引起空载线路合闸过电压。线路检修后或新建线路投入运行时,值班人员对送电线路按计划送电,都涉及空载线路的合闸问题,通常称为计划性合闸操作。合闸前,线路上一般不存在接地故障和残余电荷,合闸后,线路电压由零值过渡到由电容效应决定的工频稳态电压。若考虑线路分布参数特性,振荡引起的过电压由工频稳态分量和无限个迅速衰减的谐波分量叠加组成,过电压系数(过电压幅值与稳态工频电压之比)一般小于2,通常为 1.75～1.80。由于终端的稳态电压最高,故过电压最大;线路首端的合闸过电压最低。另外,线路故障切除后的重合闸,称为故障性合闸操作,也会引起过电压。由于初始条件的差别,重合闸过电压要比计划性合闸过电压严重。

9.2.1　发展过程

下面用集中参数等值电路暂态计算的方法来分析空载线路合闸过电压的发展机制。

在计划性合闸时,若断路器的三相完全同步动作,则可按单相电路进行研究,于是可画出图 9-4(a)所示的等值电路,其中空载线路用一个 T 形等值电路来代替,R_T、L_T、C_T 分别为其等值电阻、电感和电容,$e(t)$ 为电源相电动势,R_S、L_S 分别为电源的电阻和电感。在作定性分析时,还可忽略电源和线路电阻的作用,这样就进一步简化成图 9-4(b)所示的简单振荡回路,其中电感 $L=L_S+L_T/2$。

若取合闸瞬间为时间起算点($t=0$),则电源电动势的表达式为

$$e(t) = E_m \cos\omega t \tag{9-1}$$

图 9-4(b)的回路方程为

$$L\frac{\mathrm{d}i}{\mathrm{d}t} + u_C = e(t) \tag{9-2}$$

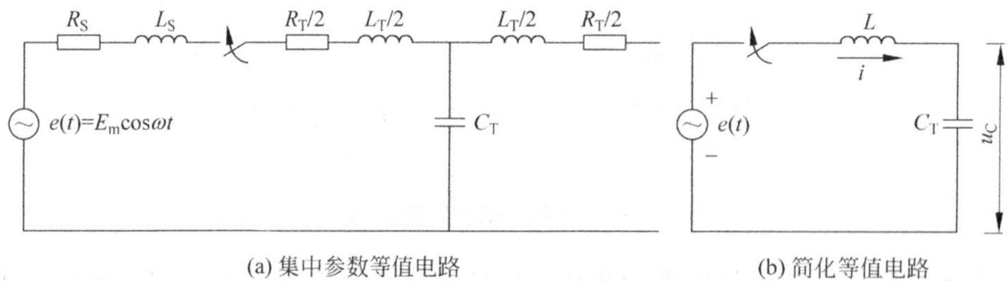

图 9-4 合空载线路过电压时的集中参数等值电路及简化等值电路

由于 $i=C_T\dfrac{du_C}{dt}$,代入上式得：

$$LC_T\frac{d^2u_C}{dt^2}+u_C=e(t) \tag{9-3}$$

先考虑最不利的情况,即在电源电动势正好经过幅值 E_m 时合闸,由于回路的自振频率 f_0 要比 50Hz 的电源频率高得多,所以可以认为在振荡的初期,电源电动势基本保持不变,即近似认为振荡回路合闸到直流电源 E_m 的情况,于是式(9-3)变成：

$$LC_T\frac{d^2u_C}{dt^2}+u_C=E_m$$

其解为

$$u_C=E_m+A\sin\omega_0t+B\cos\omega_0t \tag{9-4}$$

式中：ω_0 为振荡回路的自振角频率,$\omega_0=\dfrac{1}{\sqrt{LC_T}}$；$A$、$B$ 为积分常数。

按 $t=0$ 时的初始条件：

$$u_C(0)=0$$

$$i=C_T\frac{du_C}{dt}=0$$

可求得 $A=0$,$B=-E_m$。代入式(9-4)可得：

$$u_C=E_m(1-\cos\omega_0t) \tag{9-5}$$

当 $t=\dfrac{\pi}{\omega_0}$时,$\cos\omega_0t=-1$,u_C达到最大值,即：

$$U_C=2E_m$$

实际上,回路存在电阻和能量损耗,振荡将是衰减的。通常以衰减系数 δ 表示,则式(9-5)将变为

$$u_C=E_m(1-e^{-\delta t}\cos\omega_0t) \tag{9-6}$$

式中：衰减系数 δ 与图中(9-4)中的总电阻($R_S+R_T/2$)成正比,其波形见图 9-5(a),最大值 U_C小于 2 E_m。再者,电源电压并非直流电 E_m,而是工频交流电压 $e(t)$,这时 $u_C(t)$表达式为

$$u_C=E_m(\cos\omega_0t-e^{-\delta t}\cos\omega_0t) \tag{9-7}$$

其波形见图 9-5(b)。

如果按分布参数等值电路中的波过程来处理,设合闸也发生在电源电压等于幅值 E_m 的瞬间,且忽略电阻和能量损耗,则沿线传播到末端的电压波 E_m 将在开路末端发生全反射,使电压增加为 $2E_m$,这与前面的结果是一致的。

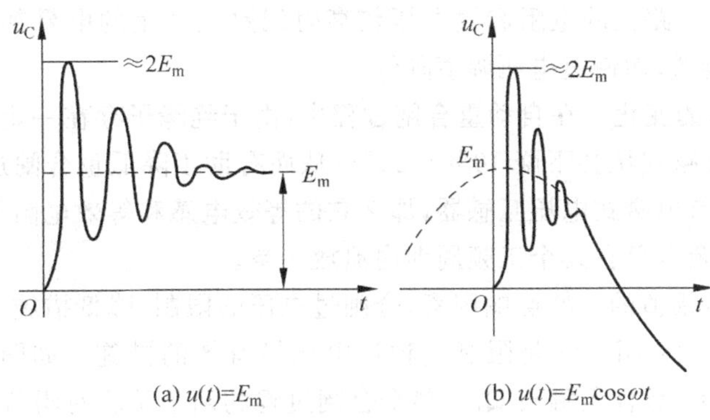

图 9-5　线路合闸过电压波形

以上是计划性合闸的情况，空载线路上没有残余电荷，初始电压 $u_C(0)=0$。如果是自动重合闸，这时线路上有一定的残余电荷和初始电压，重合闸时的振荡将更加激烈。

例如图 9-6 中，线路的 A 相发生单相接地故障，设断路器 QF_2 先跳闸，然后断路器 QF_1 再跳闸。在 QF_2 跳闸后，流过 QF_1 健全相的电流为线路的电容电流，所以 QF_1 动作后，B、C 两相触头间的电弧将分别在该相电容电流过零时熄灭，这时 B、C 两相导线上的电压绝对值均为 E_m（极性可能不同）。经过约 0.5s，QF_1 或 QF_2 自动重合，如果 B、C 两相导线上的残余电荷没有泄漏，仍然保持着原有的对地电压，那么在最不利的情况下，B、C 两相中有一相的电源电压在重合闸瞬间正好经过幅值，而且极性与该相导线上的残余电压（设为 $-E_m$）相反，那么重合后出现的振荡将使该相导线上出现最大的过电压，其值为 $2E_m-(-E_m)=3E_m$。

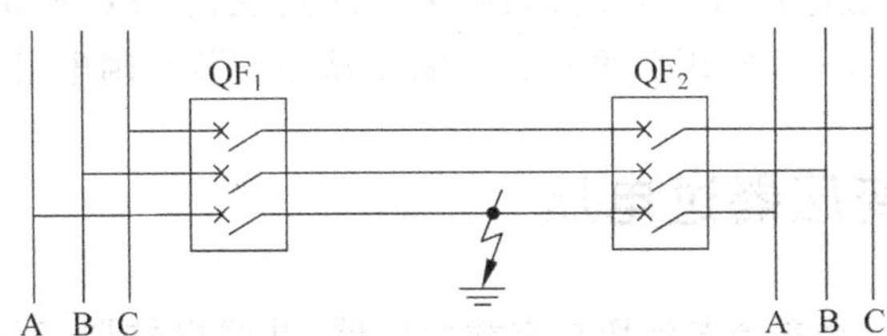

图 9-6　中性点有效接地系统中的单相接地故障和自动重合闸示意图

如果采用的是单相自动重合闸，只切除故障相，而健全相不与电源电压脱离，那么当故障相重合闸时，因该相导线上不存在残余电荷和初始电压，就不会出现上述高幅值重合闸过电压。由上述可知，在合闸过电压中，以三相重合闸的情况最严重，其过电压理论幅值可达 $3E_m$。

9.2.2　影响因素和限制措施

以上也是按最严重的条件进行的分析，实际中过电压的幅值会受到一系列因素的影响，主要有以下几种。

(1) 合闸相位。合闸时电源电压的瞬时值取决于它的相位，相位的不同直接影响过电压幅值，若需要在较有利的情况下合闸，一方面需改进高压断路器的机械特性，提高触头运动速度，防止触头间预击穿的发生；另一方面通过专门的控制装置选择合闸相位，使断路器在触头间电位极性相同或电位差接近于零时完成合闸。

(2) 线路损耗。线路上的电阻和过电压较高时线路上产生的电晕都构成能量的损耗，消耗了过渡过程的能量，而使过电压幅值降低。

(3) 线路上残压的变化。在自动重合闸过程中，由于绝缘子存在一定的泄漏电阻，大约有 0.5s 的间歇期，线路残压会下降 10%～30%，从而有助于降低重合闸过电压的幅值。另外，如果在线路侧接有电磁式电压互感器，那么它的等效电感和等效电阻与线路电容构成一阻尼振荡回路，使残余电荷在几个工频周期内泄放一空。

以上是对过电压幅值的一些影响因素，合闸过电压的限制、降低措施主要有以下几种。

(1) 装设并联合闸电阻。它是限制这种过电压最有效的措施。如图 9-3 所示，注意这时应先合辅助触头 Q_2，后合主触头 Q_1。整个合闸过程的两个阶段对阻值的要求是不同的：在合辅助触头 Q_2 的第一阶段，R 对振荡起阻尼作用，使过渡过程中的过电压最大值有所降低，R 越大，阻尼作用越大，过电压就越小，所以希望选用较大的阻值；大约经过 8～15ms，开始合闸的第二阶段，主触头 Q_1 闭合，将 R 短接，使线路直接与电源相连，完成合闸操作。在第二阶段，R 值越大，过电压也越大，所以希望选用较小的阻值。因此，合闸过电压的高低与电阻值有关，某一适当的电阻值下可将合闸过电压限制到最低。

(2) 控制合闸相位。通过一些电子装置来控制断路器的动作时间，在各相合闸时，将电源电压的相位角控制在一定范围内，以达到降低过电压的目的。具有这种功能的同电位合闸断路器在国外已研制成功。它既有精确、稳定的机械特性，又有检测触头间电压(捕捉同电位瞬间)的二次选择回路。

(3) 利用避雷器进行保护。安装在线路首端和末端(线路断路器的线路侧)的 ZnO 或磁吹避雷器均能对这种过电压进行限制，如果采用的是现代 ZnO 避雷器，就有可能将这种过电压的倍数限制到 1.5～1.6，因此可不必在断路器中安装合闸电阻。

9.3 切除空载变压器过电压

在电力系统运行中，经常会遇到切除空载变压器、并联电抗器、消弧线圈及电动机等小容量电感负荷的操作，这时由于被开断的感性元件中所储存的电磁能量释放产生振荡，形成分闸过电压。

9.3.1 发展过程

切除空载变压器的等值电路如图 9-7 所示，图中 L_S 为电源等值电感，C_S 为电源侧对地杂散电容，L_K 为母线至变压器连线电感，QF 为断路器，L 为空载变压器励磁电感，C 为变压器对地杂散电容与变压器侧全部连线及电气设备对地电容的并联值，$e(t)=E_m\cos\omega t$ 为电源电动势。

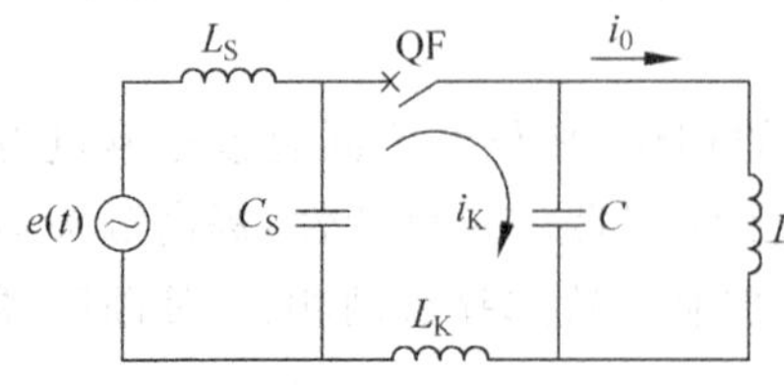

图 9-7 切除空载变压器单相等值电路

切除空载变压器时，流过断路器 QF 的电流为变压器的励磁电流 i_0，$i_0=I_m\sin\omega t$，通常 i_0 为额定电流的 0.5%～5%，有效值约几安至几十安。用断路器开断此电流的过程与断路器灭弧性能有关，如一般多油断路器，切断小电流的熄弧能力较弱，通常不会产生在电流过零前熄弧的现象；而压缩空气断路器、压油式少油断路器、真空断路器等，其灭弧能力与开断电流大小关系不大，当它开断很小的励磁电流时，可能会在励磁电流自然过零前被强制截断，甚至在接近幅值 I_m 时被截断。截流前后变压器上的电流、电压波形如图 9-8 所示。由于断路器将励磁电流突然截断，使回路电流 di/dt 变化很大，在变压器绕组电感 L 上产生的压降 $L(di/dt)$ 也很大，形成了过电压。

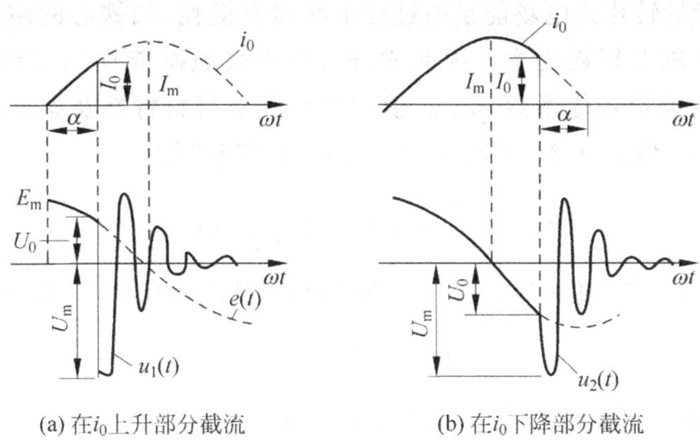

(a) 在 i_0 上升部分截流　　(b) 在 i_0 下降部分截流

图 9-8　截流前后变压器的电流、电压波形

假设断路器截流时，$I_0=I_m\sin\alpha$，$U_0=E_m\cos\alpha$，此刻，变压器储存的电场能 W_C 和磁场能 W_L 分别为

$$W_C=\frac{1}{2}CU_0^2=\frac{C}{2}E_m^2\cos^2\alpha$$

$$W_L=\frac{1}{2}LI_0^2=\frac{L}{2}I_m^2\sin^2\alpha$$

QF 开断后，上述能量将在图 9-7 所示的 LC 回路产生振荡。在某个瞬间，当全部的电磁能均变为电场能时，电容 C 上的电压为 U_m，则有：

$$\frac{1}{2}CU_{max}^2=\frac{1}{2}LI_0^2+\frac{1}{2}CU_0^2$$

故得：

$$U_m=\sqrt{U_0^2+\frac{L}{C}I_0^2}=\sqrt{E_m^2\cos^2\alpha+\frac{L}{C}I_m^2\sin^2\alpha} \tag{9-8}$$

截流后振荡电压 $u(t)$ 的表达式可由回路微分方程求解获得。若略去回路损耗，谐振角频率为 ω_0，对应于图 9-8(a)的截流情况（截流发生在工频电流上升部分），有：

$$u_1(t)=U_0\cos\omega_0 t-I_0\sqrt{\frac{L}{C}}\sin\omega_0 t \tag{9-9}$$

实验表明，截流也有可能发生在工频电流下降部分，如图 9-8(b)所示，对应于此，则有：

$$u_2(t)=-U_0\cos\omega_0 t-I_0\sqrt{\frac{L}{C}}\sin\omega_0 t \tag{9-10}$$

图 9-8 中所示 $u_1(t)$、$u_2(t)$ 波形是考虑损耗衰减的，与表达式所示有差异。

截流后过电压倍数 K_n 为

$$K_n=\frac{U_m}{E_m}=\frac{\sqrt{E_m^2\cos^2\alpha+\frac{L}{C}I_m^2\sin^2\alpha}}{E_m} \tag{9-11}$$

已知 $I_m \approx \frac{E_m}{2\pi fL}\left(因\frac{1}{\omega C} > \omega L\right)$、$f_0 = \frac{1}{2\pi\sqrt{LC}}$，代入式(9-11)得：

$$K_n = \sqrt{\cos^2\alpha + \left(\frac{f_0}{f}\right)^2 \sin^2\alpha} \tag{9-12}$$

实际上，磁场能量转化为电场能量的过程中必然有损耗，如铁心的磁滞和涡流损耗、导线和铜耗等，其中以磁滞损耗为主。因此式(9-12)中代表磁能项$(f_0/f)^2 \sin^2\alpha$应加以修正，需乘以小于1的能量转化系数 η_m，η_m 值与绕组铁心材料特性及振荡频率相关，频率越高，η_m 越小。通常，η_m 值为0.3～0.5。于是式(9-12)应改写为

$$K_n = \sqrt{\cos^2\alpha + \eta_m \left(\frac{f_0}{f}\right)^2 \sin^2\alpha} \tag{9-13}$$

当励磁电流为幅值 I_m 时被截断，即 $\alpha = 90°$时切空变过电压倍数 K_n为最高。此时：

$$K_n = \frac{f_0}{f}\sqrt{\eta_m} \tag{9-14}$$

回路自振荡频率 f_0 与变压器的参数和结构有关，一般高压变压器的 f_0 值最高可达工频的10倍左右，超高压大容量变压器的 f_0 值则只有工频的几倍，相应的过电压较低。

9.3.2 影响因素和限制措施

切空载变压器过电压的大小与断路器的性能、变压器参数和结构型式以及与变压器相连的线路有关。上面的分析中，假定断路器截流后触头间不发生重燃。实际上，截流后变压器回路的高频振荡使断路器的端口恢复电压上升甚快，极易发生重燃。若考虑重燃因素，切空载变压器过电压将有所下降。变压器 L 越大，C 越小，过电压越高。此外，变压器的相数、绕组连接方式、铁心结构、中性点接地方式、断路器的断口电容以及与变压器相连的电缆线段、架空线段等，都会影响切空载变压器过电压。

目前限制切空载变压器过电压的主要措施是采用避雷器。切空载变压器过电压幅值虽较高，但持续时间短，能量不大，用于限制雷电过电压的避雷器，其通流容量完全能满足限制切空载变压器过电压的要求。用来限制切空载变压器过电压的避雷器应接在断路器的变压器侧，保证断路器开断后，避雷器仍与变压器相连。此外，此避雷器在非雷雨季节也不能退出运行。若变压器高、低压侧中性点接地方式相同，则可在低压侧装避雷器来限制高压侧切空载变压器产生的过电压。

9.4 间歇电弧接地过电压

运行经验表明，单相接地是系统主要故障形式。在中性点不接地系统中，发生稳定性单相接地时，非故障相对地电压将升至线电压，但仍不改变电源三相线电压的对称性，不必立即切除线路中断供电，允许带故障运行一段时间(一般不超过2h)以便运行人员查明故障进行处理，从而提高了供电的可靠性，这是电力系统中性点不接地的优点。但当单相接地电弧不稳定，处于时燃时灭的状态时，这种间歇性电弧接地使系统工作状态时刻在变化，导致电感、电容元件之间的电磁振荡，形成遍及全系统的过电压，这就是间歇电弧接地过电压，也称弧光接地过电压。

随情况的不同，有两种可能的熄弧时间，一种是电弧在过渡过程中的高频振荡电流过零时即可熄灭；另一种是电弧要等到工频电流过零时才能熄灭。两种理论分析所得的过电压值不同，但反映过电压形成的物理本质是相同的。

9.4.1 发展过程

现采用工频熄弧理论解释间歇电弧接地形成过电压的发展过程。系统接线如图9-9所示，C_1、C_2、C_3为各相对地电容，$C_1=C_2=C_3=C_0$。

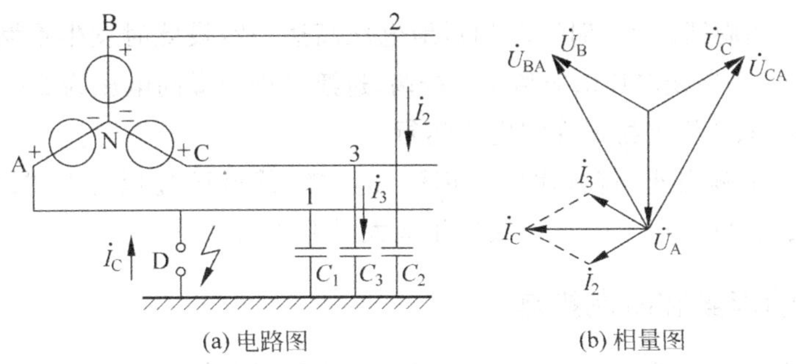

图9-9　单相接地电路图及相量图

设三相电源电压为u_A、u_B、u_C，线电压为u_{AB}、u_{BC}、u_{CA}，各相对地电压（即各相对地电容上的电压）为u_1、u_2、u_3，它们的波形如图9-10所示。假定A相电压为幅值（$-U_m$）时对地闪络，令$U_m=1$，此时，B、C相对地电容C_0上初始电压为0.5，它们将过渡到新的稳态瞬时值1.5，在此过渡过程中出现的最高振荡电压幅值为2.5。其后，振荡很快衰减，B、C相稳定在线电压u_{BA}、u_{CA}。同时，接地点通过工频接地电流I_C，其相位角比$\dot{U}_A$滞后90°。

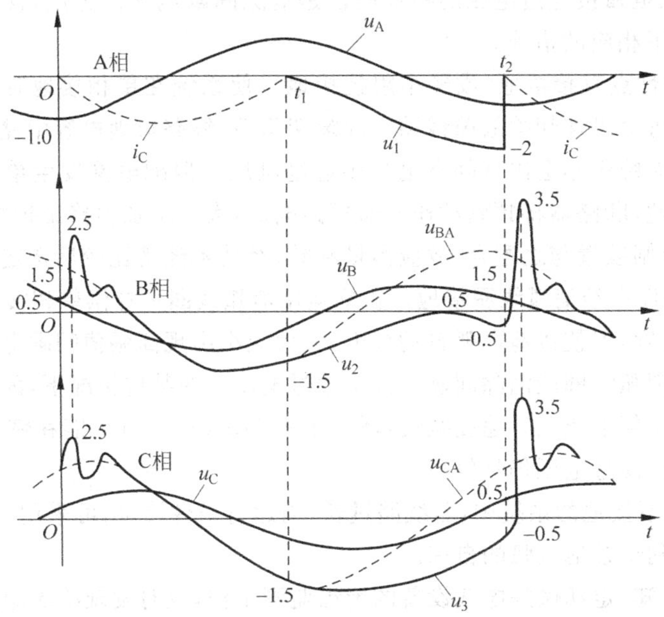

图9-10　间歇性电弧接地过电压的发展过程图（工频熄弧理论）

经过半个工频周期($t=t_1$ 时)，B、C 相电压等于-1.5，i_C通过零点，电弧自动熄灭，熄弧前瞬间，B、C 相瞬时电压各为-1.5，A 相对地电压为零，系统三相储有电荷 $q=2C_0\times(-1.5)=-3C_0$。熄弧后，设电荷无泄漏，电荷将经过电源平均分配在三相对地电容中，在系统中形成一个直流电压分量 $q/(3C_0)=-3C_0/(3C_0)=-1$。因此，熄弧后导线对地电压由各相电源电压和直流电压-1叠加而成。B、C 相电源电压为-0.5，叠加后为-1.5，A 相电源电压为 1，叠加后为零。因此，熄弧前后各相对地电压不变，不会引起过渡过程。

再经过半个工频周期($t=t_2$ 时)，A 相对地电压高达-2，设此时发生重燃，其结果使 B、C 相电压从初始值-0.5 向线电压瞬时值 1.5 振荡，过渡过程中最高电压为 $2\times1.5-(-0.5)=3.5$。振荡衰减后，B、C 相仍稳定在线电压运行。

以后每隔半个工频周期，将依次发生熄弧和重燃，其过渡过程与上述过渡过程完全相同，非故障相的最大过电压为 3.5 倍，故障相最大过电压为 2 倍。

9.4.2 影响因素和限制措施

在实际电网发生间歇性电弧接地时，电弧的熄弧和重燃是随机的。上述分析假定的熄弧和重燃的相位是对应过电压最严重情况时的相位。另外，系统的相关参数对过电压也有较大影响，如线路相间电容、绝缘子链泄漏残余电荷以及网络损耗电阻对过渡过程都将有衰减作用。实际电网中间歇性电弧接地过电压倍数一般小于 3.2。这种幅值的过电压对正常绝缘的电气设备一般危害不大，但这种过电压的持续时间较长，而且遍及全电网，对系统内绝缘较差的设备、线路上的绝缘弱点，以及在恶劣环境条件下的设备，将构成较大的威胁，可能造成设备损坏和大面积停电事故。

防止产生间歇电弧接地过电压的根本途径是消除间歇电弧。为此，视电力系统实际运行状况，可采取以下相应的措施。

(1) 将系统中性点直接接地(或经小阻抗接地)，使系统在单相接地时引起较大的短路电流，继电保护装置会迅速切除故障线路。故障切除后，线路对地电容中储存的剩余电荷直接经中性点入地，系统中不会出现间歇电弧接地过电压。但配电网发生单相接地的概率较大，中性点直接接地，断路器将频繁动作开断短路电流，大大增加检修维护的工作量，并要求有可靠的自动重合闸装置与之配合，故应衡量利弊，经技术经济比较后选定。

(2) 在系统中性点经消弧线圈接地。正确运用消弧线圈可补偿单相接地电流和减缓弧道恢复电压上升速度，促使接地电弧自动熄灭，大大减小出现高幅值间歇电弧接地过电压的概率，但不能认为消弧线圈能消除间歇电弧接地过电压。在某些情况下，因有消弧线圈的作用，熄弧后原弧道恢复电压上升速度减慢，增长了去游离时间，有可能在恢复电压最大的最不利时刻发生重燃，使过电压仍然较高。

(3) 在中性点不接地的系统中，若线路过长，当运行条件许可，可采用分网运行的方式，减小接地电流，有利于接地电弧的自熄。

从运行经验可知，定期做好电气设备的绝缘监测工作，及时发现绝缘隐患和消除绝缘弱点，保证电力系统设备具有良好的绝缘性能，即便产生间歇电弧接地过电压，一般也不会引起事故。

9.5　工频电压升高引起过电压

在正常运行或故障运行时，电力系统中所出现的幅值超过最大工作相电压、频率为工频或接近工频的电压升高，称为工频电压升高或工频过电压。这种过电压对系统正常绝缘的电气设备一般没有危险，但在确定超高压远距离输电绝缘水平时，却起着重要作用，主要原因如下。

(1) 工频电压升高的大小将直接影响操作过电压的幅值。

(2) 工频电压升高的大小将影响保护电器的工作条件和效果。例如避雷器的额定电压必须大于连接点的工频电压升高值，在同样的保护比下，一般是避雷器额定电压越高，残压值也越高，相应被保护设备的绝缘水平也越高。

(3) 工频电压升高持续时间长，对设备绝缘及其运行性能有重大影响，如油纸绝缘内部游离、污秽绝缘子闪络、铁心过热、电晕及其干扰等。

在我国超高压系统中，要求线路侧工频过电压不大于最高运行相电压的 1.4 倍，母线侧不大于 1.3 倍。

下面将分别介绍电力系统中常见的几种工频电压升高的产生机制及限制措施。

9.5.1　空载长线路电容效应引起的工频过电压

输电线路不太长时，可用集中参数的 T 形等值电路来代替(见图 9-11(a))，图中 R_0、L_0 为电源的内阻和内电感，R_T、L_T、C_T 为 T 形等值电路中的线路等值电阻、电感和电容，$e(t)$ 为电源相电势。如是空载线路，可进一步简化成 R、L、C 串联电路，如图 9-11(b)所示。一般 R 要比 X_L 和 X_C 小得多，而空载线路的工频容抗 X_C 又要大于工频感抗 X_L，因此在工频电势 $\dot{E}$ 的作用下，线路上流过的容性电流在感抗上造成的压降 $\dot{U}_L$ 将使容抗上的电压 $\dot{U}_C$ 高于电源电势。其关系式为

$$\dot{E}=\dot{U}_R+\dot{U}_L+\dot{U}_C=R\dot{I}+jX_L\dot{I}-jX_C\dot{I} \tag{9-15}$$

若忽略 R 的作用，则

$$\dot{E}=\dot{U}_L+\dot{U}_C=j\dot{I}(X_L-X_C) \tag{9-16}$$

由于电感与电容上的压降反相，且 $U_C>U_L$，可见电容上的压降大于电源电势，如图 9-11(c)所示。这就是空载线路的电容效应引起的工频电压升高。

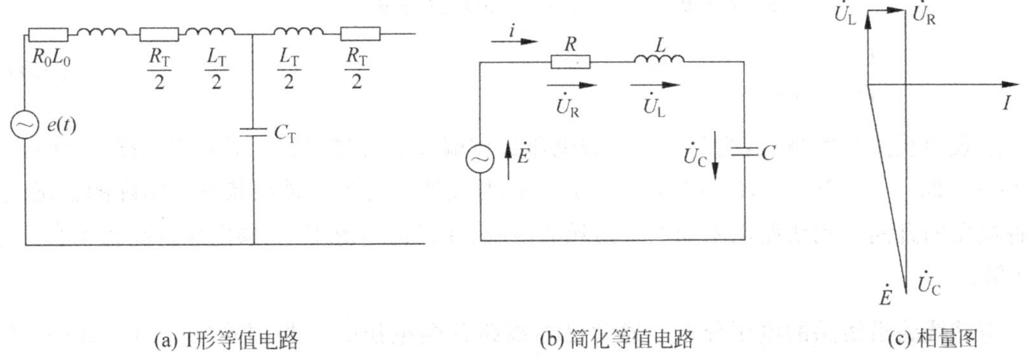

图 9-11　空载长线的电容效应

随着输电电压的提高，输送距离的增长，一般需要考虑它的分布参数特性，输电线路就需要采用图 9-12 所示的 π 形等值电路。其中，L_0、C_0 分别为线路单位长度的电感和对地电容，x 为线路上某点到线路末端的距离，$\dot{E}$为系统电源电压，X_s为系统电源等值阻抗。

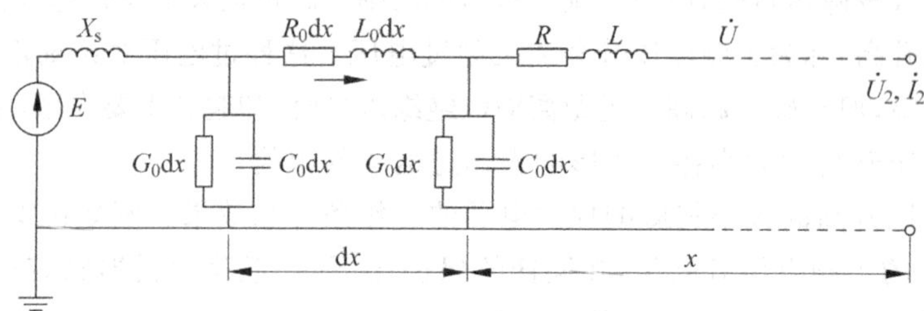

图 9-12 线路分布参数 π 形等值电路

根据图 9-12 所示的分布参数 π 形链式等值电路，可求得线路上距末端 x 处的电压为

$$\dot{U}_x = \frac{\dot{E}\cos\theta}{\cos(\alpha l + \theta)}\cos\alpha x \tag{9-17}$$

$$\theta = \arctan\frac{X_s}{Z}, \quad Z = \sqrt{\frac{L_0}{C_0}}, \quad \alpha = \frac{\omega}{v}$$

式中：$\dot{E}$为系统电源电压；l 为线路长度；Z 为线路导线波阻抗；ω 为电源角频率；v 为光速。

由式(9-17)可知，沿线路的工频电压从线路末端开始向首端按余弦规律分布，在线路末端电压最高。线路末端电压$\dot{U}_2$为

$$\dot{U}_2 = \frac{\dot{E}\cos\theta}{\cos(\alpha l + \theta)}\cos\alpha x\bigg|_{x=0} = \frac{\dot{E}\cos\theta}{\cos(\alpha l + \theta)}$$

将此式代入式(9-17)，则得

$$\dot{U}_x = \dot{U}_2\cos\alpha x \tag{9-18}$$

这表明$\dot{U}_x$ 为 αx 的余弦函数，且在 $x=0$(即线路末端)处达到最大。线路末端电压升高程度与线路长度有关。线路首端电压为

$$\dot{U}_1 = \frac{\dot{E}\cos\theta}{\cos(\alpha l + \theta)}\cos\alpha x\bigg|_{x=1} = \frac{\dot{E}\cos\theta}{\cos(\alpha l + \theta)}\cos\alpha l = \dot{U}_2\cos\alpha l$$

$$\frac{\dot{U}_2}{\dot{U}_1} = \frac{1}{\cos\alpha l} \tag{9-19}$$

这表明线路长度越长，线路末端工频电压比首端升高得越厉害。对架空线路，$\alpha l=\pi/2$，即 $l=\pi v/2\omega=1500$km 时，U_2 趋近于无穷大，此时线路恰好处于谐振状态。实际的情况是，这种电压的升高受到线路电阻和电晕损耗的限制，在任何情况下，工频电压升高都不会超过 2.9 倍。

空载线路沿线路的电压分布。通常已知线路首端电压$\dot{U}_1$。根据式(9-18)及式(9-19)可得

$$\dot{U}_x=\frac{\dot{U}_1}{\cos\alpha l}\cos\alpha x \tag{9-20}$$

线路上各点电压分布如图 9-13 所示。工频电压升高与电源容量有关。将式(9-17)中 $\cos(\alpha l+\theta)$展开,并以 $\tan\theta=\frac{X_s}{Z}$代入得:

$$\begin{aligned}\dot{U}_x&=\frac{\dot{E}\cos\theta}{\cos\alpha l\cos\theta-\sin\alpha l\sin\theta}\cos\alpha l\\&=\frac{\dot{E}}{\cos\alpha l-\tan\theta\sin\alpha l}\cos\alpha l\\&=\frac{\dot{E}}{\cos\alpha l-\frac{X_s}{Z}\sin\alpha l}\cos\alpha l\end{aligned} \tag{9-21}$$

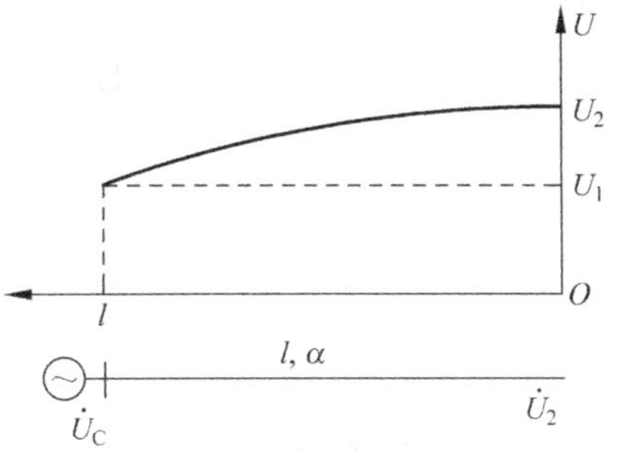

图 9-13　空载线路电压分布曲线

由式(9-21)可知,X_s的存在使线路首端电压升高,从而加剧了线路末端工频电压的升高。电压容量越小(X_s越大),工频电压升高越严重。当电源容量为无穷大时,$\dot{U}_x=\frac{\dot{E}}{\cos\alpha l}\cos\alpha l$ 工频电压升高最小。因此,为了估计最严重的工频电压升高,应以系统最小电源容量为依据。在单电源供电的线路中,应取最小运行方式时的 X_s为依据。在双端电源的线路中,线路两端的断路器必须遵循一定的操作程序:线路合闸时,先合电源容量较大的一侧,后合电源容量较小的一侧;线路切除时,先切除电源容量较小的一侧,后切除电源容量较大的一侧。这样的操作能减弱电容效应引起的工频过电压。

既然空载线路工频电压升高的根本原因在于线路中电容电流在感抗上的压降使得电容上的电压高于电源电压,那么通过补偿这种电容性电流,从而削弱电容效应,就可降低这种工频过电压。对于超高压线路,由于其工频电压升高比较严重,常采用并联电抗器来限制工频过电压。并联电抗器视需要可装设在线路的末端、首端或中部。但是,并联电抗器的作用不仅是限制工频过电压升高,还涉及系统稳定、无功平衡、调相调压、自励磁及非全相状态下的谐振等因素。因此,并联电抗器容量及安装位置的选择需综合考虑。

9.5.2　不对称接地引起的工频过电压

不对称短路是电力系统中最常见的故障形式,当发生单相或两相对地短路时,健全相上的电压都会升高,其中单相接地引起的电压升高更大一些。此外,阀式避雷器的灭弧电压通常也是依据单相接地时的工频电压升高来选定的,所以下面将只讨论单相接地的情况。

单相接地时,故障点各相的电压、电流是不对称的,为了计算健全相上的电压升高值,通常采用对称分量法和复合序网进行分析,不仅计算方便,且可计及长线的分布特性。

当 A 相接地时,可求得 B、C 两健全相上的电压为

$$\left.\begin{aligned}\dot{U}_B&=\frac{(a^2-1)Z_0+(a^2-a)Z_2}{Z_0+Z_1+Z_2}\dot{U}_{A0}\\\dot{U}_C&=\frac{(a-1)Z_0+(a^2-a)Z_2}{Z_0+Z_1+Z_2}\dot{U}_{A0}\end{aligned}\right\} \tag{9-22}$$

式中：$\dot{U}_{A0}$为正常运行时故障点处 A 相电压；Z_0、Z_1、Z_2 为从故障点看进去的电网零序、正序、负序阻抗；$a=e^{j\frac{2\pi}{3}}$。

对于电源容量较大的系统，$Z_1 \approx Z_2$，如再忽略各序阻抗中的电阻分量 R_0、R_1、R_2，式(9-22)可改写为

$$\left.\begin{aligned} \dot{U}_B &= \left[-\frac{1.5\dfrac{X_0}{X_1}}{2+\dfrac{X_0}{X_1}} - j\frac{\sqrt{3}}{2}\right]\dot{U}_{A0} \\ \dot{U}_C &= \left[-\frac{1.5\dfrac{X_0}{X_1}}{2+\dfrac{X_0}{X_1}} + j\frac{\sqrt{3}}{2}\right]\dot{U}_{A0} \end{aligned}\right\} \tag{9-23}$$

$\dot{U}_B$、$\dot{U}_C$的模值为

$$U_B = U_C = \sqrt{3}\,\frac{\sqrt{\left(\dfrac{X_0}{X_1}\right)^2 + \dfrac{X_0}{X_1} + 1}}{\dfrac{X_0}{X_1} + 2}U_{A0} = KU_{A0} \tag{9-24}$$

其中，

$$K = \sqrt{3}\,\frac{\sqrt{\left(\dfrac{X_0}{X_1}\right)^2 + \dfrac{X_0}{X_1} + 1}}{\dfrac{X_0}{X_1} + 2} \tag{9-25}$$

式中：系数 K 称为接地系数，它表示单相接地故障时健全相的最高对地工频电压有效值与无故障时对地电压有效值之比。根据式(9-25)可画出图 9-14 中的接地系数 K 与 X_0/X_1 的关系曲线。

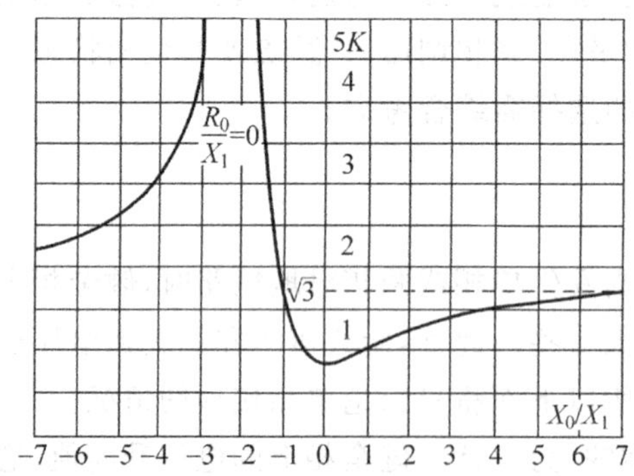

图 9-14 单相接地时健全相的电压升高

下面按电网中性点接地方式分别分析健全相电压升高的程度。

(1) 对中性点不接地(绝缘)的电网，X_0 取决于线路的容抗，故为负值。单相接地时健全相上的工频电压升高约为额定(线)电压 U_n 的 1.1 倍，避雷器的灭弧电压按 110%U_n 选择，可称为“110%避雷器”。

(2) 对中性点经消弧线圈接地的 35～60kV 电网，在过补偿状态下运行时，X_0 为很大的正值，单相接地时健全相上电压接近等于额定电压 U_n，故采用“100%避雷器”。

(3) 对中性点有效接地的 110～220kV 电网，X_0 为不大的正值，其 $X_0/X_1 \leqslant 3$。单相接地时健全相上的电压升高不大于 $1.4U_{A0}$($\approx 0.8U_n$)，故采用的是“80%避雷器”。

9.5.3 甩负荷引起的工频过电压

当输电线路传输较大容量，断路器因某种原因突然跳闸甩掉负荷时，会在原动机与发电机内引起一系列机电暂态过程，它是造成工频电压升高的又一原因。

在发电机突然失去部分或全部负荷时，通过励磁绕组的磁通因须遵循磁链守恒原则而不会突变，与其对应的电源电动势维持原来的数值。原先负荷的电感电流对发电机主磁通的去磁效应突然消失，而空载线路的电容电流对主磁通起助磁作用，使电源电动势反而增大，要等到自动电压调节器开始发挥作用时，才逐步下降。

另一方面，从机械过程来看，发电机突然甩掉一部分有功负荷后，因原动机的调速器有一定惯性，在短时间内输入原动机的功率来不及减少，将使发电机转速增大、电源频率上升，不但发电机的电动势随转速的增大而升高，而且还会加剧线路的电容效应，从而引起较大的电压升高。

电力系统运行时，某种故障会使系统电源突然失去负荷。例如，图 9-15 所示线路末端断路器 QF 突然开断，发电机一变压器只带空载线路，此时将出现工频过电压。突然甩负荷瞬间，发电机的磁链不能突变，将维持甩负荷前正常运行时的暂态电动势 E_d'不变。已知正常运行的首端电压 U_1 为最高运行相电压 U_{xg}；首端电流 I_1 为 I_{xg}；功率因数为 $\cos\theta$；传输视在功率为 $S=3U_{xg}I_{xg}$；发电机暂态电抗与变压器漏抗之和为 X_s。由图 9-15 所示相量关系可得：

$$E_d' = \sqrt{(U_{xg}+I_{xg}X_s\sin\theta)^2+(I_{xg}X_s\cos\theta)^2}$$

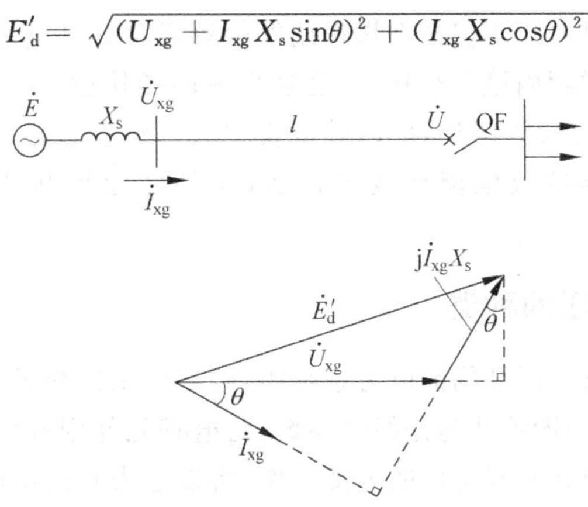

图 9-15　运行系统及向量图

可见，甩负荷前的传输功率越大，E_d'值越高，甩负荷后的工频过电压也越高。同时，由于原动机的调速器和制动设备的惰性，不能立即达到应有的调速效果，导致发电机加速旋转（飞逸现象），造成电动势和频率都上升的结果，从而更增强了长线电容效应。

设甩负荷后发电机最高转速与同步转速之比为 S_1。相应地，发电机励磁电动势会升高至 S_1E_d'。通常，汽轮发电机的 S_1 为 1.1～1.5，水轮发电机 S_1 约 1.3 以上。甩负荷时空载线路末端电压 U_2 为

$$U_2 = \frac{S_1E_d'}{\cos S_1\alpha l - \frac{S_1X_s}{Z}\sin S_1\alpha l} \tag{9-26}$$

上述工频电压随着转速增加常在1～2s后达到最大值，然后随调速器和电压调节器的作用逐渐下降，总的持续时间可达几秒钟。

最后，在考虑线路的工频电压升高时，如果同时计及空载线路的电容效应、单相接地及突然甩负荷等情况，那么工频电压升高可达到相当大的数值（例如2倍相电压）。实际运行经验表明：在一般情况下，220kV及以下的电网中不需要采取特殊措施来限制工频电压升高；但在330～500kV超高压电网中，应采用并联电抗器或静止补偿装置等措施，将工频电压升高限制到(1.3～1.4)倍相电压以下。

9.6 电力系统中的谐振过电压

电力系统中有许多电感元件和电容元件，例如电力变压器、电磁式互感器、发电机、消弧线圈、线路导线电感、电抗器等为电感元件，而线路导线对地和相间电容、补偿用的并联和串联电容器以及各种高压设备的杂散电容为电容元件。这些电感和电容均为储能元件，可能形成各种不同的谐振回路，在一定条件下，可能产生不同类型的谐振现象，引起谐振过电压。

谐振是指振荡系统中的一种周期性的或准周期性的运行状态，其特征是某一个或几个谐波电压幅值和电流幅值的急剧上升。复杂的电感、电容电路可以有一系列的自振频率，而电源中也往往含有一系列的谐波。因此，只要某部分电路的自振频率与电源的谐波频率之一相等（或接近）时，这部分电路就会出现谐振现象。

电力系统中的谐振过电压不仅会在操作或发生故障时的过渡过程中产生，而且可能在过渡过程结束以后较长时间内稳定存在，直至进行新的操作破坏原回路的谐振条件为止。正是因为谐振过电压的持续时间长，所以其危害也大。谐振过电压不仅会危及电气设备的绝缘，还可能产生持续的过电流而烧毁设备，而且可能影响过电压保护装置的工作条件。

9.6.1 谐振过电压的种类

在不同电压等级以及不同结构的电力系统中，会产生情况各异的谐振过电压。电力系统中的电阻和电容元件，一般可认为是线性参数，而电感元件则有线性、非线性和时变参数之分。由于振荡回路中包含不同特性的电感元件，所以电力系统中的谐振过电压按其性质可以分为下列三种类型。

1. 线性谐振过电压

这种电路中的电感与电容、电阻一样，都是线性参数，即它们的值不随电流、电压的变化而变化。谐振回路由不带铁心的电感元件（如输电线路的电感、变压器的漏感）或励磁特性接近线性的带铁心的电感元件（如消弧线圈）和系统中的电容元件组成。在交流电源作用下，当系统的自振频率与电源频率相等或接近时，可能引起线性谐振现象。

2. 非线性（铁磁）谐振过电压

当电感元件带有铁心时，一般都会存在饱和现象，这时电感不再是常数。电力系统中最典型的非线性元件是铁心电感，非线性谐振回路由带铁心的电感元件（如空载变压器、电磁式电压互感器）和系统的电容元件组成。通常将这种非线性谐振称作铁磁谐振。这类铁磁电感参数不再是常数，而是随着电流或磁通的变化而变化。

3. 参数谐振过电压

参数谐振是因系统中电感元件参数在外力影响下发生周期性变化而引起的。通常是由作周期性变化的发电机等值电感元件与系统的电容元件组成谐振回路。在系统参数的配合下，变化的电感周期性地把系统能量不断地引入谐振回路，而形成过电压。

9.6.2　非线性(铁磁)谐振的特点

在电力系统中，由于空载变压器、电磁式电压互感器等铁磁电感的饱和，可能与系统电容参数配合，激发起持续时间较长、幅值较高的铁磁谐振过电压。铁磁谐振与线性谐振有很大差别，具有完全不同的特点。

实验和分析表明，在具有铁心电感的谐振回路中，如果满足一定的条件，还可能出现持续性的其他频率的谐振现象，其谐振频率可能等于工频的整数倍，被称为高次谐波谐振；谐振频率也可能等于工频的分数倍(例如 1/2、1/3、1/5 等)，被称为分频谐振。在某些特殊情况下，还会同时出现两个或两个以上频率的铁磁谐振。

本节以图 9-16 所示简单的串联电路为例，分析铁磁谐振产生的最基本的物理过程。

图 9-16 中，电感是带铁心的非线性电感，电容是线性元件。为了简化和突出基波谐振的基本物理概念，不考虑回路中各种谐波的影响，并忽略回路中的能量损耗(设电路中 $R=0$)。

根据图 9-16 电路，可分别画出电感和电容的电压随回路电流的变化曲线 $U_L(I)$ 和 $U_C(I)$，如图 9-17 所示。图中电压和电流都用有效值表示，由于电容是线性的，所以 $U_C(I)$ 是一条直线。对于铁心电感，在铁心未饱和前，$U_L(I)$ 基本是直线，即具有未饱和电感值 L_0；当铁心饱和之后，电感下降，$U_L(I)$ 不再是直线。设两条伏安特性曲线相交于 P 点。若忽略回路电阻，从回路中元件上的压降与电源电势平衡关系可以得到：

$$\dot{E}=\dot{U}_L+\dot{U}_C \tag{9-27}$$

因 $\dot{U}_L$ 与 $\dot{U}_C$ 相位相反，上面的平衡式也可以用电压降之差的绝对值来表示，即：

$$E=\Delta U=|U_L-U_C| \tag{9-28}$$

ΔU 与 I 的关系曲线 $\Delta U(I)$ 也表示在图 9-17 中。

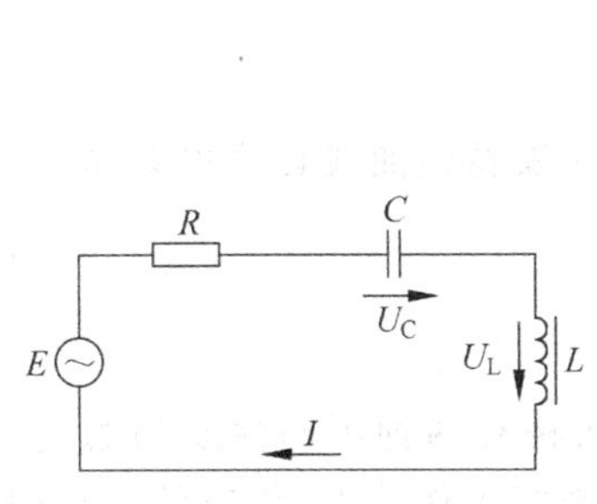

图 9-16　串联铁磁谐振回路

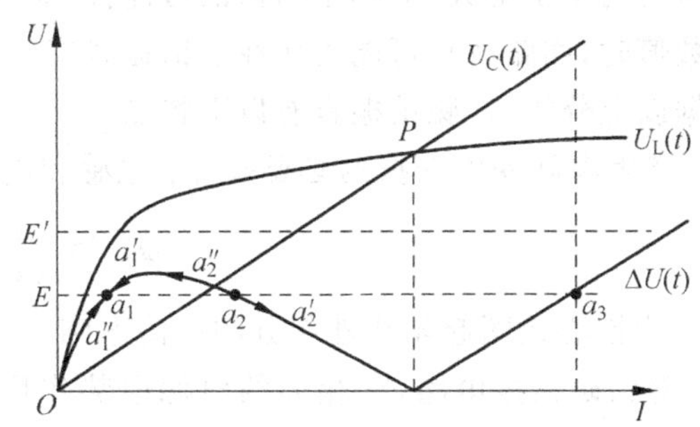

图 9-17　串联铁磁谐振回路的特性曲线

电势 E 和 ΔU 曲线的交点就是满足上述平衡方程的点。由图 9-17 中可以看出，有 a_1、a_2 和 a_3 三个平衡点，这三点都满足电势平衡条件 $\Delta U=E$，即可能成为电路的工作点。

平衡点满足平衡条件，但不一定满足稳定条件。不满足稳定条件就不能成为电路的实际工作点。在物理上可以用“小扰动”来判断平衡点的稳定性，可假定回路中有一微小的扰动，使回路状态离开平衡点，然后分析回路状态能否回到原来的平衡点。若能回到平衡点，说明该平衡点是稳定的，能成为回路的实际工作点。若小扰动之后，回路状态越来越偏离平衡点，则这个平衡点是不稳定的，不能成为回路的工作点。根据以上原则，可分析 a_1、a_2 和 a_3 三个平衡点的稳定性。

对 a_1 点来说，若回路中电流由于某种扰动稍有增加，增至图 9-17 中的 a_1'，则有 $\Delta U>E$，即回路元件上的电压降大于电源电势，这将使回路电流减小，而回到 a_1 点；反之，若扰动使回路中电流稍有减小，减至图 9-17 中的 a_1''，则 $\Delta U<E$，即回路电压降小于电源电势，使回路电流增大，同样会回到 a_1 点。可见平衡点 a_1 稳定的。用同样的方法可以证明平衡点 a_3 也是稳定的。

对 a_2 点来说，若扰动使回路中电流稍有增加，增至图 9-17 中的 a_2'，则有 $\Delta U<E$，即回路元件电压降小于电源电势，将使回路电流继续增加，远离平衡点 a_2；若扰动使回路中电流稍有减小，则电压降大于电源电势，使回路电流继续减小，也会远离 a_2 点。可见 a_2 点不能经受任何微小的扰动，是不稳定的。

由以上分析可见，在一定的外加电势 E 作用下，图 9-17 的铁磁谐振回路在稳态时可能有两个稳定的工作状态。a_1 点是回路的非谐振工作状态（电源电动势是逐渐上升的），这时回路中 $U_L>U_C$，回路呈感性，电路元件电感和电容上的电压都不高，回路电流也不大。a_3 点是回路的谐振工作状态（回路经过强烈的扰动过程），这时回路中的 $U_C>U_L$，回路是电容性的，此时不仅回路电流较大，而且在电容和电感上都会产生较高的过电压，一般将这称为回路处于谐振工作状态。

回路在正常情况下，一般工作在非谐振工作状态，当系统遭受强烈冲击（如电源突然合闸），会使回路从 a_1 点跃变到谐振区域，这种需要经过过渡过程来建立谐振的情况，称为铁磁谐振的激发。谐振激发起来以后，谐振状态能“自保持”，维持在谐振状态。

当外加电源 E 超过一定数值（图中 E'）后，由图 9-17 分析可知，回路只存在一个工作点，即回路工作在谐振状态，这种情况称为自激现象。

当计及回路电阻时，由于电阻的阻尼作用，会使图 9-17 中的 ΔU 曲线上移，相应激发回路谐振所需的干扰更大，减小了谐振的可能性，而且限制了过电压的幅值。当回路电阻增加到一定数值时，回路就只可能工作在非谐振状态。

根据以上分析，铁磁谐振具有以下特点。

(1) 产生串联铁磁谐振的必要条件：电感和电容的伏安特性曲线必须相交，即

$$\omega L_0 > \frac{1}{\omega C} \tag{9-29}$$

式中：L_0 为铁心线圈起始线性部分的等值电感。

(2) 对铁磁谐振电路，在相同的电源电势作用下，回路有两种不同性质的稳定工作状态。在外界激发下，电路可能从非谐振工作状态跃变到谐振工作状态，相应的，回路从感性变成容性，发生相位反倾现象，同时产生过电压与过电流。

(3) 非线性电感的铁磁特性是产生铁磁谐振的根本原因，但铁磁元件饱和效应本身也限制了过电压的幅值。此外，回路损耗也是阻尼和限制铁磁谐振过电压的有效措施。

在电力系统中，可能发生的铁磁谐振形式有：断线引起的铁磁谐振过电压和电磁式电

压互感器饱和引起的铁磁谐振过电压。

习题

9-1　切除空载线路和切除空载变压器时为什么会产生过电压？断路器中电弧的重燃对这两种过电压有什么不同的影响？

9-2　空载线路合闸过电压产生的原因是什么？影响过电压的因素主要有哪些？

9-3　带并联电阻的断路器为什么可以限制空载线路的分、合闸过电压？

9-4　电弧接地过电压产生的原因是什么？消除这种过电压的途径是什么？

9-5　引起工频电压升高的原因主要有哪些？为什么超高压电网中特别重视工频电压升高问题？

9-6　避雷器的灭弧电压是如何确定的？

9-7　铁磁谐振过电压是如何产生的？它与线性谐振过电压有什么不同？

第10章

电力系统绝缘配合

电力系统运行的可靠性主要由停电次数及停电时间来衡量,尽管停电原因很多,但绝缘的击穿是造成停电的主要原因之一。因此,电力系统运行的可靠性在很大程度上取决于设备的绝缘水平及工作状况。为了提高系统的运行可靠性,合理确定设备绝缘水平具有十分重大的意义。

电力系统中的绝缘包括发电厂、变电站电气设备的绝缘和线路的绝缘。它们在运行中除了长期承受额定工作电压的作用,还必须承受由于各种原因在系统中出现的波形、幅值及持续时间各异的多种过电压。这些过电压的参数将影响绝缘的耐受能力,通常情况下,它们在确定绝缘水平中起着决定性的作用。对于设备在运行中可能承受的电压类型可归纳如下。

(1) 正常运行条件下的工频电压,它不超过设备的最高工作电压。

(2) 暂时过电压。

(3) 操作过电压。

(4) 雷电过电压。

随着电力系统电压等级的提高,输变电设备的绝缘部分占总设备投资比重越来越大。由于电压等级高、输送容量大、重要性高,绝缘故障损失也较大,因此,在超高压、特高压系统中,绝缘配合问题尤为重要。

10.1 绝缘配合的基本概念

绝缘配合就是综合考虑电气设备在系统中可能承受的各种作用电压(工作电压及过电压)、限制过电压的措施和设备绝缘对各种作用电压的耐受特性,合理地确定设备必要的绝缘水平,以使设备的造价、维护费用和设备绝缘故障引起的事故损失达到在经济上和安全运行上总体效益最高的目的。这就要求在技术上处理好各种电压、各种限压措施和设备绝缘耐受能力三者之间的相互配合关系,在经济上协调好设备投资费、运行维护费和事故损失费(可靠性)三者之间的关系。合理的绝缘配合会在经济上和安全运行上达到最高的总体效益,不会因绝缘水平取得过高使设备尺寸过大,造价太高,造成不必要的浪费; 也不会因绝缘水平取得过低，虽然节省了设备造价，但使设备在运行中的事故率增加，导致停电损失和维护费用增大，最终不仅造成经济上更大的浪费，而且造成供电可靠性下降。

绝缘配合的最终目的就是确定电气设备的绝缘水平。所谓某一级电压电气设备的绝缘水平，就是指该设备绝缘可以承受的试验电压标准，在试验电压作用下，设备不应发生闪络或击穿。下面列举电力系统中绝缘配合的例子。

1. 架空线路与变电所之间的绝缘配合

大多数过电压发源于输电线路，在电网发展的早期，为了使侵入变电所的过电压不致太高，曾一度把线路的绝缘水平取得比变电所内电气设备的绝缘水平低一些，因为线路绝缘（属于自恢复绝缘）发生闪络的后果不像变电设备绝缘故障那样严重，这在当时的条件下，有一定的合理性。在现代变电所内，装有保护性能相当完善的阀式避雷器，来波的幅值大并不可怕，因有避雷器可靠地加以限制，只要过电压波前陡度不太大，变电设备均处于避雷器的保护距离之内，流过避雷器的雷电流也不超过规定值，大幅值过电压波就不会对设备绝缘构成威胁。实际上，现代输电线路的绝缘水平反而高于变电设备，因为有了避雷器的可靠保护，降低变电设备的绝缘水平不但可能，而且经济效益显著。

2. 同杆架设的双回路线路之间的绝缘配合

为了避免雷击线路引起两回线路同时跳闸停电的事故可采用“不平衡绝缘”的方法，两回路绝缘水平之间应选择多大的差距，就是一个绝缘配合问题。

3. 电气设备内绝缘与外绝缘之间的绝缘配合

在没有获得现代避雷器的可靠保护以前，曾将内绝缘水平取得高于外绝缘水平，因为内绝缘击穿的后果远较外绝缘（套管）闪络更为严重。

4. 各种外绝缘之间的绝缘配合

有不少电力设施的外绝缘不止一种，它们之间往往也有绝缘配合问题。架空线路塔头空气间隙的击穿电压与绝缘子串的闪络电压之间的关系就是一个典型的绝缘配合问题，这在10.4节将有详细的介绍。又如高压隔离开关的断口耐压必须设计得比支柱绝缘子的对地闪络电压更高一些，这样的配合是保证人身安全所必需的。

5. 各种保护装置之间的绝缘配合

变电所防雷接线中的阀式避雷器与断路器外侧的管式避雷器放电特性之间的关系就是不同保护装置之间绝缘配合的一个很典型的例子。

电力设备的绝缘水平是由系统最高运行电压、雷电过电压、操作过电压三因素中最严重的一个来决定的。不同电压等级的系统中，各种作用电压的影响不同，绝缘配合的原则、绝缘试验电压的类型也有相应的差别。

在220kV及以下系统中，要把雷电过电压限制到低于操作过电压的数值是不经济的，因此在这些系统中，一般以雷电过电压决定设备的绝缘水平，而限制雷电过电压的主要措施是避雷器，则以避雷器的雷电冲击保护水平（残压）来确定设备的绝缘水平，并保证输电线路具有一定的耐雷水平。以此确定的绝缘水平在正常情况下能耐受操作过电压的作用，因此一般不采用专门的限制内部过电压的措施。

在超高压系统中，操作过电压的幅值随电压等级而提高，在现有的防雷措施下，雷电过电压一般不如操作过电压的危险性大，因此在这些系统中，绝缘水平主要是由操作过电压的大小来决定，一般需采用专门的限制内部过电压的措施，如并联电抗器、带有并联电阻的断路器及金属氧化物避雷器等。由于限制过电压的措施和要求不同，绝缘配合的做法也不相同。我国对超高压系统中内部过电压的保护原则主要是通过改进断路器的性能，将操作过电压限制到预定的水平，然后以避雷器作为操作过电压的后备保护，因此实际上，超高压系统中电气设备绝缘水平也是以雷电过电压下避雷器的保护特性为基础确定的。

电力系统绝缘配合是不考虑谐振过电压的，因此在系统设计和运行中要避免谐振过电压的发生。

10.2 绝缘配合的基本方法

10.2.1 多级配合

采用多级配合的原则是：价格越昂贵、修复越困难、损坏后果越严重的绝缘结构，其绝缘水平应选得越高。按照这一原则，显然变电所的绝缘水平应高于线路、设备内绝缘水平应高于外绝缘水平，等等。

有些国家直到20世纪50年代仍沿用这种绝缘配合方法。例如，把变电所中的绝缘水平分为四级：①避雷器(FV)；②并联在套管(外绝缘)上的放电间隙(F)；③套管(外绝缘)；④内绝缘。按照上述多级配合的原则，这四级绝缘的伏秒特性应作图10-1表示的配合方式。

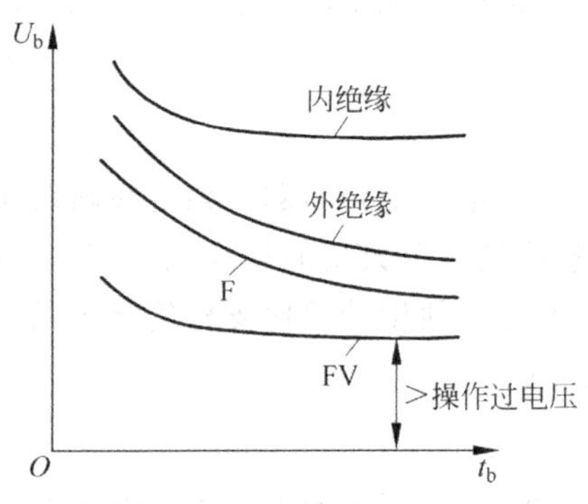

图10-1 多级配合的伏秒特性曲线

粗略看来，这种配合原则有一定的合理性，但实际采用这种配合原则有很大的困难，主要的问题是：为了使上一级伏秒特性带的下包线不与下一级伏秒特性带的上包线发生交叉或重叠，相邻两级的50%伏秒特性之间均需保持15%～20%左右的差距(裕度)，这是冲击波下闪络电压和击穿电压的分散性所决定的。因此不难看出，采用多级配合必然会把设备内绝缘水平抬得很高，这是特别不利的。

如果说在过去由于避雷器的保护性能不够稳定和完善，不能过于依赖它的保护功能而不得不把被保护绝缘的绝缘水平再分成若干档次，以减轻绝缘故障后果、减少事故损失，那么在现代阀式避雷器的保护性能不断改善、质量大大提高的情况下，再采用多级配合的原则就是严重的错误了。

10.2.2 两级配合(惯用法)

从20世纪40年代开始，越来越多的国家逐渐摒弃多级配合的概念转而采用两级配合的原则，即各种绝缘都接受避雷器的保护，仅与避雷器进行绝缘配合。这也就是说，避雷器的保护特性变成了绝缘配合的基础，只要将它的保护水平乘上一个综合考虑各种影响因素和必要裕度的系数，就能确定绝缘应有的耐压水平。

雷电或操作冲击电压对绝缘的作用，在某种程度上可以用工频耐压试验来等价。工频耐压试验电压值是按图 10-2 所示的程序来确定的。图 10-2 中 β_l、β_s 为雷电冲击和操作冲击电压换算成等值工频电压的冲击系数。可见，工频耐压值在某种程度上代表了绝缘对雷电、操作过电压的耐受水平。凡是通过了工频耐压试验的设备就认为该设备在运行中能保证一定的可靠性。由于工频耐压试验简便易行，220kV 及以下设备的出厂试验应逐个进行工频耐压试验，而对超高压电气设备而言，出厂试验只有在条件不具备时，才允许用工频耐压试验代替。

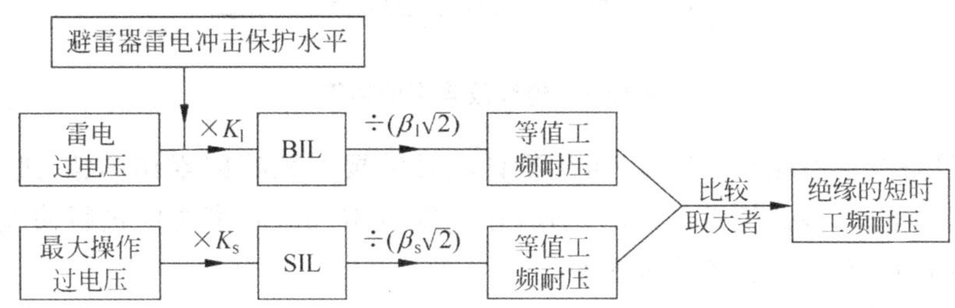

图 10-2　确定工频试验电压值的流程图

K_l、K_s—雷电与操作冲击配合系数；β_l、β_s—雷电与操作冲击系数

10.2.3　统计法

随着系统额定电压的提高，对 330kV 及以上系统，降低绝缘水平的经济效益越来越显著。若仍按上述惯用法将超高压、特高压系统的绝缘水平定得很高，或要求保护装置、保护措施有超常的性能，则在经济上要付出很大的代价。因此，在 20 世纪 70 年代形成了一种新的绝缘配合方法——统计法。

统计法是根据过电压幅值和绝缘的耐电强度都是随机变量的实际情况，在已知过电压幅值和绝缘闪络电压的概率分布后，用计算的方法求出绝缘闪络的概率和线路的跳闸率，在技术经济比较的基础上，正确选择绝缘水平。这种方法不仅定量地给出设计的安全程度，并能按照使设备费、每年的运行费以及每年的事故损失费的总和为最小的原则，确定一个输电系统的最佳绝缘设计方案。

设 $f(U)$ 为过电压幅值的概率密度函数，$P(U)$ 为绝缘击穿（或闪络）概率分布函数，且 $f(U)$ 与 $P(U)$ 互不相关，如图 10-3 所示。$f(U_0)\mathrm{d}U$ 为过电压在 U_0 附近 $\mathrm{d}U$ 范围内出现的概率，$P(U_0)$ 为过电压 U_0 作用下绝缘击穿（或闪络）的概率，这二者是相互独立的。因此，出现这样高的过电压并损坏绝缘的概率为 $P(U_0)f(U_0)\mathrm{d}U$，即图 10-3 中阴影部分 $\mathrm{d}U$ 区内的面积。

习惯上，过电压是按绝对值统计的（不分正、负极性，约各占一半），并根据过电压的含义，应有 $U>U_{xg}$（最大运行相电压幅值），所以过电压的范围是 $U_{xg}\sim\infty$（或到某一最大值），故绝缘故障率 A 为

$$A=\int_{U_{xg}}^{\infty}P(U)f(U)\mathrm{d}U \tag{10-1}$$

显然，A 是图 10-3 中阴影部分的总面积。从图 10-3 中可以看到，提高绝缘强度，即曲线 $P(U)$ 向右方移动，阴影部分面积减小，绝缘故障率将减小，但设备投资增大；若降低绝缘强度，曲线 $P(U)$ 向左移动，阴影部分面积增大，故障率增大，设备维护及事故损失费增大，

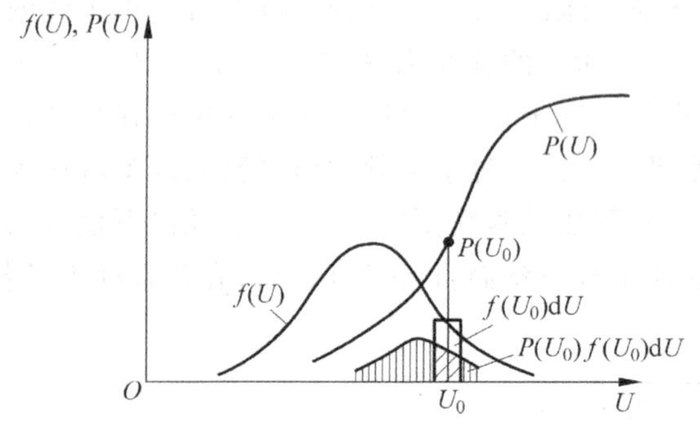

图 10-3 绝缘故障率的估算

当然，相应地设备投资费减小。因此，可用统计法按需要对敏感因素作调整，进行一系列试验设计与故障率估算，根据技术经济的比较，在绝缘成本和故障率之间进行协调，在满足预定故障率的前提下，选择合理的绝缘水平。

利用统计法进行绝缘配合时，绝缘裕度不是选定的某个固定数，而是一个与绝缘故障率相联系的变量。实际工程中严格采用统计法的主要困难在于随机因素较多，而且各种统计数据的概率分布有时并非已知，因此实际采用更多的是对某些概率进行一些假定后的简化统计法。

10.2.4 简化统计法

简化统计法是设定实际过电压的绝缘放电概率为正态分布规律，并已知其标准偏差。在此设定基础上，上述两条概率分布曲线就可分别用某一参考概率相对应的点来表示，此两点对应的值分别称为统计过电压和统计耐受电压。国际电工委员会绝缘配合标准推荐采用出现概率为 2%的过电压(即等于和大于此过电压的出现概率为 2%)作为统计过电压 U_s，推荐采用闪络概率为 10%，即耐受概率为 90%的电压作为绝缘统计耐受电压 U_w。于是，绝缘故障率就与这两个值有关，通过计算可得绝缘故障率 A，再根据技术经济比较，定出能接受的 A 值，选择相应的绝缘水平。

从形式上看，简化统计法中统计安全系数与惯用法很相似，但惯用法没有引入参数的统计概念，不估算绝缘故障率。或者说，惯用法是要求绝缘故障率很小，甚至可忽略不计，这是与统计法不同的。

目前，除 330kV 及以上的自恢复绝缘(输电线路)采用统计法外，对各电压等级的非自恢复绝缘和降低绝缘的经济效益不显著的 220kV 及以下自恢复绝缘，仍采用惯用法。

10.3 电气设备绝缘水平的确定

电气设备包括电机、变压器、电抗器、断路器、互感器等，这些设备的绝缘可分为内绝缘和外绝缘两部分。内绝缘是指密封在箱体内的部分，它们与大气隔离，其耐受电压值基本与大气条件无关。外绝缘是指暴露于空气中的绝缘，包括空气中的间隙和绝缘表面，其耐受电压与大气条件有很大的关系。

确定电气设备的绝缘水平就是确定设备绝缘的耐受电压试验值，包括额定短时工频耐受电压，即 1min 工频试验电压；额定雷电冲击耐受电压，用全波雷电冲击电压进行试验，称为全波基本冲击绝缘水平(BIL)；额定操作冲击耐受电压，用规定波形(250/2500μs)操作冲击电压进行试验，称为基本操作冲击绝缘水平(SIL)。

针对作用于绝缘的典型过电压种类、幅值、防护措施以及绝缘的耐压试验项目、绝缘裕度等方面的差异，在进行电力系统绝缘配合时，按系统最高运行电压 U_m 值划分为两个范围：

范围 Ⅰ　　　　$3.5\text{kV} \leqslant U_m \leqslant 252\text{kV}$

范围 Ⅱ　　　　$U_m > 252\text{kV}$

即范围Ⅰ是系统标称电压为 3～220kV 的低、中、高压系统，范围Ⅱ是 330kV、500kV 的超高压(EHV)系统。

在范围Ⅰ的系统中，避雷器只是限制雷电过电压，在操作过电压作用时是不希望避雷器动作的，即要求正常绝缘能承受操作过电压。通常，除了型式试验要进行雷电冲击和操作冲击试验外，一般只做短时工频耐受电压试验。这是因为在某一程度上，操作或雷电冲击电压对绝缘的作用可用工频电压等效，且使试验工作方便易行。所以短时工频耐受电压代表绝缘对操作过电压、雷电过电压总的耐受水平。

短时(1min)工频耐压试验所采用的试验电压值往往比电气设备额定相电压高出数倍，其确定过程如图 10-2 所示。对 220kV 及以下设备的型式试验，在条件许可时，应由避雷器的残压 U_c 乘以一定的雷电冲击配合系数 K_l 后，选定为雷电冲击耐压值，做雷电冲击耐受电压试验。对超高压设备，除工频和雷电冲击耐受电压试验外，型式试验时还要做操作冲击耐受电压试验，其值可取统计操作过电压水平或避雷器(它能同时限制操作过电压)的操作冲击残压乘以操作冲击配合系数 K_s。配合系数是一个综合系数，主要考虑避雷器与被保护设备之间的距离、避雷器内部电感、避雷器运行中参数变化、设备绝缘老化(累积效应)、变压器工频励磁等因素的影响。

额定雷电冲击耐受电压(BIL)可由下式求得：

$$\text{BIL} = K_l U_{\text{Pl}} \tag{10-2}$$

式中：U_{Pl} 为标称雷电流下的避雷器残压；K_l 为雷电冲击配合系数，国际电工委员会(IEC)规定 $K_l \geqslant 1.2$，我国规定在电气设备与避雷器相距很近时取 1.25，相距较远时取 1.4。

额定操作冲击耐受电压(SIL)可由下式求得：

$$\text{SIL} = K_s K_0 U_{\text{xg}} \tag{10-3}$$

式中：U_{xg} 为系统最高相电压幅值；K_s 为操作冲击配合系数，$K_s = 1.15 \sim 1.25$；K_0 为计算用操作过电压倍数。我国相对地操作过电压的计算倍数(以电网最高运行相电压幅值为基数)为：66kV 及以下取 4.0；110kV、220kV 取 3.0；330kV 取 2.75；500kV 取 2.0。

对于范围Ⅱ电力系统，避雷器将同时用于限制雷电与操作过电压，这时计算最大操作过电压幅值取决于避雷器操作冲击残压值 U_{PS}。于是有：

$$\text{SIL} = K_s U_{\text{PS}} \tag{10-4}$$

对范围Ⅱ电气设备，由于操作冲击波对绝缘作用的特殊性，以及不能肯定操作冲击电压与工频电压之间的等价程度，故特规定其操作冲击耐受电压，而不能用工频耐受电压替代。

10.4 架空输电线路绝缘水平的确定

架空输电线路上发生的事故主要是绝缘子串的沿面放电和导线对杆塔或线与线间的空气间隙被击穿。确定输电线路绝缘水平包括确定绝缘子串的绝缘子片数和空气间隙的距离。

10.4.1 绝缘子片数的确定

根据机械负荷选定绝缘子的形式后，绝缘子片数的确定应满足：在工作电压下不发生污闪；在操作过电压下不发生湿闪；具有一定的雷电冲击耐受强度，保证一定的线路耐雷水平。

具体做法是：按工作电压下所要求的爬电距离初步决定所需的绝缘子片数，然后按操作过电压及雷电过电压的水平要求进行验算和调整。

1. 按工作电压要求

设单片绝缘子的几何爬电距离为 L_0(cm)，则绝缘子串的单位爬电距离 λ(即爬电比距)为

$$\lambda=\frac{nK_cL_0}{U_m}(\mathrm{cm/kV}) \tag{10 5}$$

式中：n 为每串绝缘子的片数；U_m 为系统最高工作线电压有效值(kV)；K_c为绝缘子爬电距离有效系数，主要由各种绝缘子几何泄漏距离对提高污闪电压的有效性来确定，并以XP-70(或 X-4.5)型和 XP-160 型普通绝缘子为基准，即它们的 $K_c=1$，其他型号绝缘子的 K_c 值由试验确定或查阅相关资料获得。

由长期运行经验可知，在不同污秽地区的线路，当其 λ 值大于某值时，不会引起严重的污闪事故，可基本满足线路运行可靠性的要求。我国按外绝缘污秽程度不同，将污秽划分为5个等级。对应于各污秽等级所要求的最小爬电比距 λ 值如表 1-2 所示，可得为避免污秽闪络而需的绝缘子片数 n_1 为

$$n_1\geqslant\frac{\lambda U_m}{K_cL_0} \tag{10-6}$$

由于上式是线路运行经验的总结，其中已包括零值绝缘子(串中已丧失绝缘性能的绝缘子)，所以不必再增加零值片数。

2. 按操作过电压要求

绝缘子除应在长期工作电压下不发生闪络外，还应耐受操作过电压的作用，即绝缘子串的湿闪电压在考虑大气状态等影响因素并保持一定裕度的前提下，应大于可能出现的操作过电压，并留有10%的裕度。此时，应有的绝缘子片数为 n_2'，由 n_2'片组成的绝缘子串的操作(或工频)湿闪电压幅值应为

$$U_{sh}=1.1K_0U_{xg} \tag{10-7}$$

式中：K_0 为操作过电压计算倍数；U_{xg}为系统最高运行相电压幅值；1.1 为综合考虑各种影响因素和必要裕度的一个综合修正系数。

在没有完整的绝缘子串操作波湿闪电压数据时，只能近似地用绝缘子串工频湿闪电压

代替。对常用的 XP-70(或 X-4.5)型 n_2' 片绝缘子串的工频湿闪电压幅值 U_{sh}，可按下列经验公式求得：

$$U_{sh} = 60n_2' + 14 \tag{10-8}$$

由式(10-7)与式(10-8)联合确定的绝缘子片数 n_2' 中，没有包括零值绝缘子，但在实际运行中，不排除零值绝缘子存在的可能性，因此实际选用时应增加零值绝缘子片数 n_0：

$$n_2 = n_2' + n_0 \tag{10-9}$$

预留的零值绝缘子片数 n_0 见表 10-1。

表 10-1　零值绝缘子片数 n_0

额定电压/kV	35～220		330～500	
绝缘子串类型	悬垂串	耐张串	悬垂串	耐张串
n_0	1	2	2	2

如果已知绝缘子串在正极性操作冲击波下的 50% 放电电压 $U_{50\%(s)}$ 与片数的关系，那么可以用以下方法求得 n_2' 和 n_2。绝缘子串应能承受的 $U_{50\%(s)}$ 为

$$U_{50\%(s)} \geqslant K_s U_s \tag{10-10}$$

式中：K_s 为绝缘子串操作过电压配合系数，对范围Ⅰ($U_m \leqslant 252$kV)取 1.17，对范围Ⅱ($U_m > 252$kV)取 1.25；U_s 对于范围Ⅰ为计算用最大操作过电压，即 $K_0 U_{xg}$；对于范围Ⅱ为合空载线路、单相重合闸和三相重合闸这三种方式中的过电压最大者。

3. 按雷电过电压要求

一般情况下，按爬电比距及操作过电压选定的绝缘子片数能满足线路耐雷水平的要求。在特殊高杆塔或高海拔地区，按雷电过电压要求的绝缘子片数 n_3 会大于 n_1 和 n_2，成为确定绝缘子串绝缘子片数的决定因素。表 10-2 给出了海拔 1000m 及以下的非污秽地区不同电压等级线路绝缘子型号为 XP-70(或 X-4.5)时绝缘子的片数 n。

表 10-2　各级电压线路悬垂绝缘子串片数

线路额定电压/kV	35	66	110	220	330	500
按工作电压下爬电比距要求决定 n_1	2	4	7	13	19	28
按内部过电压下湿闪电压决定 n_2	3	5	7	12	18	22
按大气过电压下耐雷水平要求决定 n_3	3	5	7	13	19	25～28
实际采用值 n	3	5	7	13	19	28

当线路所在地因海拔高度(>1000m)引起气象条件变化而异于标准状态时，应查相关规定进行校正。线路耐张杆绝缘子的片数要比直线杆多一片。发电厂、变电所内的绝缘子串，因其重要性较大，每串的绝缘子片数可按线路耐张杆选取。

10.4.2　空气间隙的确定

输电线路的绝缘水平还取决于线路上各种空气间隙的极间距离。从经济角度看，空气间隙的选择对降低线路建设费用有很大作用。

架空输电线路的空气间隙主要有导线对大地、导线对导线、导线对架空地线以及导线对杆塔及横担。导线对地面的高度主要是考虑穿越导线下的最高物体与导线间的安全距离，

在超高压输电线下还应考虑对地面物体的静电感应问题。导线间的距离主要由导线弧垂最低点在风力作用下,发生异步摇摆时能耐受工作电压的最小间隙来确定,由于这种情况出现的机会极少,所以在低电压等级时以不碰线为原则。导线对地线间的间隙,由雷击避雷线档距中间不引起对导线的空气间隙击穿的条件来确定。因此,以下重点介绍如何根据工作电压、内部过电压、大气过电压来确定导线对杆塔的距离。

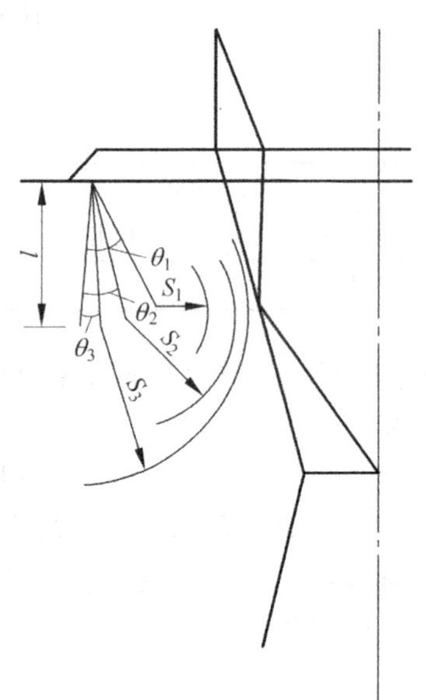

图 10-4 绝缘子串风偏角及对杆塔的距离示意图

导线对杆塔空气间隙承受的电压就幅值而言,是工作电压最低,内部过电压次之,雷电过电压幅值最高;就作用时间而言,顺序恰好相反。如图 10-4 所示,在确定导线对杆塔间隙的大小时,必须考虑风吹导线使绝缘子串倾偏摇摆偏向杆塔的偏角。由于工作电压长时间作用在导线上,应按 20 年一遇的最大风速(约 25～35m/s)考虑风力,相应的绝缘子串风偏角 θ_1 最大;内部过电压持续的时间较短,按最大风速的 50% 计算,相应的风偏角 θ_2 较小;雷电过电压持续的时间最短,通常取风速为 10～15m/s 计算风偏角 θ_3,θ_3 最小。

1. 按工作电压确定风偏后的间隙 S_1

与风偏角 θ_1 所对应的间隙距离 S_1 应保证在工作电压作用下不发生闪络,即 S_1 的 50%工频放电电压 $U_{50\%(g)}$ 为

$$U_{50\%(g)} \geqslant K_1 U_{xg} \tag{10-11}$$

式中:K_1 为安全系数,它考虑了气象条件、工频电压升高、安全裕度等因素的影响,可查表 10-3 确定。

表 10-3 安全系数 K_1 取值范围

电压等级/kV	66 及以下	110～220	330～500
安全系数 K_1	1.2	1.35	1.4

2. 按操作过电压确定风偏后的间隙 S_2

与风偏角 θ_2 对应的间距 S_2 应保证在操作过电压下不发生闪络,其等值工频放电电压 $U_{50\%(s)}$ 为

$$U_{50\%(s)} \geqslant K_2 U_s = K_2 K_0 U_{xg} \tag{10-12}$$

式中:K_2 为线路空气间隙操作过电压统计配合系数(对范围Ⅰ取 1.03,对范围Ⅱ取 1.1),U_s为配合计算用最大操作过电压;K_0 为操作过电压计算倍数。

3. 按雷电过电压确定风偏后的间隙 S_3

与风偏角 θ_3 对应的间距 S_3,其雷电冲击波作用下的 50%放电电压值 $U_{50\%(\mathrm{I})}$ 通常取为绝缘子串的雷电冲击 50%放电电压值的 85%。这是为了减少绝缘子串的闪络概率,以免损坏绝缘子沿面绝缘。

当确定了 S_1、S_2 和 S_3 后，即可求得绝缘子串处于垂直位置时对杆塔的水平距离：

$$\begin{cases} L_g = S_1 + l\sin\theta_1 \\ L_S = S_2 + l\sin\theta_2 \\ L_I = S_3 + l\sin\theta_3 \end{cases} \tag{10-13}$$

式中：l 为绝缘子串的长度。导线对杆塔的最小空气间隙距离选式(10-13)中最大的。

在实际中，需考虑杆塔尺寸误差、横担变形和拉线施工误差等不利因素，杆塔与导线间的空气间隙在最小间距的基础上应增加一定的裕度。

各级电压线路的 S_1、S_2 和 S_3 值见表 10-4 所示。

表 10-4　各级电压线路绝缘子串每串最少片数和最小空气间隙距离

额定电压/kV	35	66	110	20	330	500
XP 型绝缘子片数	3	5	7	13	19(17)	28(35)
工作电压要求的 S_1 值/cm	10	20	25	55	90	130
操作过电压要求的 S_2 值/cm	25	50	70	145	195	270
雷电过电压要求的 S_3 值/cm	45	65	100	190	260(230)	370(330)

由表 10-4 和运行经验表明，一般情况下，空气间距是由雷电过电压决定的。当线路所在地区海拔高度超过 1000m 时，应按有关规定进行校正，适当增大间距。对于发电厂和变电所，在计算最小空气间隙距离时应增加 10%的裕度。

习题

10-1　什么是电力系统的绝缘配合？其原则是什么？

10-2　什么是电气设备的绝缘水平？220kV 及以下系统中电气设备的绝缘水平主要由哪种过电压决定？

10-3　如何确定输电线路绝缘子串中绝缘子的片数？

10-4　什么是绝缘配合惯用法？

10-5　短时工频试验电压是如何确定的？

参考文献

[1] 邱硫昌，施围，张文元. 高电压工程[M]. 西安：西安交通大学出版社，1995.

[2] 周泽存，沈其工，方瑜，等. 高电压技术[M]. 3版. 北京：中国电力出版社，2012.

[3] 赵智大. 高电压技术[M]. 2版. 北京：中国电力出版社，1999.

[4] 沈其工，方瑜，周泽存. 高电压技术[M]. 4版. 北京：中国电力出版社，2012.

[5] 张红. 高电压技术[M]. 北京：中国电力出版社，2006.

[6] 常美生. 高电压技术[M]. 3版. 北京：中国电力出版社，2012.

[7] 鲁铁成. 电力系统过电压[M]. 北京：中国水利电力出版社，2009.

[8] 严璋，朱德恒. 高电压绝缘技术[M]. 北京：中国电力出版社，2002.

[9] 张仁豫，陈昌渔，王昌长. 高电压试验技术[M]. 2版. 北京：清华大学出版社，2003.

[10] 解广润. 电力系统过电压[M]. 北京：中国水利电力出版社，1985，

[11] 梁磁东，陈昌渔，周远翔. 高电压工程[M]. 北京：清华大学出版社，2003.

[12] 颜怀梁，顾乐观，周泽存. 高电压技术[M]. 北京：电力工业出版社，1980.

[13] 关根志. 高电压工程基础[M]. 北京：中国电力出版社，2003.

[14] 李景禄. 高电压技术[M]. 北京：中国水利水电出版社，2008.

[15] 王伟，屠幼萍. 高电压技术[M]. 北京：机械工业出版社，2011.

[16] 张一尘. 高电压技术[M]. 北京：中国电力出版社，2007.

[17] 张纬钹，何金良，高玉明. 电力系统过电压与绝缘配合[M]. 北京：清华大学出版社，2002.

附　　录

说明：附表1和附表2均为①一球接地；②标准大气条件(101.3kPa,293K)；③电压均指峰值,kV；④括号内的放电电压值为球隙距离大于0.5D时的数据,准确度较低。

附表1　球隙放电电压　　　　单位：cm

球隙距离	球直径										
	2	5	6.25	10	12.5	15	25	50	75	100	150	200
0.05	2.8											
0.10	4.7											
0.15	6.4											
0.20	8.0	8.0										
0.25	9.6	9.6										
0.30	11.2	11.2										
0.40	14.4	14.3	14.2									
0.50	17.4	17.4	17.2	16.8	16.8	16.8						
0.60	20.4	20.4	20.2	19.9	19.9	19.9						
0.70	23.2	23.4	23.2	23.0	23.0	23.0						
0.80	25.8	26.3	26.2	26.0	26.0	26.0						
0.90	28.3	29.2	29.1	28.9	28.9	28.9						
1.0	30.7	32.0	31.9	31.7	31.7	31.7	31.7					
1.2	(35.1)	37.6	37.5	37.4	37.4	37.4	37.4					
1.4	(38.5)	42.9	42.9	42.9	42.9	42.9	42.9					
1.5	(40.0)	45.5	45.5	45.5	45.5	45.5	45.5					
1.6		48.1	48.1	48.1	48.1	48.1	48.1					
1.8		53.0	53.5	53.5	53.5	53.5	53.5					
2.0		57.5	58.5	59.0	59.0	59.0	59.0	59.0	59.0			
2.2		61.5	63.0	64.5	64.5	64.5	64.5	64.5	64.5			
2.4		65.5	67.5	69.5	70.0	70.0	70.0	70.0	70.0			
2.6		(69.0)	72.0	74.5	75.0	75.5	75.5	75.5	75.5			
2.8		(72.5)	76.0	79.5	80.0	80.5	81.0	81.0	81.0			
3.0		(75.5)	79.5	84.5	85.0	85.5	86.0	86.0	86.0	86.0		
3.5		(82.5)	(87.5)	95.5	97.0	98.0	99.0	99.0	99.0	99.0		
4.0		(88.5)	(95.0)	105	108	110	112	112	112	112		
4.5			(101)	115	119	122	125	125	125	125		
5.0			(107)	123	129	133	137	138	138	138	138	
5.5				(131)	138	143	149	151	151	151	151	
6.0				(138)	146	152	161	164	164	164	164	
6.5				(144)	(154)	161	173	177	177	177	177	
7.0				(150)	(161)	169	184	189	190	190	190	

续表

球隙距离	球直径											
	2	5	6.25	10	12.5	15	25	50	75	100	150	200
7.5				(155)	(168)	177	195	202	203	203	203	
8.0					(174)	(185)	206	214	215	215	215	
9.0					(185)	(198)	226	239	240	241	241	
10					(195)	(209)	244	263	265	266	266	266
11						(219)	261	286	290	292	292	292
12						(229)	275	309	315	318	318	318
13							(289)	331	339	342	342	342
14							(302)	353	363	366	366	366
15							(314)	373	387	390	390	390
16							(326)	392	410	414	414	414
17							(337)	411	432	438	438	438
18							(347)	429	453	462	462	462
19							(357)	445	473	486	486	486
20							(366)	460	492	510	510	510
22								489	530	555	560	560
24								515	565	595	610	610
26								(540)	600	635	655	660
28								(565)	635	675	700	705
30								(585)	665	710	745	750
32								(605)	695	745	790	795
34								(625)	725	780	835	840
36								(640)	750	815	875	885
38								(655)	(775)	845	915	930
40								(670)	(800)	875	955	975
45									(850)	945	1050	1080
50									(895)	(1010)	1130	1180
55									(935)	(1060)	1210	1260
60									(970)	(1110)	1280	1340
65										(1160)	1340	1410
70										(1200)	1390	1480
75										(1230)	1440	1540
80											(1490)	1600
85											(1540)	1660
90											(1580)	1720
100											(1660)	1840
110											(1730)	(1940)
120											(1800)	(2020)
130												(2100)
140												(2180)
150												(2250)

注：本表适用于工频交流电压；负极性冲击电压；正、负极性直流电压。不适用于110kV以下的冲击电压。

附表 2 球隙放电电压 单位：cm

球隙距离	球直径											
	2	5	6.25	10	12.5	15	25	50	75	100	150	200
0.05												
0.10												
0.15												
0.20												
0.25												
0.30	11.2	11.2										
0.40	14.4	14.3	14.2									
0.50	17.4	17.4	17.2	16.8	16.8	16.8						
0.60	20.4	20.4	20.2	19.9	19.9	19.9						
0.70	23.2	23.4	23.2	23.0	23.0	23.0						
0.80	25.8	26.3	26.2	26.0	26.0	26.0						
0.90	28.3	29.2	29.1	28.9	28.9	28.9						
1.0	30.7	32.0	31.9	31.7	31.7	31.7	31.7					
1.2	(35.1)	37.8	37.6	37.4	37.4	37.4	37.4					
1.4	(38.5)	43.3	43.2	42.9	42.9	42.9	42.9					
1.5	(40.0)	46.2	45.9	45.5	45.5	45.5	45.5					
1.6		49.0	48.6	48.1	48.1	48.1	48.1					
1.8		54.5	54.0	53.5	53.5	53.5	53.5					
2.0		59.5	59.0	59.0	59.0	59.0	59.0	59.0	59.0			
2.2		64.5	64.0	64.5	64.5	64.5	64.5	64.5	64.5			
2.4		69.0	69.0	70.0	70.0	70.0	70.0	70.0	70.0			
2.6		(73.0)	73.5	75.5	75.5	75.5	75.5	75.3	75.5			
2.8		(77.0)	78.0	80.5	80.5	80.5	81.0	81.0	81.0			
3.0		(81.0)	82.0	85.5	85.5	85.5	86.0	86.0	86.0	86.0		
3.5		(90.0)	(91.5)	97.5	98.0	98.5	99.0	99.0	99.0	99.0		
4.0		(97.5)	(101)	109	110	111	112	112	112	112		
4.5			(108)	120	122	124	125	125	125	125		
5.0			(115)	130	134	136	138	138	138	138	138	
5.5				(139)	145	147	151	151	151	151	151	
6.0				(148)	155	158	163	164	164	164	164	
6.5				(156)	(164)	168	175	177	177	177	177	
7.0				(163)	(173)	178	187	189	190	190	190	
7.5				(170)	(181)	187	199	202	203	203	203	
8.0					(189)	(196)	211	214	215	215	215	
9.0					(203)	(212)	233	239	240	241	241	
10					(215)	(226)	254	263	265	266	266	266
11						(238)	273	287	290	292	292	292
12						(249)	291	311	315	318	318	318
13							(308)	334	339	342	342	342
14							(323)	357	363	366	366	366

续表

球隙距离	球直径											
	2	5	6.25	10	12.5	15	25	50	75	100	150	200
15							(337)	380	387	390	390	390
16							(350)	402	411	414	414	414
17							(362)	422	435	438	438	438
18							(374)	442	458	462	462	462
19							(385)	461	482	486	486	486
20							(395)	480	505	510	510	510
22								510	545	555	555	560
24								540	585	600	600	610
26								570	620	645	655	660
28								(595)	660	685	700	705
30								(620)	695	725	745	750
32								(640)	725	760	790	795
34								(660)	755	795	835	840
36								(680)	785	830	880	885
38								(700)	(810)	865	925	935
40								(715)	(835)	900	965	980
45									(890)	980	1060	1090
50									(940)	1040	1150	1190
55									(985)	(1100)	1240	1290
60									(1020)	(1150)	1310	1380
65										(1200)	1380	1470
70										(1240)	1430	1550
75										(1280)	1480	1620
80											(1530)	1690
85											(1580)	1760
90											(1630)	1820
100											(1720)	1930
110											(1790)	(2030)
120											(1860)	(2120)
130												(2200)
140												(2280)
150												(2350)

注：适用于正极性冲击电压。